통계의 거짓말

통계의 거짓말

게르트 보스바흐 · 엔스 위르겐 코르프 ⓒ, 2023

초판 1쇄 발행일 2023년 04월 24일
초판 2쇄 발행일 2025년 02월 03일

지은이 게르트 보스바흐 · 엔스 위르겐 코르프
옮긴이 강희진
펴낸이 김지영 펴낸곳 작은책방
편 집 김현주
마케팅 조명구 제작·관리 김동영

출판등록 2001년 7월 3일 제2005-000022호
주소 04021 서울시 마포구 월드컵로 7길 88 2층
전화 (02)2648-7224 팩스(02)2654-7696

ISBN 978-89-5979-777-6 (03310)

• 책값은 뒷표지에 있습니다.
• 잘못된 책은 교환해 드립니다.

표지본문이미지 www.freepik.com
이 제작물은 말싸미의 815 글꼴을 사용하여 디자인 되었습니다.

통계의 거짓말

게르트 보스바흐 · 옌스 위르겐 코르프 공저   강희진 옮김

지브레인

숫자의 함정

친애하고 존경하는 독자님들께 퀴즈 하나를 내볼까 한다. 전 세계에서 범죄율이 가장 높은 도시는 어디일까? 뉴욕이라 생각하는 독자들이 많겠지만, 미안하게도 '땡!'이다. 뉴욕은 이미 오래전에 위험한 도시라는 불명예에서 벗어났다. 그렇다면 뉴올리언스가 세상에서 가장 위험한 도시일까? 리우데자네이루? 카이로? 케이프타운? 바그다드? 모두 대도시이고, 정답에 비교적 가까워지고 있다. 그러나 아직 정답은 나오지 않았다. 혹시 소말리아의 모가디슈나 멕시코의 시우다드후아레스가 정답일까? 둘 다 정답은 아니지만, 거기까지 생각한 독자들에게는 진심으로 경의를 표한다. 모가디슈와 시우다드후아레스까지 떠올렸다는 것은 '세상의 뒷골목'에 대해서도 일가견이 있다는 뜻이기 때문이다. 실제로 그 두 도시는 살인율 부문에서 1~2위를 다투고 있다. 하지만 살인율과 범죄율이 같은 개념은 아니다. 전 세계에서 범죄율이 가장 높은 도시가 되기 위해서는 살인뿐 아니라 강도나 사기 등 모든 종류의 범죄 발생 빈도가 높아야 한다.

그렇게 따졌을 때 가장 위험한 도시는 어이없게도 바티칸이라 한다.

우리 모두가 세상에서 가장 평화로운 곳이라 믿고 있는 바로 그곳이 범죄율 1위의 도시라는 것이다. 바티칸이 얼마나 위험하고 무서운 도시인지는 바티칸의 검찰총장 니콜라 피카르디가 직접 수치로 확인해 주었다[1](피카르디 총장의 발표에 따르면 2009년, 바티칸에서는 인구 490명당 446건의 범죄가 발생했다고 한다. 1,000명당 910건의 범죄가 발생한 것이다).

어떻게 그런 일이 가능할까? 아무리 생각해도 바티칸은 평화의 온상일 듯한데, 대체 어떻게 세상에서 가장 범죄율이 높은 도시가 되었을까? 그 해답은 범죄율을 계산하는 방식에 있다.

어떤 도시의 범죄율은 대개 일정 기간 동안 해당 도시 안에서 일어난 각종 범죄 건수(혹은 형사 재판 건수)를 그 도시의 인구수로 나누어서 산출한다. 바티칸은 연간 1천 8백만 명의 순례자와 관광객이 찾는 곳이고, 드나드는 사람이 많다 보니 도난이나 사기 등 범죄도 자주 일어나는데, 그 모든 사건·사고를 바티칸 시민(약 500명)의 몫으로 돌려버린 것이다.

독일, 오스트리아, 스위스의 국수주의자들도 이와 비슷한 통계상의 오류를 (의도적으로) 저지른다. 예컨대 '외국인 범죄율'을 계산할 때, 여행객들이 저지른 절도 사건도 모두 자국 내에 거주하는 외국인들에 의해 자행된 것으로 계산해버린다.

'나는 그따위 얄팍한 속임수에 절대 넘어가지 않아!'라고 생각하는 독자들이 많겠지만, 그게 생각만큼 쉽지 않다. 예컨대 어느 투자상담사가 내게 6주 동안 매주 한 통씩 홍보물을 보낸다고 상상해보자. 봉투를 열어보니 그 안에는 앞으로 며칠 동안 어떤 주식의 가격이 오르고 어떤 주식이 떨어질지를 면밀하게 분석한 자료가 들어 있다. 그리고 그다음 주에 도착한 홍보물에는 "지난주에 저희가 보내 드린 분석이 적중했습니다. X라는 주식이 오를(혹은 내릴) 것이라고 예측했는데, 그 예측이 백 퍼센트 맞아떨어졌습니다!"라고 적혀 있고, 그 아래쪽에는 다시금 그다음 주의 증시 전망이 자세히 안내되어 있다. 그리고 그다음 주에는 또다시 지난번의 분석이 적중했다는 내용의 홍보물이 도착한다.

그렇게 한두 주가 아니라 무려 6주 동안 그와 유사한 홍보물을 접하다 보면 주식 투자에 관심이 있던 사람이라면 누구나 '음, 한두 번도 아니고 이렇게 계속 연달아서 예측이 적중한 건 절대 우연이 아니야!'라는 생각을 하게 된다.

그런데 그게 우연일 수도 있다! 어떻게 하면 그런 우연이 발생할 수 있는지는 조금 뒤에 설명하겠다. 그에 앞서 우리가 내리는 수많은 결정에 대해 생각해보자. 예컨대 지난해에 각자 어떤 결정들을 내렸는지 한 번 떠올려보라.

우리는 타사의 제품보다 더 친환경적이라는 광고에 혹해 A라는 물건을 구입하고, 여러 보험사를 비교하고 견적을 뽑아본 뒤 B라는 보험에 가입하며, 각 통신사의 요금을 자세히 비교해봤더니 결국 C사가 정답이라는 확신을 하지만, 선택의 결과가 항상 옳은 것은 아니다. 그뿐만 아니라 타인이 내린 결정 때문에 내가 피해를 봐야 하는 상황도 빈번히 발생한다.

예를 들어 내 주치의가 현재 내가 앓고 있는 질환에 대해 최선이 아닌 차선의 약 혹은 최악의 약을 권할 수도 있다. 그 이유는 아마도 최고의 치료제를 개발한 사람이 이름 없는 학자였기 때문일 것이다. 즉 그 학자에게는 자신이 개발한 치료제의 효능을 널리 홍보할 만한 자금이 없었던 것이다. 반면 대규모 제약회사들은 어마어마한 자금력과 인력을 동원해 자사의 약품을 그야말로 전투적으로 홍보한다.

정부 때문에 손해를 볼 때도 있다. 소위 전문가라는 이들이 사회복지 분야 예산을 지금 재편성하지 않으면 2030년쯤에는 국가경쟁력이 바닥을 치게 된다고 분석한 탓에 내게 돌아올 복지수당이 줄어드는 것이다. 중요한 건 그런 모든 요소 때문에 내가 손해를 본다는 것이고, 여기에서 말하는 '그런 모든 요소'란 다름 아닌 숫자와 통계의 함정들이다!

자, 이제 다시 주가와 관련된 '우연'에 대해 얘기해보자. 내게 홍보물을 보낸 투자상담사는 앞날을 훤히 꿰뚫는 점쟁이였을까? 그게 아니라면 대체 어떻게 6주 동안 연속적으로 정답을 맞힐 수 있었을까?

의외로 그 과정은 단순하다. 알고 봤더니 투자상담사가 악의로 똘똘 뭉친 사기꾼이더라는 식의 비밀도 숨어 있지 않다. 투자상담사는 그저 자신에게 주어진 업무에 충실했을 뿐이다. 그 성실한 투자상담사의 업무 과정은 다음과 같다.

투자상담사는 맨 첫 주에 'X라는 주식이 오를 것이다'라는 내용의 홍보물과 'X라는 주식이 내릴 것이다'라는 내용의 홍보물을 각기 16,000통씩 발송한다. 둘째 주에는 둘 중 올바른 쪽(X라는 주가가 올랐다면 전자, 내렸다면 후자)에게만 홍보물을 발송하는데, 이번에도 수신인을 둘로 쪼갠다. 즉 'Y라는 주식이 오를 것이다'라는 내용으로 8,000통, 'Y의 주가가 떨어질 것이다'라는 내용으로 8,000통을 발송한다.

그렇게 계속 홍보물을 보내면 6주 동안 계속 올바른 예측만 접하는 고객의 수는 500명으로 줄어든다. 즉 '한두 번도 아니고 이렇게 계속 연달아서 예측이 적중한 건 절대 우연이 아니야!'라는 생각이 들었다는 건 결국 내가 그 500명 안에 들었다는 뜻이다. 쉽게 말해 투자상담사는 직업에 충실한 숫자놀음을 했을 뿐인데 일부 고객은 마치 기적을 체험한 것 같은 착각에 빠지게 된다.

그러나 위 사례는 어디까지나 통계의 기적을 보여주기 위한 하나의 예일 뿐이다. 투자 관련 컨설팅 회사에서 실제로 위와 같은 방식으로 기적을 만들어 낼 공산은 크지 않다. 홍보물의 제작이나 발송에 드는 비용도 비용이지만, 그보다는 나머지 15,500명에게 부정적인 이미지를 심어주게 된다는 사실 때문에 그런 위험을 감수하려 들지 않는다.

그렇다고 위 사례가 아예 터무니없는 것도 아니다. 숫자에 대한 우리의 믿음은 의외로 매우 강하다. 특히 '정확한 냄새를 풍기는' 수치에 대해서는 누구나 종교에 가까운 믿음을 보인다.

"2050년이면 우리나라 사람 셋 중 하나는 65세 이상의 노인일 거래."라는 말은 믿음을 심어주기에 부족하다. 하지만 "2050년이면 65세 이상의 노인이 전체 인구의 32.5%를 차지하게 된대."라는 말에는 많은 이가 수긍한다. 두 진술이 결국 같은 말일 수도 있지만, 정확하다는 느낌을 한 뼘 더 줄 수 있다는 면에서 후자가 승리한 것이다.

그런데 조금만 생각해보면 그런 수치를 제시한다는 것 자체가 말이 안 된다는 것을 알 수 있다. 앞으로 40년 뒤에 누가 얼마나 더 살지, 노년층이나 청년층이 전체 인구의 얼마를 차지하게 될지를 지금 시점에서 누가 감히 정확히 예측하겠는가?

그럼에도 그런 식의 예측은 예전부터 수도 없이 많았다. 예컨대

1970년대에도 40년 뒤의 인구 구성비에 관한 예측이 여러 방면에서 제시되었다. 그중 지금의 현실과 일치되는 예측은 많지 않다. 하지만 그건 중요하지 않다. 중요한 건 많은 사람으로 하여금 믿게 하는 것이요, 대중의 신뢰를 얻는 가장 좋은 수단은 뭐니 뭐니 해도 숫자이다. 다시 말해 그만큼 많은 사람이 수치 앞에서는 한없이 약해지고 만다.

한 가지 예를 더 들어보자. 기상연구가, 환경보호주의자, 해양생물학자, 수자원 전문가들은 이미 오래전부터 지구 온난화의 심각성을 강조해왔다. 지구 온난화로 인해 홍수나 가뭄 등 각종 재난이 닥치고, 대규모 피해가 일어날 것이며, 수많은 사람이 목숨을 잃을 것이라고 경고해왔다. 하지만 거기에 대한 책임을 져야 할 국가들은 뜨뜻미지근한 반응만 보일 뿐이었다.

그러던 중 영국의 경제학자가 구체적인 수치를 발표했다. "지금 지구 온난화를 해결할 수 있는 조처를 하지 않는다면 2050년에는 전 세계 GDP의 5%에 해당하는 비용이 들 것이다. 하지만 지금 당장 효과적인 조처를 한다면 전 세계 GDP의 1%밖에 들지 않는다"라는 내용이었다.[2] 그 발표가 있고 나서 지구 온난화는 각국 정상회담의 의제에 포함되었다.

왜 모든 일이 수치로 제시되어야 사람들의 가슴에 와 닿는 것일까? 그 수치들이 옳다는 믿음은 대체 어디에서 오는 것일까? 왜 그토록 많은 사람이 종교나 되는 양 수치를 떠받들까? 18세기 계몽주의 철학자 볼테르는 "어리석은 행위도 자꾸 되풀이하면 점점 더 똑똑한 행위처럼 보인다."라고 했다. 그 당시에는 사실 어리석은 행위를 똑똑한 행위로 포장하기 위한 도구가 많지 않았다. 하지만 도표나 그래프, 각종 변수 등이 개발되면서 볼테르의 풍자는 점점 더 현실에 가까워졌다.

그렇다. 통계는 이용하기에 따라 현상을 미화하고, 허풍을 떨고, 대중을 호도하고, 현실을 조작하는 수단이 될 수 있다. 그렇게 조작된 수치들은 이른바 '전문적 정보'라는 허울을 뒤집어쓰고는 중요한 결정을 잘못된 방향으로 이끈다. '나 같은 무지렁이나 속지 똑똑하신 윗분들은 절대 그런 놀음에 속아 넘어가지 않아'라는 생각을 하겠지만, 현실은 그렇지 않다.

장기간에 걸친 관찰과 경험에서 나온 결론이다. 필자들은 본서를 집필하기에 앞서 정부 각 부처와 연방의회, 통계청, 전국 단위의 의사협회 등과 여러 차례 면담을 진행했고, 언론을 통해 대중에게 제시되는 수치들을 수십년 동안 면밀히 관찰해왔다.

이 책을 끝까지 읽고 난 뒤에는 독자들도 수치나 통계를 비판적 시각으로 바라볼 수 있게 되기를, 나아가 '덴마크 어딘가가 썩어 가고 있다'*는 사실을 날카롭게 통찰할 수 있게 되기를 바란다.

물론 통계나 수치가 무조건 다 틀렸다는 뜻은 아니다. 통계와 수치 전부를 불신하는 태도는 빈대 잡으려다 초가삼간 태우는 행위와 다를 바 없다. 숫자를 아예 배제하는 태도는 숫자를 지나치게 맹신하는 것만큼이나 어리석다. 그러니 숫자 자체를 부정하기보다는 숫자를 올바르게 활용할 방법을 고민해야 한다.

통계라는 주제를 메마르다고 느끼는 이들이 적지 않다. '수치'라는

---

* 햄릿 1막 4장에 나오는 대사 'Something is rotten in the state of denmark'를 인용한 것. 요즘은 '뭔가 수상하다'라는 의미로 사용되기도 한다.

말에 위화감을 느끼는 이들도 적지 않을 것이다. 그런 무미건조함과 위화감은 최대한 줄이고 책을 읽는 재미는 최대한 늘리기 위해 되도록 각종 체험사례를 많이 실었다. 게르트 보스바흐는 통계학자의 입장에서 수치나 그래프와 관련된 '요지경 세상'을 소개하기 위해 노력했고, 역사학자인 옌스 위르겐 코르프는 환경 문제나 철학, 수치와 관련된 심리학 등을 독자들에게 알리기 위해 노력했다.

책의 구성에 대해 잠깐 소개하고 머리말을 마무리할까 한다.

제1장부터 제9장까지는 통계와 관련된 다양한 속임수들을 소개했다. 장마다 먼저 실생활 속 사례를 제시하고, 그 사례를 바탕으로 각각의 트릭을 자세히 고찰하는 방식을 택했다.

제10장에서는 지면상 미처 다루지 못한 사례들을 집약적으로 소개했고, 제11~제13장에서는 의료보험, 연금보험, 실업급여 등 사회적 이슈가 되고 있는 사안들을 주제로 누가, 왜, 어떻게 통계를 조작하는지를 살펴보았다. 또 옌스 위르겐 코르프가 사회자가 되어 '우리는 왜 숫자를 맹신하는가?'라는 주제로 가상 토론을 진행했고, 제14장에서는 다시금 여러 가지 사례와 그 뒤에 숨은 조작 동기들을 살펴보았다.

제15, 16장은 통계의 오류와 수치의 허상을 독자 스스로 밝혀낼 수 있도록 통계를 대하는 제15가지 기본 원칙과 연습문제들을 수록해놓았다.

아무쪼록 책을 읽어 나가는 동안 많은 새로운 사실을 깨닫게 되기를, 그와 더불어 **수치라면 무조건 떠받드는 이들과 전문 지식이라면 덮어놓고 믿는 이들을 마음껏 비웃어주기를 바란다!**

1 음양이론과 동전의 양면

사람은 누구나 장점과 단점을 동시에 지니고 있다. 하지만 그 두 가지를 모두 보여주는 경우는 드물다. 최근에 누군가를 소개받은 자리에서 혹은 애인과의 지난번 데이트 때 자신이 한 행동들을 기억해보라. 분명히 자신의 장단점을 모두 보여주지는 않았을 것이다. 당연한 일이다. 남들 앞에서는 누구나 자신의 장점은 부각하고 단점은 웬만하면 감추려 든다. 개중에는 실수를 연발하면서 점수를 깎아먹는 이들도 있지만, 최소한 의도적으로 자신의 단점을 노출하지는 않는다.

사라진 동전의 뒷면

여권에 붙일 사진 한 장을 고를 때도 우리는 남들에게 자신이 가진 장점만 보여주고 싶어 한다. 몇 장의 사진을 찍은 뒤 그중 최대한 예쁘거나 멋있게 나온 사진을 선택한다. 비단 사람만 그런 것이 아니다. 유명 관광지를 소개하는 사진을 고를 때에도 똑같은 규칙이 적용된다.

독일의 슈바르츠발트Schwarzwald나 자우어란트Sauerland, 하르츠Harz 산맥, 알고이Allgäu 지역, 스페인의 발레아레스 제도Balearic Islands, 인도양의 섬나라 세이셸Seychelles 등은 한 가지 공통점이 있다. 인터넷이나 관광 안내 책자에 실린 사진들은 모두 푸르른 하늘과 유쾌한 사람들만 보여주고 있다. '동전의 뒷면'은 그다지 즐거운 장면이 아니기 때문에 굳이 소개하지 않는다.

그런가 하면 그와는 정반대 방향으로의 왜곡도 일어난다. TV에 소개되는 아프리카의 표정은 늘 음울하고 황량하다. 사람들의 표정도 우울하기 짝이 없다(월드컵이 개최될 때만 예외였다!). 그런 장면들만 본 시청자 입장에서는 아프리카 전체가 전쟁과 재난으로 뒤덮인 대륙, 삶의 기쁨이라고는 전혀 없는 땅이라 생각할 수밖에 없다.

이런 식의 이분법적 태도를 접할 때마다 음양이론이 연상된다. 고대 중국의 자연철학에서 비롯된 음양이론의 핵심은 세상이 두 가지 상반되는 기본 힘, 즉 여성적인 힘인 '음'(땅, 짝수 등을 상징)과 남성적인 힘인 '양'(하늘, 홀수 등을 상징)으로 구성되는데, 그런 만큼 세상을 온전히 이해하기 위해서는 두 가지 모두 두루 파악해야 한다.

데이트나 취업 인터뷰에서 자신의 좋은 면만 부각하려 애쓰는 건 인

음과 양을 상징하는 그림 © Vadim CebaniucFotolia.com

지상정이다. 누구도 그런 행위를 비열한 속임수라 비난하지 않는다. 정치가들도 그와 비슷한 태도를 보이는데, 비록 바람직한 모습은 아니지만 워낙 모두 그렇게 하니 비난만 할 일도 아닌 듯하다. 하지만 그러한 태도가 미치는 파장에 대해서는 심각하게 고민해볼 필요가 있다.

어느 해 5월 1일, 당시 노르트라인베스트팔렌 주의 주지사(여기에서는 그 주지사의 이름을 '양'이라고 해두자)가 쾰른에서 연설한 적이 있다.

연단에 오르자마자 '양'은 집권당에 대한 찬사를 늘어놓느라 바빴다. 청중은 선거철인 만큼 그냥 그러려니 하고 듣고 있었다. 그런데 연설 말미에서 '양'은 갑자기 자신의 교육관을 강조하기 시작했다. 교육이 노동시장과 미래에 얼마나 큰 부분을 차지하는지, 나아가 개개인의 행복과 자기계발에 얼마나 중요한지를 충분히 주지하고 있다는 내용이었다.

그 발언 덕분에 '양'은 청중으로부터 박수갈채를 받았다. 어느 당을 지지하든 교육이 백년대계라는 주장에는 고개를 끄덕일 수밖에 없다.

분위기에 한껏 고무된 '양'은 의기양양하게 자신의 업적을 발표했다.

"지난해 우리 연방주 내의 공립학교들은 2,200명의 정규직 교사를 신규 채용했습니다!"

그러자 청중 사이에서 다시 우레와 같은 박수가 터져 나왔다. 그런데 그 말을 듣는 순간, 나도 모르게 "혹시 퇴직한 교사가 그보다 더 많을 수도 있잖아?"라는 말이 새어 나왔다. 주변에 있던 사람들이 일제히 따가운 눈총을 보냈다. 개중에 누군가는 "그게 무슨 말도 안 되는 소리예요? 그 정도는 어련히 알아서 미리 계산했겠죠!"라며 핀잔을 주었다. 하지만 나중에 조사해보니 당시 '양'은 퇴직자의 수는 전혀 고려하지 않은 채 신규 채용자의 수치만 발표한 것이었다.

그해에 노르트라인베스트팔렌 주는 실제로 '양'이 말한 것처럼 2,200명의 정규직 교사를 신규로 채용했다. 하지만 그해에 퇴직한 교사가 2,500명이었다! 그런 의미에서 한 가지 진심 어린 충고를 드리고 싶다. 정치가들이 긍정적 수치를 제시할 때면 우선 의심부터 하라는 것이다!

동전의 뒷면을 감추는 행위는 생활 속 여기저기에서 관찰할 수 있다. 2008년, 각종 언론은 국민에게 지급될 연금이 1.1% 상승했다며 호들갑을 떨었다. 그해 물가상승률이 2.6%였다는 사실에 대해서는 약속이나 한 듯 모두 입을 다물었다. 총선이 치러졌던 2009년에도 각종 매체는 연금이 2.4% 상승한다는 사실을 대서특필했다. 하지만 그 이후 벌어진 일을 심판한 기사는 거의 없었다.

실제로 그 이후 연금은 평균 1.6% 올랐다. 원래 약속한 것보다 0.8% 뒤지는 수치였지만, 그 정도는 너그럽게 눈감아줄 수 있었다. 문제는 물가상승률이었다. 그해에 물가는 7%가 뛰었고, 결국 연금생활자들의 구매력은 5% 이상 줄어들고 말았다.

노동자나 회사원의 임금, 학자금 대출 등과 관련해서도 비슷한 관행이 되풀이되고 있다. 모두 물가상승률에 대한 언급은 쏙 뺀 채 월급이 얼마나 올랐는지만 얘기하고, 인상된 등록금에 대해서는 아무것도 모르는 체하면서 학자금을 얼마나 더 빌릴 수 있는지만 얘기한다.

그런데 그러한 속임수가 잘 드러나지 않는 경우도 있다. 정치가들이나 언론사들이 제아무리 '양'만 강조해도 시청자나 독자가 바보는 아니기 때문에 '음'에 대해서도 생각하기 마련이지만, 예리한 시청자나 독자조차 간과하는 부분이 분명히 존재한다.

그중 대표적인 분야는 아마도 의료보험일 것이다. 그간 우리는 "환자들한테 지급되는 엄청난 보험금 때문에 언젠가는 국가 재정이 파탄 날 것이다"라는 말을 귀에 딱지가 앉도록 들어왔다.

그런 주장을 뒷받침하는 그래프와 수치들도 이미 충분히 제시되었고, 그런 사실에 대해 경고하는 정치가와 교수들의 목소리도 시도 때도 없이 들어왔다. 그런데 독일치과의사협회 소속 통계학자로 일하는 동안 나는 중요한 사실을 깨달았다. 지급되는 보험금도 있지만 납입되는 보험료도 있다는 아주 간단한 사실이었다.

그 간단한 사실 뒤에 놀라운 진리가 숨어 있다. 경제가 성장함에 따라 보험가입자들에게 지급해야 할 보험도 늘어나게 마련이지만, 그와 더불어 보험사들이 벌어들이는 수입도 늘어나게 되어 있다. 하지만 모두 전자만 강조할 뿐, 후자에 대해서는 아예 언급조차 하지 않는다.

이쯤에서 그래프 하나를 살펴보자. 참고로 이 그래프 뒤에 숨은 문제점에 관해서는 16장(문제 5)에서 다시 자세히 다룰 예정이니 여기에서는 우선 눈에 보이는 부분에 대해서만 살펴보기로 하자.

여느 도표들과는 달리 위 도표에는 '음'과 '양' 즉, 가입자들이 납부하는 보험료와 가입자들에게 지급되는 보험금 둘 다 보여주고 있다. 나아가 그 둘을 객관적으로 비교할 수 있게 GDP까지 표시되어 있다.[1]

출처: 연방통계청, 연방보건부, 통합서비스노조

국민건강보험공단*의 수입과 지출 그리고 GDP의 변동 추이를 나타낸 그래프인데, 보는 순간 위기감부터 든다. 지출(도표의 가운데 선)이 수입(도표의 맨 아랫줄)에 비해 너무 많이 늘어나고 있기 때문이다. 그 이유는 아마도 국민 전체의 평균 임금은 거의 인상되지 않는 상황에서 일부 고소득자들이 민영보험 가입대상자로 전환되었기 때문일 것이다. 하지만 위 그래프 어디에도 그런 얘기는 없다. 그냥 들어오는 보험료에 비해 나가는 보험금이 늘어났다는 내용만 표시해주고 있을 뿐이다.

위의 그래프뿐만 아니라 보험 관련 그래프에서는 모두 현재 보험제도의 문제점만 언급할 뿐 그 뒤에 구체적으로 어떤 내용이 숨어 있는지는

---

* 독일은 아직 '국민개보험제도'(국민 모두가 의무적으로 의료보험에 가입하는 제도)를 택하지 않고 있다. 소득 수준이 상한선과 하한선 사이에 속하는 이들은 '법정 의료보험'(국민건강보험)에 가입하고, 상한선을 넘는 이들은 민영보험에 가입한다. 소득 수준이 매우 낮은 이들은 '의료부조'에 의존한다.

설명해주지 않는다. 그 이유는 뻔한데 그게 바로 '정치'라는 것이다!

　내가 보험사들의 부조리에 대해 열변을 토하자 이 책의 공동 저자인 옌스도 화를 억누르지 못하며 소리쳤다. "그놈들 하는 짓이 다 그렇지, 뭐!" 옌스가 말하는 '그놈들'이 프랑크푸르트의 그놈들(경제인들)인지 베를린의 그놈들(정치가들)인지는 알 수 없었지만, 어차피 둘 다 똑같으니 굳이 물어볼 필요도 없었다.

　대신 나는 옌스에게 다른 질문을 하나 던졌다. 의료 기술이 발전하고 있다는 말을 들으면 가장 먼저 무슨 생각이 떠오르느냐는 질문이었다. 내 말이 떨어지기가 무섭게 옌스의 입에서는 반사적으로 "아이고, 진료비가 오르겠군!"이라는 말이 튀어나왔다.

　진료비가 오르면 환자 본인의 부담액과 더불어 보험공단에서 의사들에게 지급해야 할 돈도 늘어난다. 발달한 의술은 결국 의사들의 배만 불린다. 그런데 과연 그 말이 옳을까? 의료 기술이 발전하면 병원 입장에서는 값비싼 새 장비를 들여놓아야 하니 일시적으로 투자비가 늘어날 수는 있다. 하지만 장기적으로 보면 새로운 장비들 덕분에 반대로 치료비가 낮아질 수도 있다. 왜 뒷부분은 감쪽같이 사라지고 모두 비용 상승에 대해서만 얘기할까?

　하지 정맥류 수술을 예로 들어보자. 20년 전만 하더라도 최소한 2주는 입원해야 했던 수술이다. 압박 스타킹을 신은 채 땀을 뻘뻘 흘려야 했으며, 혈전 방지 주사를 끊임없이 맞아야 했다. 하지만 2003년, 직접 받게 된 수술은 4시간이면 충분했다. 굳이 입원할 필요도 없었다. 이후 나는 그것이야말로 의료 기술의 발전이고, 기술 발전이야말로 비용 절감의 지름길이라 믿어 의심치 않게 되었다.

내 믿음을 뒷받침하는 수치도 존재한다. 1960년만 하더라도 서독 병원을 찾은 환자들의 평균 입원일수가 28.7일이었지만 2004년에는 8.7일로 줄어들었다.[2]

한편, 초기투자비에 대해 매우 너그러운 태도를 보이는 분야도 있었다. '발트슐뢰스헨 다리Waldschlösschenbrücke' 건설 프로젝트가 대표적인 사례였다. 드레스덴 시는 엘베 강을 끼고 있는 아름다운 도시이다. 엘베 계곡은 유네스코 세계문화유산에 등재되기도 했다. 그런데 드레스덴 시 정부는 그런 엘베 계곡을 가로지르는 대형 교각 건설 계획을 발표했고, 찬성파와 반대파 사이에 날 선 공방이 오갔다. 발트슐뢰스헨 다리 설치를 찬성하는 이들은 새로 설치될 다리가 만성적인 차량 정체를 해결해줄 것이라며 기대감을 나타냈고, 반대파들은 다리 건설로 인해 자연경관이 훼손될 것을 걱정했다. 다리를 건설하면 엘베 계곡이 세계문화유산에서 삭제될 위험도 적지 않았다. 그 덕분에 주민토론은 유네스코 세계문화유산에서 삭제되느냐 마느냐에만 집중되었고, 비용에 관한 논쟁은 뒷전으로 밀려나고 말았다.

당시(2003년) 교각과 터널 그리고 고가도로 건설비용으로 총 1억 6천만 유로의 예산이 책정되었다. 찬성파들은 2015년이면 하루 4만 5천 대의 차량이 그 다리를 이용하게 될 것이라는 점을 강조했다.[3] 감가상각 기간을 10년 이상으로 잡고 이자와 유지비까지 감안할 경우, 엘베 강을 한 번 가로지르는 데 1.40유로가 든다는 뜻이었다.[4] 다시 말해 그 비용을 모두 시민에게 부담 지운다고 가정했을 때, 출퇴근길에 그 다리를 이용해야 하는 운전자라면(하루에 2회, 연간 200일) 매년 560유로를 지급해야 한다는 뜻이었다.

실제로는 아마 그보다 더 많은 액수를 부담해야 했을 것이다. 첫째, 교각 건설과 같은 대형 프로젝트들은 원래 초기에 계획했던 것보다 더 많은 돈이 들게 마련이고, 둘째는 이용자의 수가 예상치를 훨씬 밑돌 게 분명했기 때문이다. 그렇게 보는 근거는 기본적으로 드레스덴의 인구가 줄어들고 있었으며 또한 치솟는 유가 때문에 대중교통을 이용하는 직장인이 더 늘어나는 추세이기 때문이었다.

한참 글을 써 내려가고 있는데 옆에서 옌스가 뭐라고 중얼거린다. 자세히 들어보니 "세금은 정말 '못된 것'이야."라고 말하는 듯하다. 그렇다. 세금이든 이용료든 '필요악'일 때가 많다. 빈 출신의 예술가 게오르크 크라이슬러는 그 필요악에 관해 노래까지 만들었다. 가뜩이나 고달픈 인생을 세무서가 더 고달프게 만들 때면 우리도 잠시 크라이슬러가 되어 다음 노래를 불러보자!

그렇게는 못하겠소! 지금은 한 푼도 없는데 어떡할까나.
그렇게는 못하겠소! 내년에 내면 안 될까나.
첫째, 납부를 하자니 극복해야 할 문제가 너무 많소.
둘째, 게다가 내겐 다음과 같은 이유도 있소.
그렇게는 못하겠다는 것이오!
자기 돈을 기꺼이 내놓는 이는 없지 않소?
그렇게는 못하겠소!
그 돈을 벌기까지 내가 얼마나 힘들었는지 아오?
이러다 보면 어쩌면 세무서에서 포기할지도 모를 일이지.
어차피 난 그 누구에게도 내 돈을 내놓지 않거든!

크라이슬러의 노래 가사는 정곡을 찌르고 있다. 모두 그만큼 최선을 다해 탈세하고 있다는 뜻이다. 그 과정에서 가장 큰 성공을 거두는 이들은 대기업과 재벌이다. 역동적이고 혁신적인 기업가를 자처하는 중소기업인 중에도 세금을 아낀답시고 세무상담가, 투자상담가, 경영컨설턴트들에게 거액을 쏟아 붓는 이들도 있다. 차라리 세금을 내는 편이 더 싸게 먹힐 텐데 말이다. 그런 행태를 보면 진짜로 옌스의 말마따나 세금은 '못된 것'이 아닐까 하는 의심이 든다.

그런데 실제로 세금이 사악하기만 한 필요악은 아니다. 눈엣가시 같은 사람에게도 좋은 면이 있듯 세금에도 분명히 착한 면이 있다. 우리 모두 알고 있듯 세금은 국가를 운영하는 비용이다. 나라가 돌아가자면 세금이 필요하다. "도대체 국가가 내게 해준 게 뭐가 있다고?"라며 따지는 목소리들이 벌써 귓전을 울린다. 좋다. 그렇다면 국가가 없어졌을 때의 상황을 한번 따져보자.

예를 들어 내가 어느 사거리에서 직진한다고 가정하자. 우회전 차량 혹은 좌회전 차량이 당연히 나를 기다려줄 것이라 기대하고 말이다. 그런데 그 차량의 운전자가 오늘따라 브레이크를 밟을 기분이 아니었나 보다. 그 결과, 내 차는 그 차량과 보기 좋게 충돌해, 결국 나는 반파된 차량을 일단 도로변에 세운 뒤 걸어서 집까지 돌아온다.

걷는 내내 온갖 원망이 머리를 스친다. 왜 아무도 교통표지판을 세워두지 않았는지, 무면허운전자들이 도심을 무법천지처럼 주행하는 걸 말릴 사람이 왜 아무도 없는지, 교통경관은 어디로 사라지고 없는지, 사고를 낸 사람들에게 처벌을 내릴 이들은 어디에 있는지 궁금해지기 시작한다. 죽어도 읽기, 쓰기, 셈하기는 배우지 않겠다고 버티는 여덟 살 난 자녀를 둔 부모의 심정도 비슷할 것이다. 학교나 교사 따위는 필요 없으니 나한테는 한 푼도 받아갈 생각하지 말라며 큰소리쳤던 걸 후회하게 된다. 혹은 내 물건을 사 간 고객이 "그놈의 청구서는 왜 자꾸 보내는 거요? 맘대로 해보쇼. 난 절대로 돈을 주지 않을 테니!"라며 버틸 때에도 민법과 상법, 형법과 헌법 등 각종 법률에 기대고 싶은 마음이 굴뚝같아질 것이다.[5] 그럼에도 우리는 세금을 낮추라는 요구만 할 뿐, 그 세금이 우리 생활 곳곳에서 편의를 제공하고 있다는 사실은 망각한다.[6]

그런데 음과 양에 관한 문제는 비단 경제 분야에서만 나타나는 현상은 아니다. 최근 인구 문제와 관련해 급부상한 주제인 인구 노령화와 낮은 출생률만 해도 한쪽으로만 치우치고 있다는 인상을 지울 수 없다. 모두 연금수령자가 늘어나고 있어서 걱정이라는 말만 한다. 각종 예측치와 통계들을 인용하면서 그런 주장들을 펼치고 있는데, 정치가들이나 학자들은 장차 벌어질 사태에 대해 우려의 목소리만 높일 뿐 연금과 관련된 과거의 기록들을 깡그리 무시하고 있다.

지난 세기에 독일인들의 평균 수명은 30년이나 연장되었고, 전체 인구에서 청년층이 차지하는 비율은 44%에서 20%로 줄어들었다. 연금수령자의 수도 이미 3배로 늘어났다. 하지만 우리는 그 모든 과정을 별 무리 없이 소화해냈다. 경제활동인구가 퇴직자들의 연금을 감당해 내지 못할 것이라는 우려는 사실 1920년대부터 꾸준히 제기되어 왔지만, 우리 사회는 경제적으로나 복지 차원에서나 건전한 성장을 거듭하면서 그 문제를 극복했다. 즉 인구 노령화가 반드시 사회복지 분야의 재앙을 의미하지는 않는다는 것이다.[7]

새천년을 앞둔 시점에 즈음해서는 관료주의 철폐와 규제 완화라는 표제어가 거의 매일 독일과 오스트리아, 스위스 정치인들의 입에 오르내렸다. 모두 넘쳐나는 규제들이 경제 발전을 저해한다며 입을 모았고, 이에 따라 당장 시급해 보이지 않는 '잉여 기관'들이 해체되었다. 특히 환경 분야의 기관들이 무더기로 사라졌고, 대기업에도 구조조정의 광풍이 몰아쳤다. 거대 기업들은 '수평적 기업 문화'를 창출한다는 기치 아래 가장 먼저 중간관리층을 해체했다.

그 과정에서 당국과 지도층, 기업의 경영자들은 쳐내야 할 가지들에만 집중하느라 더 귀중한 것들을 놓치고 말았다. 공공 분야에서 대규모 구조조정을 감행한 결과, 실업률이 높아진 것이 좋은 예이다. 고용 창출과 실업 해소야말로 경제정책의 최고 목표이건만 그 부분을 놓치고 만 것이다.

라인 강과 엘베 강, 다뉴브 강의 수자원을 제대로 보호하고 홍수 대비 기능을 강화해줄 기관들도 하루아침에 사라지고 말았다. 그 하천들은 여러 연방주, 심지어 여러 나라를 관통하는 자연자원들인데, 그런 특징을 완전히 무시한 채 하천의 관리 업무를 각 연방주의 산하로 편입시켜버렸다. 그 와중에 각 연방주 산하에 있던 관계 기관들도 아예 해체되거나 더 낮은 등급으로 분류되기도 했다.

결과는 재앙에 가까웠다. 2002년, 엘베 강에 대규모 홍수가 발생했을 당시 작센과 작센안할트 주의 담당 관청들은 니더작센 주의 담당 관청에 도움을 요청했다. 그러나 니더작센 주에는 그런 문제를 담당하는 기관이 더 이상 존재하지 않았다. 지금도 몇몇 전문가는 당시 히차커Hitzacker시가 순식간에 물에 잠긴 것이 당국 간 협력 부재가 불러온 인재였다고 보고 있다.[8]

법률이나 대학 관련 분야에서도 같은 실수가 발생했다. 그중 대학입학정원을 관리하는 중앙관리센터를 없애버린 것이 대표적이다.[9] 금융시장의 규제를 완화하려는 노력도 결국 국제 자본시장의 위기를 초래하고 말았다.

그런가 하면 2000년 이후부터 시행된 기업 구조조정의 여파가 생산성을 얼마나 저하시켰는지는 지금도 조사가 진행 중이라고 한다(2003~2004년 '톨 콜렉트', 2005년 다임러/보쉬, 2006년 에어버스, 2008년 지멘스/ICE, 2010년 도요타 등의 사례에 관해 조사 중).

그 모든 오류는 결국 음양이론을 무시했기 때문에 발생했다. 어떤 기관이나 부서, 규제 등을 해체하거나 철폐할 때에는 '양'(비용)만 생각해서는 안 된다. '음'(편익)도 충분히 고려해야 한다.

정치나 경제와 관련된 얘기는 이쯤에서 접고 이제 우리 생활과 밀접한 사례들로 눈길을 돌려보자. 일상생활에서도 '음'은 외면한 채 '양'만 바라보는 현상이 비일비재하게 일어난다. 음주운전 단속을 예로 들어보자.

"제가 갈짓자로 차를 몰고 있다고요?
하하, 너무 그러지 마세요
경관님, 저는 관리자랍니다!"

내가 자주 들르는 술집 앞 모퉁이에서는 금요일 저녁이면 음주 단속이 이뤄지는데, 지난주에는 500명 중 10명이 적발되었고, 이번 주에는 15명이 딱지를 끊었다고 한다.

다음 날 아침, 지역 신문에는 '비틀거리는 우리의 도로! – 50%나 늘어난 음주운전자!'라는 제목의 기사가 실린다. '양'이라는 기자가 작성한 기사이다. 물론 음주운전을 옹호하려는 것은 아니다. 어떤 이유에서든 술을 마셨으면 운전대를 잡지 말아야 한다. 하지만 지역 신문의 태도에도 분명히 문제가 있다. '양' 기자는 아마도 자극적인 제목을 선호하는 듯한데, 반대로 '음'이라는 기자도 있을 수 있다. '음' 기자는 아마도 "다행히 아직도 많은 운전자가 말짱한 정신이 아닌 이상 절대 운전대를 잡지 않는 듯하다. 2주 연속으로 음주운전을 단속한 결과, 지난주에는 전체의 98%가 술에 취하지 않은 상태에서만 운전한 것으로 드러났다. 아쉽게도 그 수치는 이번 주 들어 97%로 줄어들었지만, 아직은 시민정신이 살아 있는 듯하다"는 내용의 기사를 썼을 것이다.

교통 분야에는 그 외에도 통계와 관련된 재미있는 사례들이 무궁무진하다. 이번에는 속도광들을 예로 들어보자.

운전하다 보면 나만 빼고 다들 '스피드에 미쳤다'는 느낌이 자주 든다. 고속도로에서 규정 속도로 달리다 보면 나만 빼고 모두 경쟁적으로 추월하는 듯하고, 질주 본능을 한껏 발산하는 듯한 느낌이 들 것이다.

그런데 그 느낌이 빗나갈 때가 더 많다. '양'도 있지만 '음'이 분명히 더 많다는 사실을 간과해버리기 때문에 그런 착각에 빠진다. 여기에서 말하는 '양'은 실제로 빨리 달리는 차량이고, '음'은 필자나 독자들처럼 규정 속도를 준수하는 정직한 운전자들이다. 사실 내가 만약 규정 속도를 준수한다면 나와 마찬가지로 규정 속도를 지키면서 달리는 운전자들을 볼 수 없다. 내 눈에는 기껏해야 내가 추월하지 않는 내 앞의 차량과 나를 추월하지 않는 내 뒤의 차량 정도만 보일 뿐이다.

구체적 수치를 들면 좀 더 쉽게 이해된다. 예를 들어 20대의 차량이 규정 속도인 시속 120km로, 안전거리 100m를 유지하면서 고속도로를 달린다고 가정하자. 그 와중에 5대는 시속 200km로 질주하면서 선량한 운전자들을 마구 추월하고 있다. 이 경우, 착한 운전자들의 눈에 들어오는 착한 차량은 2대뿐이지만, 못된 차량은 5대이다. 즉 착한 운전자들 입장에서는 규정 속도를 준수하는 차량보다 거리의 무법자가 2배 이상 많은 것처럼 느껴진다. '다들 미쳤군! 저러다 한번 뒤집혀 봐야 정신을 차리지!'라고 생각하는 것도 그런 착각에서 비롯된다.

'음'에 관해 눈을 감아버리는 사례는 또 있다. 공동 저자 옌스의 제보에 따르면 많은 사람이 '대중교통을 이용하는 것보다 직접 운전하는 편이 더 싸게 먹힌다'는 착각에 빠져 있다고 한다. 2010년 봄, 어느 이름난 경제학자가 교통 관련 박람회에서 그 사실을 입증하는 수치를 제시하기도 했다.

그런데 그 경제학자의 계산법은 그다지 정확하지 않았다. 많은 자가 운전자가 그렇듯, 그 학자 역시 버스나 전철을 탈 때 드는 비용을 단순히 자동차를 운전할 때 드는 기름값과만 비교했다. 하지만 차를 모는데 따른 부대비용은 무시할 수 없을 만큼 큰 부분을 차지한다. 그 안에는 자동차의 감가상각이나 보험료, 수리비, 부품 교체비, 주차비, '딱지값'까지 모두 포함된다. 그럼에도 많은 운전자가 그 부분에 대해서는 모르고 있거나 모르는 척해버린다. 하지만 조금만 생각해보면 감가상각비나 보험료, 과태료, 벌금, 주차비 등이 결국 차량을 운행하는 데 마땅히 포함되어야 한다는 것을 알 수 있고, 그런 만큼 그 부분까지 모두 감안해야 올바른 비교가 된다.

지금까지 계속 '음'을 감추는 사례에 대해서만 열거해왔다. 이제 '양'과 관련된 사례들도 소개해야 할 차례이다. 긍정적 사례를 보여줌으로써 긍정적 결과를 기대하는 이러한 행위를 교육학에서는 '긍정적 강화'라고 부르는데, 지금부터 그 작업을 실행에 옮겨보겠다.

독일의 유입 인구
외국인의 유입 및 유출(단위: 천 명)

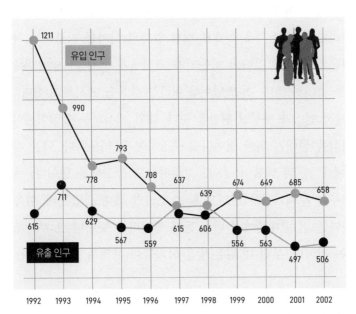

이민과 관련된 동전의 양면. 2004년, 위와 유사한 그래프들이 각종 신문을 장식했다.

31쪽 그래프는 2004년 독일의 어느 신문에 게재된 것으로, 그간 독일에 얼마나 많은 외국인 이민이 유입되고 얼마가 이탈했는지를 나타낸 것이다. 감사하게도 위 그래프에는 동전의 양면이 모두 표시되어 있다. 유입 인구만 강조하면서 '이 나라의 물이 흐려지고 있다'라는 식으로 호들갑을 떠는 대신, '음'적인 면(독일을 떠나는 사람들의 수치)도 함께 제시함으로써 중립을 유지했다.

이전 정부나 국회에서도 이와 유사한 긍정적 사례를 제시한 적이 있다. 1976년, 의약품 법이 개정됨에 따라 각 제약회사는 약품의 긍정적인 효능뿐 아니라 부작용에 대한 안내문도 포장지에 인쇄해야 했다. 1985년에는 콜Kohl 총리가 이끄는 정부가 새로운 형태의 가격표시규정을 발표했고, 그로 인해 시중 은행들이 적잖은 난관을 겪기도 했다. 그 이전까지 대출 이자는 보통 연리로 표시되었는데, 콜 정부는 단순히 연리만 표시할 경우 실제로 매달 얼마의 이자를 지불해야 하고 매달 원금의 얼마를 갚아야 하는지가 고객에게 쉽게 와 닿지 않는다는 이유를 들어 이른바 '실질 연이율'이라는 항목을 표시하게 했다.

곁에서 옌스가 자꾸만 핀잔을 준다. 내가 제시하는 음양이론이 결국 내 지식을 뽐내기 위한 것이라고 주장하는데, 억울하다. 나는 다만 독자들에게 '양'과 더불어 '음'도 고려하라고 충고했을 뿐이다. 예를 들어 정부는 부채가 늘어난다고 앓는 소리만 해대고 있는데, 한쪽이 빚을 진다는 건 반대쪽에선 받을 돈이 쌓인다는 뜻이니 그 부분도 고려하라는 것이다. 부디 내 깊은 뜻을 독자들이 이해해주길 바란다.

2

숫자보다 더 많은
거짓말을 하는 그림

바야흐로 '비주얼'이 세상을 지배하는 시대가 도래했다. 글보다는 삽화나 그래프가 눈에 더 잘 들어오는 시대가 온 것이다. TV 화면을 열심히 쳐다본 덕분에 모두 글보다는 그림에 더 익숙해져 있다. 신문이나 잡지 기사를 '훑을' 때에도 글보다는 그래프가 먼저 눈에 들어온다. 다행히 인터넷에서는 그런 추세가 더디게 진행되고 있는 듯하다.

아이트래킹eye tracking 기술을 통해 웹 사이트를 방문하는 이들의 시선을 추적해본 결과, 많은 사람이 그림보다 특정 텍스트에 먼저 눈길을 주는 것으로 나타났다. 구글Google을 비롯한 각종 검색사이트가 텍스트 위주의 링크들로 구성되어 있기 때문에 이런 결과가 나온 것으로 추정되는데, 인터넷 공간에서조차 사실 글보다 그림이 더 편하게 느껴질

때가 많다.[1]

관련 기관이나 협회, 정치가, 광고주 입장에서는 당연히 그런 경향들을 최대한 이용하고 싶어 한다. 가뜩이나 왜곡된 수치들을 각종 시각적 도구를 동원하여 자신들에게 유리한 방향으로 더욱 조작한다.

그래픽의 거짓말

우리는 대체로 신문이나 잡지, TV, 광고에서 제시하는 그림이나 그래프를 맹신한다. 객관적 자료이니 믿어도 좋다고 여긴다. 그런데 그러한 인간의 습성을 적극적으로 활용하려는 이들이 있다. 그들이 활용하는 전략들은 사실 낡고 뻔한 수법에 지나지 않지만, 신기하게도 아직도 효과를 발휘하고 있다.

그들이 주로 활용하는 전략은 이를테면 x축이나 y축을 과감하게 절단한 뒤 일부만 보여주기, 눈금과 눈금 사이의 거리를 엿가락처럼 늘이기, 파이 그래프의 일부를 2배, 4배, 심지어 8배까지 확대하기, 완만한 곡선을 마치 로켓포를 쏘아 올린 것처럼 과장하기 등이다. 색상을 이용해서 특정 항목을 강조하는 경우도 있고, 교묘한 기술을 써서 작은 것을 크게, 큰 것을 작게 표현하기도 한다. 이른바 '시야 협착 효과'를 이용한 것이다.

시야 협착 효과는 다른 말로 '만취 효과'라고 할 수 있다. 술에 취하면 시야가 좁아져서 몇몇 특정한 부분만 눈에 들어오는데, 독자나 시청자에게 그 효과를 적용하여 자기들이 보여주고 싶은 것만 보게 하

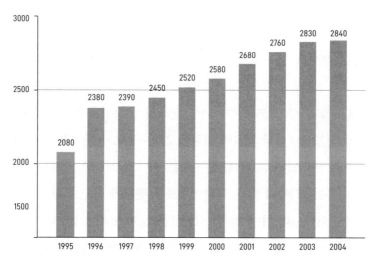

1인당 의료비 지출액(단위: 유로)

2006년 10월 27일자 〈쾰르너 슈타트안차이거〉에 실린 그래프,
1인당 의료비 지출액의 증가율을 과장되게 표현해놓았다.

출처: 연방통계청, 2006

겠다는 것이다.

그들이 활용하는 전략을 설명하기 위해 몇 가지 사례를 준비했다. 대부분 언론이나 강연회 등에서 실제로 활용된 것들인데, 먼저 우리가 발견한 자료를 있는 그대로 보여주고, 뒤이어 바람직한 형태의 그래프를 제시한다. 참고로, 처음에 제시된 그래프(조작된 그래프)를 본 뒤 곧장 다음 그래프(솔직한 그래프)로 넘어가지 말고 독자 스스로 정확히 어떤 부분이 조작되었는지, 해당 그래프에 어떤 문제점이 내포되어 있는지 분석해보기 바란다.

35쪽 그래프를 보면 독일 국민 1인당 의료비 지출액이 1995~2004년까지 2배 가까이 뛴 것처럼 보인다. 맨 처음 기둥의 높이가 마지막 기둥의 절반쯤밖에 되지 않기 때문이다. 하지만 이는 진실과는 거리가 멀다. 우선 1995년의 수치부터 사실과 다르다. 위 그래프에는 1995년 독일 국민 1인당 2,080유로를 지출한 것으로 나와 있는데, 1년 사이에 300유로나 증가했다는 게 너무 놀라워서 사실관계를 확인해봤더니 해당 연도의 1인당 의료비 지출은 2,080유로가 아니라 2,280유로인 것으로 드러났다. 그런데 보는 이로 하여금 착각에 빠져들게 하는 더 큰 이유는 다른 데 있다. 막대그래프를 전체가 아닌 일부만 보여주었기 때문이다. 자, 다시 한 번 그래프를 보자. y축이 1,500유로에서 시작한다는 것을 알 수 있다. 과감하게도 y축의 아랫부분을 뚝 잘라낸

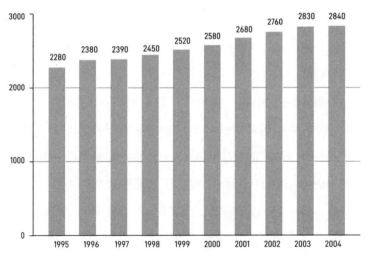

1인당 의료비 지출액(단위: 유로)

조작되지 않은 형태의 그래프를 보면 상황이 그다지 심각하지 않다는 것을 알 수 있다.
출처: 연방통계청, 2006

것이다.

조작되지 않은 원래의 그래프를 보면 1인당 의료비 지출액이 완만하게 증가한 것을 알 수 있다. 이 정도 수준의 증가 추세라면 사실 크게 걱정할 필요는 없다. 의료비뿐 아니라 그 외 분야의 지출액 역시 이정도는 늘어나고 있기 때문이다.

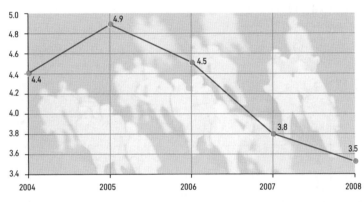

공식적 실업률(단위: 백만 명)

조작된 그래프를 보면 2005년 이후 실업률이 매우 감소한 것처럼 보인다.
출처: 연방통계청, 2006

2008년 초, 각종 신문은 실업률 감소에 대한 기사를 앞다투어 실었다. 위 그래프는 그 당시 자주 활용된 그래프 중 하나이다. 그래프를 보면 꺾은선 그래프의 마지막 지점이 기저선, 즉 x축과 가깝기 때문에 실업률이 이제 곧 제로가 될 거라는 착각에 빠지기 쉽다. 당시 수많은 전문가가 이런 식의 그래프들을 비판하고, 나아가 정부가 내놓은 개혁안이 결국 복지혜택을 줄이려는 수작에 지나지 않는다고 경고했다. 하지만 언론은 그 목소리들은 외면한 채 왜곡된 그래프들을 싣는 데만 기꺼이 지면을 할애했다.

사실 위 그래프에는 두 가지 항목이 조작되어 있다.

- y축이 0명이 아니라 3백만 명쯤에서 시작된다.
- x축의 시작점을 2004년으로 설정함으로써 실업과 관련된 위기가 지금까지 단 한 번밖에 없었고, 그것도 이젠 완전히 극복되었다는 인상을 심어준다.

공식적 실업률(단위: 백만 명)

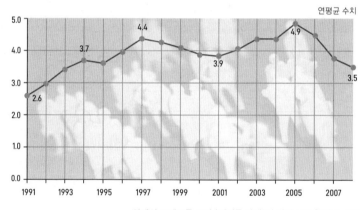

원래의 그래프를 보면 '실업률 산맥'의 전체 모습을 알 수 있다.
즉 2개의 '산마루'를 포함해 산줄기 전체를 볼 수 있다.
출처: 연방통계청, 2006

문제는 그것으로 끝이 아니다. 위 그래프에서는 2008년 1월까지의 수치가 마치 2008년 전체를 대변하는 것처럼 표시되어 있는데, 이는 불확실한 예측을 마치 명백한 진실인 것처럼 조작한 것이다.

이제 친정부 성향의 언론이 제시한 협곡에서 벗어나 시야를 넓혀보자. 눈을 들어 좀 더 먼 곳을 바라보면 실업률과 관련된 '산맥' 전체를 파악할 수 있다.

두 번째 그래프를 보면 실업률이라는 산줄기에 여러 개의 봉우리가 있다는 것을 알 수 있다. 하지만 37쪽 그래프에서는 전체 산줄기를 뚝 잘라서 실업률이라는 산맥이 마치 단 1개의 봉우리만으로 이루어져 있는 것처럼 표현되어 있다. 그렇게 산맥의 일부, 그중에서도 맨 오른쪽에 급속도로 하강한 꺾은선을 보여줌으로써 실업 문제를 완전히 해결한 듯한 인상을 심어준 것이다.

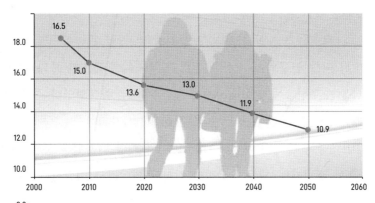

20세 이하 인구(단위: 백만 명)

어느 인구 문제 전문가가 2050년경이면 독일 청소년층이 멸종된다는 것을 알리기 위해 제시한 그래프이다.

출처: 연방통계청

위의 그래프를 보면 앞으로가 큰일이다! 2050년경이면 독일에서 20세 이하 인구가 멸종된다고 한다! 특단의 조처가 필요하다!

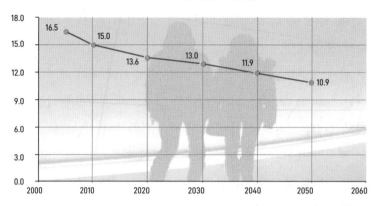

20세 이하 인구(단위: 백만 명)

일부가 아닌 전체 그래프를 보면 상황이 훨씬 덜 심각하다는 것을 알 수 있다.
그러나 이 그래프도 진실을 제대로 전달하고 있는 것은 아니다.
출처: 연방통계청

위 그래프는 노동청 산하의 '노동시장 및 직업 관련 연구소(IAB)'에 소속된 어느 연구원이 제시한 것으로, 복지혜택 축소가 불가피하다는 사실을 노조원들에게 이해시키기 위한 자료로 활용되었다. 그런데 이 그래프에서도 y축은 0.0이 아니라 8.0에서 시작된다.

내가 y축을 잘라낸 이유에 대해 따지자 해당 연구원은 통계 분야에서 흔히 행해지는 아주 일상적인 절차일 뿐이라고 대답했다. 속 시원한 답변은 분명히 아니었다. 시기가 시기였던 만큼(크리스마스를 일주일 앞둔 시점이었다) 그 부분에 대해서는 더 이상 따지지 않기로 했다. 그 대신 나는 또 다른 중요한 실수 하나를 지적했다. 그런데 그 전문가의 대답은 입이 다물어지지 않을 정도로 솔직했다. 내가 발견한 실수와 전문가의 답변에 대해서는 제4장에서 다룰 것이다. 41쪽 그래프에서 간과된 진실에 대해서도 제4장에서 함께 다루기로 한다. 이미 운을 뗐으니 궁금증이 발동되겠지만, 조금만 인내심을 가지고 기다려주기 바란다.

한편, 신문이나 TV, 인터넷 포털사이트에서 주식시황을 보도할 때면 주로 41쪽 그림과 같은 그래프, 다시 말해 y축의 범위가 극도로 제한적인 그래프들이 제시된다. 아래의 그래프에서 세로축은 61~63유로까지의 변화, 즉 2유로 사이의 변동 상황만을 보여주고 있다.

이렇게 눈금의 간격을 넓게 잡을 경우, 주가가 조금만 변동해도 그래프는 마치 큰 파도를 만난 듯 요동친다. 증권가에서는 광고 효과를 극대화하기 위해 일부러 이러한 전략을 활용한다. 잠재적 고객에게 긴장감과 불안감, 나아가 지금 당장 행동을 취하지 않으면 안 된다는 시간적 압박감을 심어주기 위해서이다. 이는 주식시장의 기본 이익구

오늘의 주가 변동 그래프(단위: 유로)

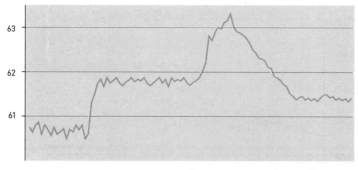

이 그래프는 필자들이 제작한 가상의 그래프이지만, 주가 변동과 관련된 그래프들은 대개 위 그림처럼 아래위로 구불구불 불안정하게 요동친다.

최근 수정 일자: 2010년 8월 2일

조 때문이다. 증권사는 주식의 소유주가 자주 바뀔수록 돈을 더 많이 번다. 그러니 장롱 속에서 잠자고 있는 주식을 증권계에서 환영할 리 없다.

y축의 간격이 넓디넓은 그래프들이 신문 지면과 TV 화면을 장식하는 이유도 증권사들의 그러한 생리 때문이다. 증권사나 은행이 그만큼 강한 입김을 불어넣고 있다는 뜻이다. 물론 기자가 아무 생각 없이 그러한 그래프를 싣는 경우도 아주 없지는 않다!

x축이 무엇을 의미하는지 표시되어 있지 않은 경우도 심심찮게 볼 수 있다. 즉 어제의 주가 변동 그래프인지 일주일 전의 것인지 혹은 올해 초의 변동 추이를 나타낸 것인지조차 알 수 없다. 그렇게 기간이 표시되어 있지 않은 그래프들은 사실 아무런 진술 능력이 없다고 할 수

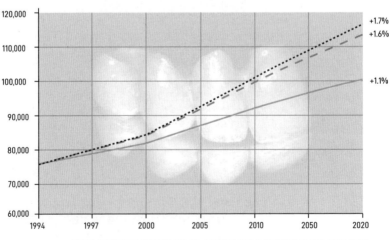

2020년까지 치과의사 증가율 예측 그래프(단위: 명)

예전에 독일치과의사협회가 제시한 수치들을 바탕으로 필자가 작성한 그래프이다.

있다. 그럼에도 중요한 것은 그래프 작성자가 의도한 목적은 충분히 달성한다는 것이다!

그림을 이용한 통계 조작과 관련된 또 다른 전략들을 살펴보기 전에 제1장에서 나왔던 내용을 간단히 되짚어보자. 외국인 인구의 유입 및 유출과 관련된 그래프에서도 y축은 500,000에서 시작되었다. 그 덕분에 이민자 수는 실제보다 훨씬 더 적어 보였고, 1992년도의 유입 인구와 유출 인구의 차이는 실제보다 훨씬 더 크게 표현되었다.

x축은 대체로 기간을 나타낸다. 독일치과의사협회가 2020년까지 치과의사 수가 얼마나 늘어날지를 예측한 적이 있는데, 42쪽 그래프는 그 예측치를 바탕으로 필자가 제작한 것이다. 이것을 보면 x축의 첫 두 칸은 각기 3년이라는 간격을 표시하고 있고, 나머지 눈금들은 5년 단위로 그어져 있는데, 각 눈금의 간격은 모두 같다. 엑셀 작업에 능숙치 않던 때라 위와 같은 실수를 저지르고 말았다.

이후 이 그래프가 포함된 자료가 출간된 뒤 내가 저지른 실수를 발견했고, 뒤늦게나마 실수를 수정하려 했다. 적어도 다음 해에 발행될 연감에는 오류가 포함된 그래프를 싣고 싶지 않았다. 하지만 당시 결정권을 갖고 있던 담당자는 내 의견에 동의하지 않았다. "아무도 몰랐잖아요? 지금 와서 수정하면 오히려 더 눈에 띌 걸요!"라는 이유를 들이댔다. 실제로 2007년까지 해당 오류에 대해 아무도 이의를 제기하지 않았다.

일부러 x축을 조작하는 경우도 있다. 44쪽 그래프는 영국의 자동차 생산량과 관련된 것인데, 1972년부터 1979년까지 표시한 눈금의 너비와 1980년부터 1982년까지 표시한 눈금의 너비가 같다. 8년에 걸

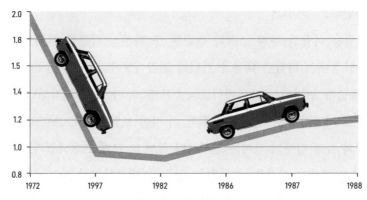

1972~1988년 영국의 자동차 생산량(단위: 백만 대)

x축이 조작되었기 때문에 영국의 자동차 생산량이 급격히 곤두박질치고 있다는 인상을 심어준다.
출처: 발터 크래머의 《통계로 거짓말하기(So lügt man mit Statistik)》.[2]
(국내에는 《벌거벗은 통계》로 출간되었다. 이순).

처서 줄어든 생산량을 이렇듯 '집약적'으로 표시해놓으니 실제보다 훨씬 드라마틱하게 보일 수밖에 없다. 이후 1988년까지는 완만한 상승 곡선을 그리고 있다. 발터 크래머는 위 그래프가 조작된 배경에 대해서는 언급하지 않았지만, 그 뒤에 정치적 의도가 숨어 있었을 것이라 조심스레 추측해본다.

1979년까지 영국은 노동당이 집권하고 있었고, 그 이후 마거릿 대처를 필두로 하는 보수 세력이 권력을 잡았다. 즉 보수당 입장에서는 사회민주주의를 표방하던 전임 정권의 경제정책이 실패로 돌아갔다는 것을 국민에게 입증할 필요가 있었다.

1983년, 당시 서독 정부는 서독의 풍요와 동독의 빈곤을 비교하기 위해 오른쪽과 같은 그림을 활용했다. 실제로 당시 서독인들이 사는

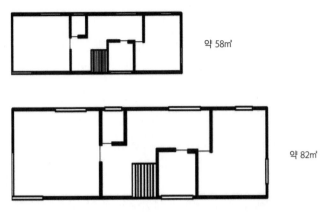

약 58㎡

약 82㎡

1983년 정부가 발간한 자료에서 인용한 것으로,
동독과 서독의 평균 주택 크기를 비교한 그림이다.3
출처:《수치로 보는 동·서독 비교》(Zahlenspiegel : BRDDDR)

집은 동독인들의 집보다 평균 1.4배가 컸다. 하지만 그림에서 서독인
들의 집은 가로와 세로의 길이도 각기 1.4배씩 늘여놓았다. 즉 실제
크기보다 1.96배(1.4²배)만큼 확대한 것이다. 그 결과, 동독인들의 집
을 58제곱미터라고 가정할 때 서독인들의 집은 82제곱미터가 아니라
114제곱미터가 되어버린다. 이렇게 터무니없는 '뻥튀기'를 한 까닭은
당시의 시대적 상황 때문이다. 그 시절 동독과 서독은 각자 자기 나라
가 더 살기 좋다는 것을 선전하려고 혈안이 되어 있었다. 주택 규모와
관련해 위와 같은 조작이 자행된 것도 그러한 맥락의 하나이다.

　2차원의 그림에서 이루어지는 왜곡 행위들은 3차원 그림으로 가면
더욱 뻔뻔해진다. 미국의 통계학자 대럴 허프는 저서《통계로 거짓말
하는 방법How to Lie with Statistics》(국내 출간 제목은《새빨간 거짓말, 통계》, 더
불어책)에서 미국의 평균 임금이 다른 나라에 비해 2배나 높다는 사실

을 증명하는 그림을 소개했다. 미국과 기타 국가들의 임금을 돈주머니로 표현해놓은 입체적인 그림이었다. 사실 '미국' 쪽 돈주머니를 다른 쪽 돈주머니보다 2배쯤 높게 그리기만 해도 '소기의 목적'은 충분히 달성할 수 있었다. 하지만 허프가 소개한 그림에서 미국 쪽 돈주머니는 다른 쪽에 비해 2배가량 높을 뿐 아니라 2배 더 뚱뚱하고 깊었다. 즉 부피로 따지자면 다른 쪽 그림에 비해 미국 쪽 그림이 8배나 더 컸다.

허프는 해당 저서에서 철강 분야의 생산량에 관한 그림도 소개했는데, 주제가 주제이니만큼 이번에는 돈주머니 대신 용광로가 등장했다. 그런데 실제로는 미국의 생산량이 다른 나라에 비해 1.5배 정도 높았지만, 이번에도 높이와 너비, 깊이 모두 1.5배 확대되어 있었다. 부피로 따지자면 3배 이상에 달했다.[4]

지금까지 그래프 작성자들이 자신들의 의도를 충족시키기 위해 가로축이나 세로축을 어떻게 교묘하게 조작하고, 면적이나 부피를 얼마

1992년에 발행된 우표들의 가격 변동 추이

2004년도 카탈로그 표시 가격
168.80유로

1992년도 가격
79.85DM

2004년, 독일 우편국(우취 분과) 홍보용 전단에 실인 그래프.

나 약삭빠르게 부풀리는지 살펴보았다. 언뜻 객관적으로 보일지 모르겠지만 그 속에는 분명히 함정이 숨어 있다.

하지만 그래프 전문가들의 술수는 거기에서 그치지 않는다. 지금부터는 이른바 '시각적 보조도구'라는 미명하에 수치들이 어떻게 왜곡되는지 살펴볼 예정인데, 미리 말해두지만 그 도구들은 이름에서 풍기는 인상과는 달리 절대 보는 이들의 편의를 위해 투입된 것이 아니다!

왼쪽 그래프에서 독일 우편국은 역동적이고도 힘찬 화살표를 활용했다. 한 해에 발행되는 우표를 모두 구입할 연간 회원을 모집하기 위한 홍보물에 실린 그림이었다. 위를 향해 힘차게 뻗어 나가는 화살표는 전형적인 시각적 보조도구이다. 연간 회원이 될까 말까 고민하는 우표수집가들의 마음을 뒤흔들기 위한 도구인 셈이다. 수집가들은 이 화살표를 보는 순간, 앞서 우표를 구입한 이들이 올린 짭짤한 수익을 떠올린다. 하지만 위 그래프를 믿고 연간 회원이 되었다가는 큰 낭패

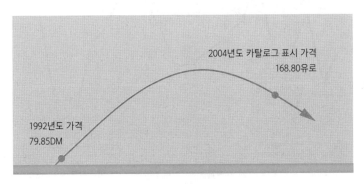

1992년에 발행된 우표들의 가격 변동 추이

2004년도 카탈로그 표시 가격
168.80유로

1992년도 가격
79.85DM

이 그래프 역시 앞서 우편국이 활용한 두 가지 수치(1992년과 2004년의 가격)가
앞으로 어떻게 변동될지를 나타낸 것이다.

를 볼 수도 있다. 2004년 이후 화살표가 어느 방향을 향하게 될지는 아무도 모르는 일이기 때문이다.

47쪽 그래프에는 또 다른 문제점이 내포되어 있다. 기준연도가 2개 밖에 없다는 것이다. 그림에는 우표들이 발행된 1992년도 당시의 가격과 2004년도의 시가밖에 나타나 있지 않다. 그 두 지점을 역동적인 화살표로 연결해놓은 것인데, 이 그림만 봐서는 1992년부터 2004년 사이의 가격 변동 상황을 거의 알 수 없다. 위 그림에 나타난 대로 1992년부터 2004년까지 가격이 꾸준히 상승했을 수도 있지만 그렇지 않을 수도 있다. 게다가 실제로 그간 우표의 가치가 계속 상승곡선만 그려왔다 하더라도 2004년 이후에 곡선이 어느 방향으로 꺾일지

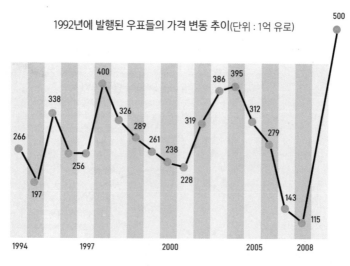

1992년에 발행된 우표들의 가격 변동 추이(단위 : 1억 유로)

원래 그래프의 바깥쪽 공간으로 튀어 나가는 식의 시각적 보조도구는
그래프 제작자들이 애용하는 도구 중 하나이다.
출처: 2009년 2월 5일 자 〈퀼르너 슈타트안차이거〉.

는 아무도 알 수 없는 일이다. 그런 의미에서 47쪽 그래프를 토대로 가상의 그래프를 만들어보았다. 전체적으로 47쪽 그래프와 비슷한 내용이지만 보는 이들에게 심어주는 인상 면에서는 상당한 차이가 있다.

한편, 정확히 표현하기 껄끄러운 수치들을 그림 밖으로 튀어 나가게 하는 방법도 흔히 활용된다. 그만큼 그 수치가 상식적인 범위를 넘어선다는 것을 강조하려는 것이다. 늘어나는 국가부채에 관한 아래 그래프가 좋은 예이다. 사실 아래 그래프에는 그 외에도 다양한 문제점이 있지만, 그 문제점들은 이 장에서 다루고 있는 주제 밖으로 튀어 나가는 것들이니 여기에서는 언급하지 않기로 한다.

언젠가 시사 주간지 〈포쿠스Focus〉는 편집장이었던 헬무트 마르크보르트가 출연한 광고를 한동안 TV에 내보냈다. 마르크보르트가 '진실, 진실, 진실!'을 외치는 콘셉트의 광고였는데 시청자에게 꽤 강한 인상을 남겼다. 하지만 실제로 〈포쿠스〉가 진실만을 보도한 것은 아니었다. 독자에게 경제가 되살아나고 있다는 인식을 심어줘야 할 필요가 있을 때마다 〈포쿠스〉 편집부는 진실보다는 '시적詩的 자유'에 더 가까운 기사를 싣곤 했다. 50쪽 그래프를 보라. 독일의 박람회 업계가 성장하고 있다는 것을 보여주기 위한 그래프인데, 3개의 막대는 각기 다른 항목들이기 때문에 사실 서로 비교 대상이 될 수 없다.

첫 번째 막대는 전시업체의 수를, 두 번째는 임대면적의 합계를, 세 번째는 방문객 수를 표시하고 있다. 그런데 '우연하게도' 막대들이 나란히 서 있게 되었고, 막대들의 높이는 오른쪽으로 갈수록 높아진다. '상승세를 타고 있는 독일의 박람회 시장'이라는 그래프의 제목에 꽤 걸맞은 그림이고, 이로써 〈포쿠스〉는 경기가 살아나고 있다는 것을 독

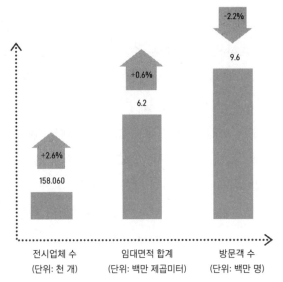

상승세를 타고 있는 독일의 박람회 시장

| -2.2% |
| +0.6% |
| +2.6% |

전시업체 수
(단위: 천 개)

임대면적 합계
(단위: 백만 제곱미터)

방문객 수
(단위: 백만 명)

〈포쿠스〉지가 독일 박람회시장의 힘찬 성장세를 입증하기 위해 제시한 그래프다.[6]

자에게 '입증'했다.[5]

그런데 이 그래프는 들여다볼수록 말이 안 되는 점이 많다. 박람회 참가업체나 임대면적은 늘어났지만 방문객의 수는 오히려 2.2% 줄어들었다. 그럼에도 방문객 수와 관련된 막대가 가장 오른쪽에 높게 표현되어 있다는 것 자체가 어불성설이다.

그뿐만 아니라 그림 속 수치들도 잘못 표시되어 있다. 전시업체를 가리키는 막대 위에 '158,060', 그 아래쪽에는 '단위: 천 개'라 적혀 있는데, 이는 명백한 오류이다. 전시업체 수는 그냥 158,060이다. 거기에 0을 3개 더 붙이면 1억 5천 8백만 개 업체가 총 620만 제곱미터에 전시관을 꾸몄다는 뜻이 된다. 계산해보면 1m²에 25개의 전시관이 세워져 있었다는 결론이 나오는데, 말도 안 되는 소리이다!

이제 지금까지 공부한 것을 바탕으로 직접 그래프를 제작해보자.

우선 각자 자신이 어느 주식회사의 임원이 되었다고 상상해보자. 3년째 그 직책을 맡고 있고, 얼마 뒤에 주주총회가 열릴 예정이며, 그 자리에서 주주들에게 그간의 사업실적에 대해 발표해야 한다. 그런데 걸림돌이 하나 있다. 지난 몇 년간의 실적이 그다지 좋지 않았다는 것이다. 불안정한 흐름을 보이던 주가는 어느새 곤두박질치기 시작했는데, 그 실적으로는 힘차게 솟아오르는 로켓 모양의 그래프를 만들어 낼 수 없다. 아무리 애를 써도 만취한 술꾼의 갈짓자걸음에 가까운 그래프만 나올 뿐이다. 예컨대 아래 그래프처럼 말이다.

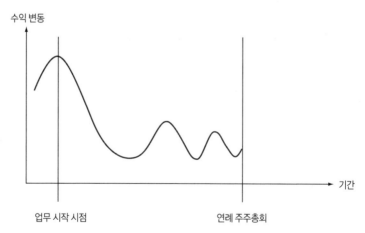

지난 몇 년간 실제로 수익률이 어떻게 변했는지를 나타낸 그래프로,
주주들에게는 도저히 이 상태를 보여줄 수 없다.

어떻게 하면 이 그림을 좀 더 예쁘게 포장할 수 있을까? 이대로는 도무지 성에 차지 않는데, 어떻게 하면 로켓포를 발사한 것처럼 역동적인 모양의 그래프를 얻어낼 수 있을까? 그런 일이 과연 가능할까? 물론 가능하다! 범죄라 불러도 좋을 만큼의 대담한 창의성만 발휘한다면 안 될 것도 없다. 여기저기 약간씩만 손보면 분명히 멋들어진 그림이 나올 것이다!

그 첫 단계는 '생략'이다. 가뜩이나 공사다망한 주주들에게 세세한 것까지 모두 알려줄 필요는 없다. 괜히 골치만 더 아파질 뿐이다. 따라서 지금 내 앞에 놓인 과제는 중요한 지표들을 선정하는 것이다. 물론 여기에서 말하는 **'중요한 지표'란 내 과실은 감추고 공로는 돋보이게 하는 지표들**이다. 이번 주주총회에서 임원들에 대한 재신임 투표도 이뤄진다고 했으니, 내 입장에서는 내게 유리한 그래프를 만들어야 할 이유가 하나 더 늘어난 셈이다.

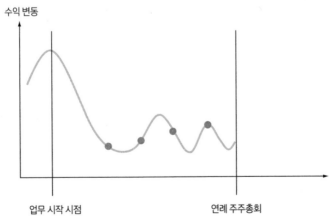

'주관적으로' 중요하다고 생각되는 지표들만 모아서 만든 그래프이다.

두 번째 단계는 위 그래프에 표시된 점들을 과감하게 직선으로 잇는다. 양심의 가책을 느껴 괴로워할 필요는 없다. 어차피 위 그림을 보는 즉시 누구나 머릿속으로 그래프 속 점들을 직선으로 연결하게 되어 있다. 그러니 어디까지나 주주들의 수고를 한 가지 덜어준다는 생각으로 그래프 속 점들을 신나게 이으면 된다.

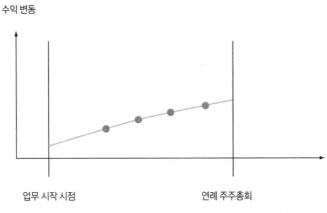

내가 선정한 지표들을 직선으로 연결해놓은 그래프이다.

이 정도만 수정해도 이미 처음과는 아주 다른 모습의 그래프가 만들어진다. 하지만 이게 끝이 아니다. 머리를 조금만 쓰면 좀 더 보기 좋은 모습의 그래프가 나온다.

본디 인간은 역동적인 것을 추구하는 법이니 이번 그래프에도 약간의 역동성을 부여해보자. 이를 위해 맨 오른쪽 점에서 쭉쭉 뻗어 나가는 화살표를 그려보자.

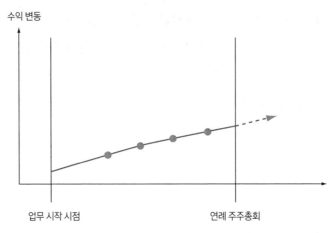

이것이 바로 주주총회에서 내가 제시할 수익 변동 그래프이다.

위의 그림을 보라. 이렇게 하고 나면 이제 걱정은 접어도 될 듯하다. 내가 경영진에 포함된 이상 우리 회사의 주가는 앞으로 계속 상승곡선을 그릴 것이라는 인상을 충분히 심어줄 수 있게 되었으니 말이다!

물론 주주들이 까다로운 질문을 던질 수도 있다. 거기에 대한 대비책만 잘 마련하면 그 이후는 모든 일이 일사천리로 진행될 것이다. 다시 말해 주주들이 나를 재신임해준다는 뜻이다!

그림과 관련된 속임수들은 이외에도 무궁무진하다. 개중에는 악랄하고 비열한 것들도 있다. 의약품 관련 광고 분야에서도 악랄한 속임수가 활용된 적이 있다.

하지만 그 얘기는 제14장에서 마저 하기로 하고, 우선 인과관계와 관련된 거짓말부터 살펴보기로 하자.

3 인과관계의 함정

1809년, 뒤셀도르프 시에 전염병이 발생해 수백 명의 시민이 원인 모를 고열에 시달리다가 결국 숨을 거두고 말았다. 희생자들은 주로 가난한 수공업자와 그 가족들이었다. 워낙 갑자기 닥친 사태라 의사들도 미처 손을 쓰지 못했다.

사태가 심각해지자 시 당국은 해당 질병의 원인을 파악하고 대책을 마련하기 위해 특별조사위원회를 소집했다.

위원회 소속 의사들은 침통한 분위기 속에서 망자들의 시신과 침상을 검사했다. 유가족들의 옷가지와 잠자리도 검사 대상이었다. 그 과정에서 중요한 단서가 수면 위로 떠올랐다. 유가족들의 옷과 침대에는 이lice가 버글거렸지만 망자의 몸과 침대에서는 발견되지 않았다.

원인과 결과

특별조사위원회는 사태를 냉철하게 분석한 뒤 몸에 이가 있는 사람은 열병에 걸리지 않는다는 결론을 내렸고, 시 당국은 그 결론을 바탕으로 '뒤셀도르프 칙령'을 발표했다. 그 내용은 다음과 같았다.

"뒤셀도르프 시민에게 고함 – 목숨을 부지하고 싶다면 몸에 이를 키우시오! 이가 없는 자들은 이가 있는 친척이나 이웃이 착용했던 옷을 구해서 입고, 그것이 여의치 않다면 이가 들끓는 침상에서 잠을 자도록 하시오!"

그런데 칙령을 발표한 이후에도 병마가 근절되지 않았다. 열병은 도시 뒷골목을 중심으로 계속해서 번져 나갔다. 그러던 중 쾰른의 어느 의사가 실험을 통해 이와 열병과의 상관관계를 찾아냈다. 그 의사는 이가 버글거리는 침대의 절반은 뜨거운 벽돌을 이용하여 데우고 나머지 절반은 차갑게 해두었다. 그랬더니 놀랍게도 이들이 모두 차가운 곳으로 도망쳤다. 이를 통해 의사는 이 때문에 열이 내리는 것이 아니라 고열이 이를 내쫓는다는 중요한 사실을 밝혀냈다. 다시 말해 뒤셀도르프 시 당국은 원인과 결과를 서로 뒤바꾸어 판단했다. 오른쪽 두 그래프는 시 당국의 발표 내용과 실제 상황을 차례로 나타낸 것이다.

사실 위 이야기는 대럴 허프의 책에 실린 이야기를 약간 변형한 것이다. 허프의 책에서 무대는 뒤셀도르프 시가 아니라 남태평양의 뉴헤브리디스 제도였다. 그 섬의 원주민들은 이가 인체에 유익하다고 믿었다. 수백 년간의 경험에서 우러난 생활의 지혜였다. 하지만 결국 그 지혜는 인간에게 오히려 해로운 것으로 판명났다.[1]

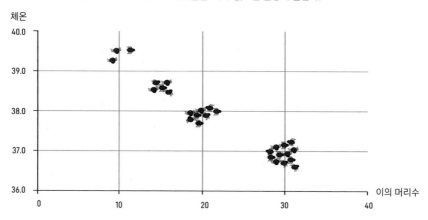

뒤셀도르프 시의 발표 내용(결론: 이가 없으면 열병에 걸린다)

체온

이의 머리수

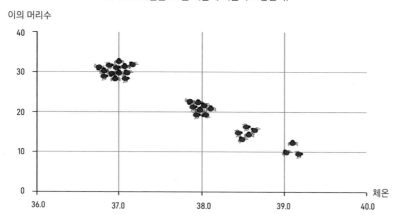

실제 현실(결론: 고열 때문에 이들이 도망간다)

이의 머리수

체온

'뒤셀도르프 칙령'은 전염병을 중단시키는 데 전혀 도움이 되지 못했다.
시 당국이 원인과 결과를 혼동한 탓이다.

사실 건강과 관련해서 인과관계를 혼동하는 일은 절대 일어나서는 안 된다. 인간의 생명과 직결된 문제이기 때문이다. 하지만 안타깝게도 그런 사례들을 심심찮게 찾아볼 수 있었다. 그중 심각한 사례부터 소개해보겠다.

이번 사례는 한스 페터 베크 보른홀트와 한스 헤르만 두벤의 책(국내에서는 《알을 낳는 개》로 출간)에 소개된 것으로, 십이지장궤양과 파라세타몰paracetamol(진통제) 사이의 상관관계에 관한 것이다. 여기에서 말하는 상관관계란 동시에 두 가지 사건이 일어난다는 뜻이다. 예를 들어 나이가 들면 흰머리가 나게 마련인데, 그 말은 곧 노화와 백발이 서로 상관관계에 놓여 있다는 뜻이다.

다시 파라세타몰 얘기로 돌아가 보자. 당시 의학자들은 십이지장궤양이 파라세타몰의 부작용 중 하나라고 믿었다. 공식적으로 경고문까지 발표했다. 그러나 오랜 세월 동안 관련 연구가 진행된 후, 중대한 오류가 발견되었다. 인과관계의 앞뒤가 뒤바뀐 것이었다.

후대의 의학자들은 파라세타몰이 십이지장궤양을 유발하는 것이 아니라 십이지장궤양 환자들이 파라세타몰을 많이 복용한다는 점을 지적했다. 참고로 십이지장궤양 환자들이 파라세타몰을 많이 복용한 이유는 대체의약품인 아세틸살리신산acetylsalicylic acid(아스피린)이 궤양을 더 촉진하기 때문이었다고 한다.[2]

인과관계의 혼동으로 비롯된 실수들은 생활 속 다양한 분야에서 일어난다. 하지만 앞서도 말했듯 의료 분야는 사람의 목숨이 달린 문제이기 때문에 실수나 오류에 더욱 민감할 수밖에 없다. 그런 의미에서 의학 분야의 사례 한 가지를 더 살펴보도록 하자.

2004년, 스웨덴의 학자들은 프탈레이트phthalate(PVC 소재의 제품들을 유연하게 만드는 데 사용하는 가소제의 일종)와 천식 사이의 상관관계에 관한 연구 결과를 발표했다. 집먼지에 프탈레이트가 함유된 가정(다시 말해 바닥 소재가 PVC인 가정)에서 자란 아이들이 그렇지 않은 아이들보다 천식에 걸릴 확률이 더 높다는 내용이었다.

실제로 프탈레이트는 분명히 해로운 물질이다. 유럽연합EU에서도 프탈레이트를 인체에 해로운 소재로 구분해놓았다. 하지만 프탈레이트가 알레르기나 천식에 미치는 영향에 대해서는 정확히 밝혀진 바가 없다. 그런 가운데 덴마크 천식퇴치연합은 스웨덴 학자들의 발표에 즉시 의혹을 제기했다. '바닥재를 PVC로 마감할 경우 집먼지는 줄어드는 대신 프탈레이트의 함유량은 일반 가정보다 높아지고, 그 때문에 결국 집먼지 1그램당 프탈레이트의 농도가 짙어지는 것이 아닐까?'라는 내용이었다. 인과관계의 혼동과 관련된 의혹을 제기한 것이다.[3]

인과관계를 뒤바꾸는 방식으로 현실을 조작하는 전략은 상당히 효과적이다. 왜냐하면 인간은 누구나 이유에 대해 집착하기 때문이다. 이제 막 말을 배우기 시작한 아이들부터 인생의 황혼기에 접어든 노인들까지 모두 '왜?'라는 질문을 그야말로 입에 달고 산다고 해도 과언이 아니다.

저 사람은 대체 뭘 먹어서 저렇게 뚱뚱해졌을까? 위층 아저씨는 왜 걸을 때마다 쿵쿵 소리를 내는 것일까? 하늘은 왜 파랄까? 사람은 왜 눈이 2개일까?

그 모든 질문에 대해 우리는 답을 듣고 싶어 한다. 눈에 보이는 것 모두, 귀에 들리는 것 모두에 대해 원인을 알고 싶어 한다. 그런 상황에서 누군가 그럴싸한 이유를 제시하면 거기에 쉽게 현혹되고 만다.

예를 들어 A라는 사건과 B라는 사건이 몇 차례에 걸쳐 아무 이유 없이 동시에 일어날 수도 있다. 하지만 누군가가 내게 A 때문에 B가 일어났다고 말한다면, 혹은 B 때문에 A가 일어났다고 말한다면 거기에 쉽게 넘어가고 만다. 적당한 설명까지 덧붙여지면 그 인과관계는 거의 진리에 가까워진다. 그 이론이 터무니없을 때도 적지 않건만 모두 쉽게 속아 넘어간다.

전후관계에 대한 혼동은 고대부터 있었다. '이것 다음에, 그러므로 이 때문에post hoc ergo propter hoc'라는 라틴어 문구도 존재한다. 먼저 일어난 일이 결국 그다음에 일어난 일의 원인이 된다는 뜻이다.

예컨대 우리는 일상생활에서 다음과 같은 결론에 도달하곤 한다.

- 출동한 소방대원의 수가 많을수록 피해액의 규모도 늘어난다.
- 방사선 치료 기간이 길어질수록 암의 완치율은 낮아진다.
- 운동을 많이 하면 운동을 하지 않는 사람보다 날씬해질 수 있다.
- 국회의원들의 연봉이 오를수록 맥줏값도 오른다(혹은 맥줏값이 뛰면 국회의원들의 연봉도 뛴다).

위 결론들에 대한 수학적 근거도 나와 있다고 하니 그 모든 것이 결국 우연이라 주장해봤자 통하지도 않을 듯하다. 그럼에도 어쩌면 우리 모두 원인제공자나 희생자를 찾기 위한 '마녀사냥'에 동참하고 있는 것은 아닐까 하는 의혹을 제기하고 싶다.

예컨대 소방대원들은 하루 종일, 어쩌면 일주일 내내 출동 명령만

기다리며 엉덩이를 의자에 붙이고 있을지도 모른다. 어쩌다 경보가 울려도 이내 장난전화라고 밝혀지거나 작은 불장난 정도에 지나지 않을 때가 많다. 그러다가 어느 순간, 대규모 화재가 발생한다. '진짜 사나이'들의 마음에도 제대로 불이 붙는다. 한 목숨이라도 더 구하자면 한시가 급한 상황이다. 1명은 용감하게 창문을 깨고, 1명은 문을 부수며, 1명은 벽을 무너뜨린다. 자, 여기에서 우리는 어떤 결론을 얻을 수 있을까? 과연 너무 많은 소방대원이 출동하는 바람에 피해액이 더 커졌다고 할 수 있을까?

암 치료 분야 역시 그와 비슷하다. 물론 첨단 기기들 덕분에 목숨을 건지는 환자들도 적지 않지만, 거기에 드는 비용은 가히 천문학적이라고 해도 거짓이 아니다. 그리고 이에 대해 우리 모두 잘 알고 있다. 그런데 혹시라도 최첨단 치료를 한답시고 필요 이상으로 우리 몸에 레이저를 더 오래 쏘지는 않을까? 그래서 더 많은 의료비를 청구하지는 않을까? 물론 생명을 두고 돈벌이를 하려는 의사는 극히 일부에 지나지 않겠지만, 행여 모르니 한 번쯤 의심은 해볼 일이다.

운동이 건강에 좋을 뿐 아니라 다이어트에도 도움이 된다는 건 귀에 못이 박일 정도의 진리이고, 정치가들이 술독에 빠져 산다는 것은 이제는 삼척동자도 다 아는 사실이다. 의원들의 세비가 오르면 맥줏값도 오른다는 이론은 아마도 주머니가 두둑해진 의원들이 그만큼 술집을 더 자주 찾고, 수요가 많다 보니 술값이 오르는 것에서 비롯되었다고 볼 수 있다. 하지만 그것은 어디까지나 국회의사당 주변의 술집들에만 해당하는 얘기이다. 베를린 시내 일부 술집들의 상황을 독일 전국의 모든 술집에 적용할 수는 없다.

결론적으로 위 네 가지 상황 중 적어도 세 가지 상황(세 번째 상황은 일단 제외)은 인과관계가 성립되지 않는다고 할 수 있다. 즉 출동한 소방관의 수와 피해액의 규모, 방사선치료 기간과 암의 완치율, 국회의원의 연봉과 맥줏값은 서로 무관한 별개의 사건이라는 뜻이다. 그렇게 보는 이유는 배경변수 때문이다.

배경변수는 앞의 사건과 뒤의 사건 모두에 영향을 미친다. 화재 사건의 경우 배경변수는 화재의 규모가 된다. 화재의 규모가 클수록 출동하는 소방대원의 수도 많고 피해액의 규모도 커진다는 것이다. 암치료 상황과 관련된 배경변수는 종양의 크기이다. 종양의 크기가 클수록 방사선치료 기간은 길어지고 암의 완치율은 낮아질 수밖에 없다. 운동과 몸매의 상관관계는 그보다는 좀 더 복잡하기 때문에 일단 건너뛰고 그다음 항목으로 넘어간다. 국회의원의 연봉과 술값의 관계에서 배경변수는 바로 시간이다. 술값이든 뭐든 시간이 흐를수록 뛰게 마련이고 국회의원의 보수뿐 아니라 일반 직장인들의 보수도 세월이 흐르면 오르게 마련이다.

시간은 대부분 상황에서 '제3의 사나이'(배경변수)로 작용한다. 예를 들어 시간이 갈수록 휴가비용도 늘어나고, 지구상의 인구도 늘어난다. GDP도 증가하고, 공항 이용자의 수도 늘어난다. TV 채널의 개수도 많아지고, 위스키 가격도 상승하며, 배당금도 늘어난다.

반대로 시간이 갈수록 줄어드는 것도 있다. 오대양을 누비는 물고기들의 개체 수나 원시림의 총면적은 앞으로 더 줄어들 것이다. 전체 토지 대비 농지면적이나 전체 인구에서 어린아이들이 차지하는 비율도 낮아질 것이고[4], 유럽 중부에 서식하는 황새들의 개체 수나 우리가 암송하는 시(詩), 외울 수 있는 전화번호 개수도 줄어들 것이다. 이렇듯 시간은 어떤 문제와도 긍정적 혹은 부정적으로 연관될 수 있고, 거기에서 또 다른 인과관계를 파생시킬 수 있다.

약간 과장하자면 시간을 매개로 하여 다음과 같은 인과관계들도 예측해볼 수 있다.

- 황새의 수가 줄어들수록 신생아들의 수도 줄어든다(황새가 아이를 물어다 준다는 말의 신빙성에 관해서는 아직 학술적으로 밝혀진 바가 없다!).
- TV 채널 개수가 늘어날수록 휴가비 지출도 늘어난다(늘어나는 여행사 광고에 따른 결과).
- 인구가 많아질수록 원시림의 면적은 줄어든다.
- 배당금이 늘어날수록 GDP가 오른다(아마 술값도 오를 것이다).
- 공항 이용자 수가 늘어날수록 농지면적은 줄어든다.
- TV 수상기 대수가 많아질수록 국민이 암송할 수 있는 시詩의 편수는 줄어든다.
- 휴가비 지출이 늘어날수록 신생아의 수는 줄어든다.
- 술값이 뛸수록 어족자원의 수는 줄어든다(술값이 오르니 고기잡이배의 선주들이 더 이상 배 위에서 술을 마실 수 없고, 맨정신에 고기를 잡다 보니 늘 만선을 기록하는 것은 아닐까? 그래서 어족자원의 수가 줄어드는 것은 아닐까?).

위에 나열한 항목 중 몇 가지는 분명히 서로 인과관계에 놓여 있다. 굳이 시간이라는 공통 변수를 따지지 않더라도 말이다.

이제 앞서 제쳐둔 부분, 즉 운동과 날씬한 몸매 사이의 연관성에 대해 살펴보자.

둘 사이에는 사실 매우 높은 연관성이 존재한다. 우선, 주기적 운동이 비만을 예방한다는 데는 아무도 이의를 제기하지 않을 것이다. 최소한 몸을 움직이는 동안에는 음식물을 섭취할 수 없고, 그와 동시에 체지방도 연소하니 어찌 보면 당연한 결론이다.

그런데 운동과 날씬한 몸매 사이에 역방향의 인과관계도 존재한다. 호리호리한 몸매를 지닌 사람들이 뚱뚱한 사람들보다 운동을 더 많이 한다는 것이다. 날씬한 이들이 운동을 더 많이 하는 데는 그만한 이유가 있다. 첫 번째는 체중이 덜 나가는 만큼 몸을 움직이기가 더 쉽다. 두 번째는 사회적 분위기와 관련된 것인데, 날씬한 사람이 트레이닝복을 입고 호숫가를 달리면 모두 '자기관리가 철저한 사람이구나'라고 생각한다. 반면 뚱뚱한 사람은 공중장소에서 운동할 때 따가운 눈총을 받을 각오를 해야 한다. 우리 사회가 과체중인 이들에게 요구하는 바로 그것, 즉 운동하고 있음에도 '쯧쯧'이라는 소리밖에 듣지 못한다.

위와 같이 인과관계가 쌍방향으로 성립하는 경우를 두고 통계학자들은 '동등성equivalence'이라는 표현을 쓴다. A가 B의 원인이기도 하지만 B가 A의 원인이 되기도 한다는 뜻이다. 물론 스포츠와 날씬한 몸매 사이에는 그 외에도 성장배경이라든가 사회적 지위 등 여러 가지 변수가 개입된다.

동등성이라는 말이 나왔으니 말인데, 필자는 대학에서 강의하는 동안 동등성의 원칙을 몸소 체험했다. 학생들이 잡담을 많이 할수록 강의하는 나의 집중력은 저하되고, 반대로 내 강의가 재미없을수록 학생들의 수다도 늘어난다는 것을 온몸으로 느꼈다!

여담은 뒤로하고 비만에 관한 얘기를 계속해보자. 비만이라는 주제에 관심이 없는 사람은 드물다. 날씬해지는 문제에 관해서라면 누구나 전문가 못지않은 지식을 자랑하고, 모두 '왜?'라는 질문을 던진다. 관련 분야 학자들은 비만 문제를 더욱 심도 있게 연구한다.

그런데 전문가들이 내놓은 결론 중에는 앞뒤가 맞지 않는 것들도 더러 있다. 예컨대 미국의 몇몇 사회학자는 신앙심이 깊은 여성일수록 비만에 빠질 위험이 크다고 주장했다. 온라인판 〈포쿠스〉에 실린 기사였는데[5], 종교 관련 서적이나 TV 프로그램, 라디오 방송을 자주 접하는 미국 여성들이 그렇지 않은 여성들보다 뚱뚱해질 확률이 14%나 더 높다는 내용이었다. 단, 신앙심이 깊다 하더라도 남자인 경우는 제외되었다. 예배 참석률이 높은 여성도 고위험 그룹에서 제외되었다.

해당 연구를 진행한 학자들은 종교 관련 서적을 즐겨 읽는 여성, 종교와 관련된 TV를 자주 보고 라디오 방송을 애청하는 여성들은 운동량이 적기 때문에 비만이 될 위험이 크다고 주장했다.

기사가 보도되자 수많은 반박 글이 올라왔다. 댓글 중 가장 많은 비중을 차지한 것은 신앙심이 깊은 여성 중 뚱뚱한 이들이 많은 것은 그들이 우리 사회가 강요하는 날씬한 몸매에 대한 강박관념에서 자유롭고 자신의 몸매를 있는 그대로 받아들이기 때문이라는 주장이었다. 그런가 하면 몇몇 '마초'들은 기사에서 주장하는 원인과 결과를 뒤바꾸며 독설을 늘어놓았다. "독실한 신앙심을 지닌 여자들이 뚱뚱해지는 것이 아니라 뚱뚱한 여자들이 신앙심이 깊어지는 것이다. 남자가 없으니 종교에라도 심취해야 하지 않겠느냐!"는 것이다.

그런 마초들을 위해 특별히 한 가지 사례를 준비했다. 다이어트라는 주제에서 벗어나 잠시 축구장으로 가보자. 2010년, 대스타 루카스 포돌스키가 부상으로 세 경기를 뛰지 못한 적이 있었는데, 소속 팀 '1. FC 쾰른'은 주전 공격수가 빠진 상황에서 세 경기 모두 승리했다 (참고로 1. FC 쾰른이 3연승을 한 일은 지극히 드물다). 그러자 1. FC 쾰른의 열광적인 팬들은 몸값 높은 스타가 빠져야 더 좋은 성적이 나온다며 목청을 높였다. 하지만 이내 꼬리를 내리고 말았다. 또 다른 우연이 발생하면서 결국 자신들의 결론이 성급했다는 것을 인정해야 했다.

실제로 많은 일이 우연에 의해 일어나고 거기에서 많은 상관관계가 탄생한다. 통계학자들의 주장에 따르면 전혀 상관없어 보이는 두 가지 변수를 조합할 경우에도 둘 사이에 상관관계가 성립될 확률이 5%는 된다고 한다. A 때문에 B가 늘어나거나 줄어들 확률이 5%는 된다는 것이다.

통계학자 입장에서는 되도록 많은 상관관계를 발견하고 싶어 할 것이다. 상관관계를 찾기에 혈안이 되어 있다고 해도 과언이 아니다. 이를 위해 통계학자들은 예컨대 1,000명을 대상으로 설문조사를 진행한다. 이때 조사자들은 피조사자들에게 무작위로 채택한 20가지 질문을 던진다. 그 20가지 질문에는 가령 성별이나 가슴둘레, 살고 있는 집의 크기, 최근 휴가를 떠난 곳과 집과의 거리, 찬장에 진열된 찻잔의 개수, 잠자리를 같이한 사람의 수, 도둑질한 횟수, 가입한 협회의 수, 자주 착용하는 옷의 색깔, 암산 능력 등 인간의 머리로 생각해 낼 수 있는 모든 것이 포함된다. 그런 다음 그 20가지 질문을 이용해서 190개의 '변수 쌍'(변수 A와 변수 B로 이루어진 쌍)을 만들어 내는데, 그중

5%, 즉 9~10개의 변수 쌍에서는 연관관계가 성립된다. 엄밀히 따지자면 결국 그 모든 것이 우연에 의한 상관관계이지만, 그럼에도 거기에서 통계학적 가설을 충분히 도출해 낼 수 있다.

우리도 얼마든지 그러한 변수 쌍들을 찾아낼 수 있다. 바캉스 시즌을 예로 들어보자. 여름 휴가철이 되면 모두 들떠 '실수'를 저지를 확률도 높아진다. 따라서 바캉스와 '바캉스베이비'라는 변수 쌍, 바캉스와 범죄율, 바캉스와 자동차 사고, 바캉스와 축구 등 수많은 상관관계를 조합해 낼 수 있다. 하지만 그러한 상관관계는 정확도에 기인한 것이라 할 수 없다. 차라리 '상관관계 낚시질fishing for correlations'이라고 하는 편이 더 옳을 듯하다.

상관관계 낚시질은 알게 모르게 우리 주변에서 자주 이뤄지고 있다. 10년 주기로 돌아오는 미니스커트의 유행과 경제지표와의 상관관계 역시 그러한 낚시질의 일종이라 할 수 있다.

일본 여성들의 치마 길이가 짧아지면 경기가 호전된다는 말은 이제 속설을 지나 속담 수준에 이르렀다. 배경을 살펴보면 근거가 아예 없는 것도 아니다. 도쿄에 소재한 어느 대기업 임원을 예로 들어보자.

도쿄의 직장인들은 직위 고하를 불문하고 지하철을 자주 이용한다.[6]

가상의 그 임원 역시 어느 날 아침, 지하철을 타고 출근했다. 날씨가 너무 더워서였을까? 그날 출근길에는 미니스커트를 입은 여성들이 평소보다 더 많았다. 민망한 마음에 눈길을 이리저리 돌려봤지만 어쩔 수 없이(?) 여성들의 각선미를 감상하게 되었다. 개중에 특히 더 늘씬한 여성 하나는 눈이 마주치자 심지어 눈웃음까지 지어주었다! 출근길에 그토록 '다이내믹'한 일을 겪은 임원은 발걸음도 경쾌하게 자신

의 사무실로 돌진했고, 그때부터 넘치는 에너지를 발산하기 시작한다. 그 첫걸음은 출시될 제품의 종류를 늘리기 위한 계획서를 세우는 것이다. 그런데 계획서를 작성하고 보니 공장도 지금보다 더 많이 건설해야 할 듯하다. 하지만 국내에서는 충분한 부지를 확보하기 어려우니 해외 진출도 염두에 두어야 할 듯하다! 그리고 그것은 곧 일본 경제의 회생을 뜻하고, 일본 경제의 회생은 결국 세계 경제의 회복을 뜻한다!

물론 위 사례는 어디까지나 '그럴 수 있다'는 가정일 뿐, '실제로 그렇다'는 말은 아니다. 몇몇 부분이 꽤 과장되었다는 점도 인정한다. 하지만 전혀 얼토당토않은 가설도 아니다. 수치로 따지자면 '농담 반 진담 반' 정도가 아닐까!

우연적 상관관계에 대한 스토리는 이쯤에서 접고, 지금부터는 앞서 공부한 내용을 복습해보자. 복습하는 방법은 문제를 푸는 것이다. 문제를 풀어보는 것만큼 수업시간에 배운 내용을 확실하게 소화하는 최고의 방법도 없다는 것이 나의 지론이다.

지금부터 독자들이 풀어야 할 문제는 범죄율에 관한 것이다.

1990년대 초반, 독일에서는 외국인들에 의한 범죄가 커다란 이슈였다. 필자가 사는 쾰른도 예외는 아니었다. 쾰른 시의 도이츠Deutz 구역에서는 외국인 혐오증을 지양하기 위한 모임도 결성되었다. 그 모임에서 어느 날 쾰른 시 소속 경관 한 명을 초대했다. 논란이 분분한 주제에 대해 강연을 해달라고 요청한 것이다.

그런데 그날의 연사가 발표한 내용은 모임의 취지와는 상당히 거리가 있었다(오래전 일이라 정확한 수치는 기억나지 않는다. 지금부터 언급하는 수치는 정확한 수치가 아니라 기억에 의존한 대략적인 것임을 미리 밝혀둔다). 그 경관은 도이츠 지역에 사는 전체 주민 중 외국인의 비율은 10% 정도이지만 그 지역에서 일어난 범죄 중 외국인 용의자가 15%나 된다는 점을 강조했다. 이민자들이 독일인들보다 범죄율이 높다는 것을 강조하려는 취지에서 그런 말을 한 것이다.

그 자리에 있던 나는 나도 모르게 자리를 박차고 일어났다(지금 생각해보면 그것이 비판적 성향의 통계학자로 나아가는 '데뷔 무대'였던 셈이다). 나는 주관적인 자료들을 제시하며 대중을 호도하는 그 경관에게 날카로운 질문들을 던졌고, 이후 언성이 높아지면서 설왕설래가 벌어졌다. 결국 그 논쟁의 결론은 '제3의 사나이'였다. 우리가 흔히 간과하곤 하는 배경변수들이 관건이라는 것이다. 독자들이 풀어야 할 문제가 바로 이것이다. 여기에서 말하는 제3의 사나이란 과연 무엇일까?

눈길을 얼른 아래로 내려서 답을 확인해보려는 이들이 많겠지만, 그런 독자들을 위해 간단한 퀴즈 하나를 준비했다. 사실 퀴즈라기보다는 여담에 가깝지만, 위 문제에 관해 고민도 해보지 않고 답부터 보려는 독자들을 위해 굳이 끼워 넣을 수밖에 없었다!

서구 국가들에서는 신발 사이즈와 연봉(혹은 신장과 연봉) 사이에 긍정적인 상관관계가 존재한다고 한다. 하나가 늘어나면 다른 것도 늘어나는 관계가 성립된다는 것인데, 정확히 무슨 뜻일까? 아무리 생각해도 발이 클수록, 혹은 키가 클수록 돈을 더 많이 준다는 식의 연봉협상은 있을 수 없을 것 같다. 그런데 발이 클수록, 키가 클수록 연봉이 더 높은 것은 사실이라고 한다. 도대체 그런 식의 상관관계는 어디에서 오는 것일까?

이제 다시 외국인의 범죄율에 관한 이야기로 되돌아가 보자. 이민자들이 많은 지역일수록 범죄율이 높아진다는 사실 뒤에는 여러 가지 배경변수들이 숨어 있다. 예컨대 그 변수들은 다음과 같다.

① 나이

전체 범죄자들 가운데 가장 높은 비율을 차지하는 것은 젊은 층이다. 어린아이들이나 노년층의 범죄율은 아무래도 젊은 층에 비해 낮게 마련이다. 그런데 이민자 가족들의 구성비를 살펴보면 청소년층의 비율이 상당히 높고, 고령자의 비율은 매우 낮다. 즉 '토종' 독일인 가족들에 비해 이민자 가족의 자녀 수가 더 많다. 참고로, 2009년 연방 통계청이 실시한 인구조사 결과에 따르면 이주민 가족의 평균 연령은 34.8세로, 독일인 가족의 평균 연령 45.6세보다 10세 이상 낮았다고 한다.[7]

② 성별

기본적으로 남성의 범죄율이 여성의 범죄율보다 훨씬 높다. 그런데 이민자 중에도 남자가 여자보다 많다.[8] 그 이유는 이민 초기에 돈을 벌기 위해 독일로 온 사람들 대부분이 남자였기 때문이다. 아무래도 여자보다는 남자가 새로운 환경에 더 잘 적응하고 거부감도 적기 때문이었으리라 추정된다. 게다가 이민자 가정의 경우, 가부장적 전통과 남아선호사상이 더 강하기 때문에 남녀 성비에서 남자가 우위를 차지한다.

③ 사회적 지위

위 강연회에 초청된 연사는 경찰지구대 소속 경관이었다. 경찰지구대에서는 주로 절도, 강도, 폭행 등의 사건을 다루는데, 그런 범죄들은 보통 사회적 취약 계층에 의해 자행된다. 안타깝게도 이민자들 대부분이 사회적으로 취약 계층에 속한다. 탈세나 탈루와 같은 경제 범죄나 환경 관련 범죄들을 저지르는 이들은 따로 있다. 하지만 그 통계는 경찰지구대의 통계에 전혀 반영되지 않는다.

④ 인종차별

물건을 도둑맞았을 때 혹은 슈퍼마켓이나 백화점에서 물건이 없어졌을 때 가장 먼저 의심 받는 것은 누구일까? 도둑맞은 사람이나 보안 요원, 경찰은 누구를 가장 먼저 범인으로 지목할까? 범인이 명백한 경우라면 모르겠지만, 그렇지 않은 경우에는 독일 청소년보다는 터키나 러시아 출신의 청소년이 용의자로 지목되기 십상이다. 바꿔 말하자면 선한 인상을 풍기는 독일인 범죄자가 법망을 **빠져나갈** 가능성이 더 높다. 흑인에 대한 편견은 그보다 더 심하다. 흑인의 경우, 국적을 불문하고 그러한 편견의 희생양이 되곤 한다.

⑤ 도시의 규모

도시의 규모가 클수록 대개 범죄율도 높아진다. 이민자들은 주로 대도시에 정착한다. 일자리가 대도시에 집중되어 있기 때문이다. 따라서 이민자들의 비율이 높은 대도시만을 대상으로 한 뒤 그 통계를 전국으로 확대해 일반화할 수는 없다. 특정 도시, 그중에서도 특정 구역만을 대상으로 한 통계를 일반화하는 행위는 더욱 용납되지 않는다.

범죄에 관한 통계를 파악할 때 활용할 수 있는 변수들은 그 외에도 다양하다. 예컨대 혼인 여부나 학력, 직업 등이 거기에 속하는데, 범죄자 중에는 미혼에 무직, 저학력인 이들이 꽤 많다. 그런데 공교롭게도 이민자 중에는 미혼자나 무직, 저학력인 이들이 많다. 직업교육을 못 받은 이들도 많다. 그렇게 된 이유 중 가장 큰 이유는 아마도 언어장벽일 것이다.

내가 위와 같은 변수들을 조목조목 제시하자 경관은 고맙게도 자신의 의견을 수정했다. 하지만 끝까지 고집을 꺾지 않는 이들도 있다. **터무니없이 단순화된 주장 앞에서는 논리나 이성이 통하지 않는다. 쉽게 말해 '무식하거나 목소리 큰 놈이 장땡'이다. 특히 사리사욕을 위해 비논리적인 주장을 펼치는 사람일수록 논리적인 반박에 코웃음만 친다.**

극우파 선동가들은 인과관계를 분명히 밝히지 않으면서 자신들의 이론을 교묘하게 포장하는 것에 능하다. 이를테면 그들은 "외국인들은 다 범죄자들입니다. 그러니 이 땅에서 추방해야 마땅합니다!"라는 직설적 구호를 외치는 대신 "이 땅에 외국인들의 수가 늘어난 뒤 범죄율이 크게 높아졌습니다."라고 말한다. 원인이 무엇인지는 청중이 직접 추론해보라는 것이다. 사실 외국인들을 드러내놓고 비난한 것이 아니라 시간 순에 따라 일어난 두 가지 사건을 나열만 한 것이니 딱히 뭐라고 반박하기도 뭣하다. 오스트리아의 외르크 하이더나 스위스의 크리스토프 블로허는 이 분야의 대가들이다. 교묘한 방식으로 여론을 조장한다.

모쪼록 독자들은 "내가 이 팀에 합류한 뒤부터는 우리 팀이 한 번도 진 적이 없어요."라든가 "내가 총리로 취임한 뒤부터 실업률이 낮아졌습니다." 같은 말을 들을 때 세심한 주의를 기울이기 바란다. **'A가 일어난 뒤부터 B라는 사실이 일어났다'는 말 속에는 분명히 함정이 내포되어 있다.** 시간적 순서가 맞아떨어진다 하더라도 A가 반드시 B의 원인이 되라는 법은 없기다!

마지막으로 앞서 출제했던 퀴즈의 답을 밝히고 이 장을 마무리하겠다. 연봉과 신발 사이즈 사이에 긍정적인 상관관계가 성립되게 만드는 배경변수 중 하나는 바로 성별이다. 남자들은 대개 여자들보다 발 사이즈가 크고 연봉도 더 높다. 경제활동인구의 범위를 전 국민으로 확대할 경우, 나이도 중요한 배경변수가 된다. 즉 아이들이나 노인들보다는 젊은 층이 더 수입이 높다.

4 절대적 수치와 상대적 수치

레마겐Remagen 대학의 분위기가 심상찮다. 사건의 발단은 구내식당에 붙은 한 장의 전단지였다. 거기에는 '재학생 50%는 왕재수 교수의 퇴출을 바란다'라고 적혀 있었다. 상대적 수치를 이용한 거짓말의 전형적 사례였다.

상대적 수치의 거짓말

아냐Anja는 레마겐 대학의 재학생으로, 왕재수 교수를 끔찍이도 싫어했다. 강의 스타일이나 말투 등 어느 것 하나 마음에 드는 구석이 없었다. 어느 날 아냐는 같은 과 친구에게 푸념을 늘어놓았다. "넌 왕재수 교수에 대해서 어떻게 생각해? 네가 봐도 끔찍하지? 비꼬는 듯한 그 말투도 정말 재수 없고 수업시간에 드는 사례들도 하나같이 지루하기 짝이 없어. 그런 사람이 어떻게 교수가 됐는지 정말이지 이해가 안 간다니까!" 하지만 그 친구는 아냐와 다른 의견이었다. "그래? 난 재미있던데? 난 그 교수님 강의가 제일 좋아!"

친구의 반응에 아냐는 기분이 팍 상했다. 원래는 더 많은 친구에게 의견을 물어볼 계획이었지만, 또다시 실망하게 될까 봐 구두설문을 중단하기로 했다. 그러고는 두 명의 의견에서 결론을 도출해 냈다. 즉 자신과 나머지 한 사람의 의견을 종합하여 "재학생의 50%는 왕재수 교수의 사퇴를 원한다"는 결론을 내려버린 것이다.

위 사례는 퍼센트 수치가 얼마나 쉽게 진실을 호도할 수 있는지를 보여주기 위해 필자들이 지어낸 가상의 사례이다. 하지만 현실과 아주 동떨어진 사례는 아니다. 실제로 우리는 하루가 멀다고 퍼센트를 이용해 왜곡한 정보들을 접한다. 예컨대 A사의 주가가 어제 70%나 뛰었다는 뉴스를 들었다고 가정하자. 그 소식을 듣는 순간 A사가 하루아침에 대박을 터뜨렸다고 생각하기 쉽지만, 만약 1주당 가격이 매우 낮다면 70%라는 상승률은 별 의미가 없다. 그럼에도 70%라는 마법의 숫자는 순진한 투자자들을 꼬이기에 충분하다.

《통계로 거짓말하기》의 저자 발터 크래머는 백분율이 지닌 매력에 대해 다음과 같이 말했다.

"좋은 의도든 나쁜 의도든 퍼센트 수치를 이용하는 이들은 모두 퍼센트의 위력을 높이 산다. 퍼센트가 수학적 중립성과 객관성이라는 아우라를 발산한다는 것을 잘 알기 때문이다. 퍼센트는 '백분율'이라고도 불리는데, 퍼센트 수치를 보면 왠지 모르게 전문회계사가 작성한 장부가 떠오르고, 수입과 지출 모두 꼼꼼히 기입해놓은 복식부기 장부가 연상된다. 허술한 곳을 찾으려야 찾을 수 없고, 문서 전체에 진지함이 가득하다. 퍼센트는 신뢰와 권위를 상징하고, 확신을 심어준다. 퍼센트로 표시된 수치들을 보면 문서작성자가 대단한 계산능력을 지니고 있다는 느낌이 든다. 그런데 사실 퍼센트 수치를 접하는 사람 중에는 퍼센트의 정확한 뜻을 모르는 사람도 적지 않다. 하지만 그렇기 때문에 퍼센트 수치는 더욱 큰 권위와 우월감을 발산한다."[1]

이 책을 읽는 독자 중에는 퍼센트가 무엇인지 모르는 이들이 없겠지만, 그럼에도 확인 차원에서 퍼센트의 정의를 간단하게 짚고 넘어가보자.

사전적인 정의는 '100이라는 숫자를 기본으로 하여 2개의 수치 사이의 관계를 비교하는 단위'이다. 예컨대 어떤 학급의 학생 중에서 특정 브랜드의 청바지를 착용한 학생의 비율을 알고 싶을 때 활용하는 단위이다. 전체 학생 수가 20명이고 특정 브랜드의 청바지를 입은 학생이 5명이라면, 결국 그 학급 학생의 $\frac{1}{4}$이 해당 브랜드의 청바지를 착용하고 있다는 뜻이다. 그것을 상대적 수치, 즉 백분율로 나타내면 25%가 된다.[2]

앞서 A사의 주가가 하루아침에 70%나 뛰었다는 사례를 들었다. 말이 좋아 70%이지, 실제로 증가한 액수는 얼마 되지 않는다는 내용이었다.

2009년 여름, 한국의 자동차 생산업체인 현대자동차가 폐차보상금제도*에 따른 최대 수혜업체로 선정된 과정도 그와 비슷했다. 현대자동차는 폐차보상금제도 덕분에 전년 대비 146%의 매출신장을 기록했다. 26%의 매출신장률을 기록한 폴크스바겐 사는 겨우 14위에 이름을 올렸다. 그나마 독일 자동차 업체 중에서는 가장 높은 순위였다. 그런데 업체별로 몇 대가 팔렸는지를 기준으로 그래프를 만들어봤더니 전혀 다른 결과가 나왔다. 새로 제작한 그래프에서는 예상했던 대로 폴크스바겐이 1위를 차지했고, 현대자동차는 9위로 밀려났다.

두 그래프의 순위가 이렇게 큰 차이를 보이는 이유는 무엇보다 출발 상황이 달랐기 때문이다. 즉 폴크스바겐은 원래 독일 내 자동차시장에서 최대 매출을 자랑했기 때문에 폐차보상금제도에 따른 매출신장률이 그다지 높지 않았고, 반대로 현대자동차는 몇 대만 더 팔아도 매출액이 금세 위로 솟구친 것이다.

자, 이쯤에서 독자들에게 질문 하나를 던져보겠다. 이번 문제 역시 함정이 있으니 너무 섣불리 결단 내리지는 말기 바란다!

몸이 아파서 병원에 갔더니 의사가 약물치료를 권한다. 그런데 A라는 약물은 B라는 약물에 비해 효능은 매우 뛰어나지만 혈전증을 유발할 위험이 100%나 더 높다고 한다. 그럼에도 의사는 A라는 약물을 처방해도 괜찮겠느냐, 만약 그렇다면 서명해달라며 동의서를 내민다. 이 경우 동의서에 흔쾌히 사인해야 좋을까, 아니면 B라는 약물을 선택하

---

* 출고된 지 9년이 넘은 차를 폐차한 뒤 일정 기한 안에 신차나 14개월 미만의 중고차를 구입할 시 국가에서 2,500유로의 보상금을 지급하기로 한 제도

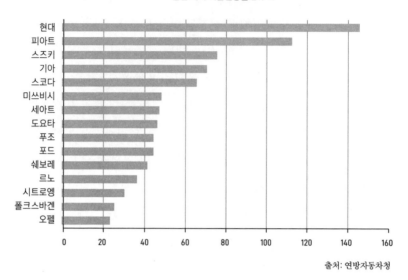

폐차보상금제도에 따른 수혜업체 순위(상대적 순위)

전년 대비 매출신장률(단위: %)

현대
피아트
스즈키
기아
스코다
미쓰비시
세아트
도요타
푸조
포드
쉐보레
르노
시트로엥
폴크스바겐
오펠

0 20 40 60 80 100 120 140 160

출처: 연방자동차청

폐차보상금제도에 따른 수혜업체 순위(절대적 순위)

판매된 차량 대수(단위: 1천 대)

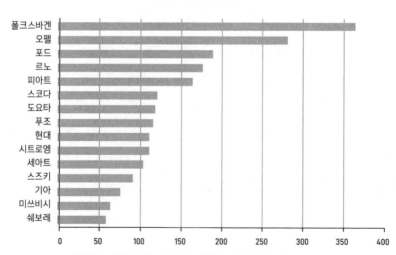

폴크스바겐
오펠
포드
르노
피아트
스코다
도요타
푸조
현대
시트로엥
세아트
스즈키
기아
미쓰비시
쉐보레

0 50 100 150 200 250 300 350 400

첫번째 그래프는 폐차보상금제도에 따른 수혜업체의 순위를 상대적으로 나타낸 것이고,
두번째 그래프는 판매 대수를 기준으로 한 절대적 순위를 나타낸 것이다(2009년 7월 2일).

출처: 연방자동차청의 자료를 근거로 한 필자들의 추산

는 것이 옳을까?

A 약물에 선뜻 동의하는 환자는 거의 없을 것이다. 아무리 효능이 뛰어나도 부작용의 위험이 너무 크기 때문이다. 그런데 만약 의사가 조금만 설명을 다르게 해줬더라면 어땠을까? A라는 약물을 투여한 경우 7,000명 중 2명에게서 혈전 증세가 나타났고, 약물 B의 경우 해당 부작용이 7,000명 중 1명에게서만 관찰되었다고 했다면? 그랬다면 아마도 그 차이는 크게 느껴지지 않았을 것이고, 약물 A가 지닌 부작용에 대한 걱정보다는 효능에 대한 믿음이 앞섰을 것이다. 그렇다고 의사가 거짓말을 한 건 아니다. 적어도 수학적으로는 전혀 문제가 될 것이 없는 설명이었다.[3]

유방암의 조기 발견과 관련된 조영술을 홍보할 때에도 위와 같은 방법이 동원된다. '50세 이상 여성 중 매년 유방암 조영술 검사를 받은 이들의 사망률이 그렇지 않은 이들에 비해 25%나 낮다'는 식으로 선전한다. 그런데 조영술 검진을 받지 않은 여성 1,000명 중 10년 안에 유방암으로 사망하는 여성은 평균 4명인 반면 매년 검진을 받은 여성 중 유방암으로 사망하는 여성의 비율은 1,000명 중 3명이다.

'25%나 낮다'는 말을 듣는 순간, 누구나 '100명 중 25명'이라는 생각부터 하게 되지만, 이 사례에서 25%는 1,000명 중 1명을 뜻한다. 그러한 착각에 빠지게 되는 이유는 비교 대상 수치가 작은 숫자들이기 때문이다.[4] 다시 말해 단위가 낮은 숫자들을 서로 비교한 결과를 백분율로 표시할 경우, 둘 사이에 매우 큰 차이가 존재한다는 착각에 빠지기 쉽다.

유방암을 둘러싼 문제는 거기에서 끝나지 않는다. 유방암 검진 1,000건 중 50건은 오진이라고 한다! 막스플랑크연구소 산하의 위험

관리연구소 소장인 게르트 기거렌처는 오진으로 판명난 50명 중 결국 수술대에 오른 이들도 있다고 지적했다.[5] 어쩌면 오진으로 인한 피해자들의 수가 조기 검진을 놓쳤다가 유방암에 걸려 사망하는 여성의 수와 비슷하지 않을까? 실제로 어느 편이 더 많은지는 아직 학문적으로 조사된 바 없다. 조영술 검진을 받는 이들이 늘어날수록 더 큰돈을 버는 사람들 입장에서는 더군다나 유방암 검진과 사망률을 둘러싼 진실을 밝히는 데 관심이 없을 것이다.

이로써 퍼센트에 대한 믿음이 와르르 무너졌다. 앞으로 상대적 수치는 무조건 의심부터 해야겠다는 마음도 들 것이다. 지금 이 순간부터는 절대적 수치만 믿겠다고 결심하는 독자들도 있을 것이다. 절대적 수치는 상대적 수치보다 왠지 진실에 훨씬 가까울 것 같기 때문이다. 적어도 명쾌하게 느껴진다. 25%라는 말만 들어서는 4명 중 1명인지 32,000명 중 8,000명인지 전혀 알 수 없지만 절대적 수치를 제시하면 얘기가 달라진다. 적어도 상대적 수치보다는 왠지 더 '깨끗하고 순수한' 수치인 것 같다. 지금부터는 그 착각을 차근차근 깨뜨려보자!

절대적 수치의 거짓말

가상의 상황 하나를 떠올려보자. 어느 스피드광협회 회지의 표지에 '스피드광들이야말로 진정한 안전운전자!'라는 문구가 대문짝만 하게 인쇄되어 있다. 그 아래에는 작은 글씨로 '2008년, 시속 200km 이상으로 달리다가 사고를 당해 목숨을 잃은 사람은 28명밖에 되지 않는 반면 시속 50km로 달리다가 사고사한 이는 수십만 명에 달한다!'라고 적혀 있다.[6] 스피드광협회는 나름대로 권위 있는 협회이니 거짓말을 했을 리는 없다. 그럼에도 위 주장은 억지스럽게만 느껴진다. 사실 그렇게 따지자면 아예 시속 400km로 도로를 누비는 편이 가장 안전하다! 자동차경주장이 아닌 일반도로에서 그 속도로 달리다가 목숨을 잃은 사람은 한 명도 없으니 말이다.

이번에는 절대적 수치의 거짓말과 관련된 실제 사례 하나를 살펴보자. 2006년 9월, 유명 일간지 〈쥐트도이체차이퉁〉이 개최한 토론회에서 직접 겪은 일이다. 사회적 위기감을 자아내고 있는 인구문제 및 교육정책에 관한 토론회였는데, 당시 노르트라인 베스트팔렌 주의 가족부 장관이었던 아르민 라셰트는 노르트라인 베스트팔렌 주 정부가 미래를 위해 내린 결정을 자랑스럽게 발표했다. '노르트라인 베스트팔렌 주는 신규로 교사를 1,000명이나 채용했습니다'라는 내용이었다.[7] 라셰트 장관의 태도로만 봐서는 교육 분야의 열악한 현실이 마치 그 결정 하나로 단박에 개선될 것 같은 느낌마저 들었다.

하지만 나는 그 즉시 반박했다. 물론 처음에는 "1,000명이면 정말 많이 채용한 거네요. 정말이지 대단한 성과라고 생각됩니다."라며 부드럽게 시작했다. 솔직히 내 머릿속에는 '이보세요, 장관님! 그렇게 한 가지 수치만 덩그러니 던져놓고 뭘 어쩌겠다는 겁니까?'라는 말이 맴돌았지만 자제심을 최대한 발휘했다. 곧이어 "그런데 장관님, 노르트라인 베스트팔렌 주에 학교가 총 몇 개죠?"라고 물었고, 그 질문을 들은 라셰트 장관의 표정이 한순간 어두워졌다. 장관이 "죄송합니다만, 순간적으로 그 수치가 잘 기억나지 않는군요."라는 식의 어눌한 변명만 하며 쩔쩔매자 그 자리에 참석한 교수 한 분이 "공립학교만 7,000개쯤 됩니다."라고 말했다.

그러자 토론장이 술렁이기 시작했다. 7곳 중 1곳만이 신규 교사를 채용했다는 계산이 나온 것이다. 갑자기 전세는 뒤바뀌었고, 라셰트 장관의 당당하던 태도는 온데간데없이 자취를 감추었다.

이렇듯 절대적 수치 역시 경우에 따라 현실을 호도할 수 있다. 어떤 농부가 한 해에 감자를 몇 킬로그램이나 수확했는지만 듣고서는 그 농부가 얼마나 열심히 일했는지 알 수 없다. 정확한 상황을 파악하려면 경작면적이 얼마인지도 알아야 한다. 앞서 소개한 가상의 사례에서 시속 200km로 달린 운전자가 얼마나 많았는지, 나아가 정확히 몇 시간 동안 그 속도로 달렸는지를 알아야 '사망자 28명'이라는 수치가 얼마나 안전한 수치인지 판단할 수 있고, 학교가 총 몇 개인지 알아야 1,000명을 신규 채용했다는 말의 정확한 의미를 알 수 있다.

요즘 걸핏하면 등장하곤 하는 '국가별 순위 매기기 놀이'에서도 그와 비슷한 문제점들이 발견된다. 이를테면 연방경제부는 수십, 수백억 단위의 수치 하나만 달랑 던지면서 '독일이 세계 최대 수출국의 지위를 회복했다!'라고 외친다. 독일이 인구 8천만 이상의 거대한 나라라는 설명은 어디에도 없다.

총 수출액을 인구수로 나눌 경우 독일은 세계 16위쯤 된다. '세계 1위의 수출국'이라는 문구가 무색할 만한 순위이다. 물론 168개국 중 16위를 차지했다는 것만 해도 대단한 일이다.[8] 그렇다 하더라도 경제부의 주장에는 분명히 무리가 있다. 1인당 수출액을 기준으로 했을 때 상위에 오른 나라들은 싱가포르, 아랍에미리트, 홍콩 등이었다. 유럽

국가 중에서는 노르웨이가 5위로 가장 높은 순위를 차지했다. 독일은 스위스(10위)나 오스트리아(14위)보다 뒤처졌다.

인구 1인을 기준으로 한 통계라고 해서 함정이 아예 없는 것도 아니다. 군소국가들(특히 싱가포르나 홍콩 등의 도시국가들)의 경우, 내수시장이 제한적이기 때문에 수출의존도가 그만큼 높을 수밖에 없다는 점도 감안해야 한다.

한편, 통계의 함정을 능수능란하게 악용하는 분야에는 야당도 여당 못지않은 실력을 과시한다. 민사당PDS 소속의 전직 의원이자 정치학자인 빈프리트 볼프가 그 사실을 입증했다.

2009년, 볼프는 어느 기고문에서 '2008년도의 실업자 수가 대공황 때와 유사한 수준까지 치솟았다'고 지적했다. 2008년도의 실업자 수(절대적 수치)를 근거로 한 주장이었다. 그 사이에 독일이 통일되었고, 인구도 6천 5백만에서 8천만으로 늘어났으며, 대가족 중심의 사회가 핵가족 중심 사회로 전환되었고, 여성의 취업률이 훨씬 높아졌다는 사실에 대해서는 언급하지 않았다. 절대적 수치(실업자 수)와 상대적 수치(실업률)를 함께 제시해야 했지만 고의였든 아니었든 볼프는 그렇게 하지 않았다. 절대적 수치(실업자 수)만 들먹이면서 현 정부의 문제점만 꼬집은 것이다.

앞서 제2장에서 '2050년이면 독일 내 청소년층이 멸종한다'는 주장과 관련된 사례를 다루면서 미루어둔 얘기가 있다. 지금부터는 그 얘기를 해볼까 한다.

2007년 크리스마스를 일주일 앞둔 어느 날, 노동시장 및 직업 관련 연구소IAB 소속의 어느 연구원의 강연을 들을 기회가 있었다.

그 연구원은 그 자리에 참석한 청중에게 '신선한' 충격을 안겨주었다. 연구원은 프로젝터를 이용해 벽에 그림 하나를 비추면서 청년층의 감소가 잠재노동력을 축소하고 인구 고령화를 촉진한다고 경고했다. 아래쪽 그래프가 바로 그 연구원이 청중에게 보여주었던 것이다. 앞서 이미 나왔던 그래프이지만, 독자들의 편의를 위해 다시 한 번 싣는다.

연사가 전달하고자 했던 메시지는 분명했다. 상황이 극으로 치닫고 있다는 것이다. 당시 그 연구원은 y축을 조작하는 동시에 20세 이하 인구가 몇 명인지(절대적 수치)만 제시했고, 이로써 자신이 목표한 바를 달성했다. 우리 사회에 잠재노동력이 줄어들고 있다는 위기감을 자아내는 데 성공한 것이다.

하지만 나로서는 이해가 되지 않았다. 절대적 수치만 들어서는 제대로 된 판단을 할 수 없기 때문이다. 만약 독일의 전체 인구수가 8천만

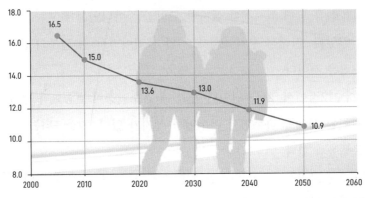

20세 이하 인구(단위: 백만 명)

2050년경이면 독일에서 청소년층이 멸종된다는 '사실'을 경고하기 위해
제시된 그래프이다
출처: 연방통계청

이 아니라 4천만이라면 상황은 달라진다. 전체 인구에서 20세 이하가 차지하는 비율이 그만큼 늘어나기 때문이다. 나아가 전체 인구수가 지금의 절반밖에 되지 않는다면 필요한 노동력도 당연히 줄어든다. 그러니 청소년 인구수가 절대적으로 몇 명인지보다는 청소년 인구가 전체 인구에서 몇 퍼센트를 차지하는지를 더 중요하게 여겨야 마땅하다.

왼쪽 그래프가 바로 전체 인구 대비 20세 이하 인구의 비율을 나타낸 것이다.

강연을 듣는 내내 억누르기 어려운 분노를 느꼈지만 휴식시간에 달콤한 쿠키를 몇 개 집어먹고 나자 기분이 한결 좋아졌다. 그 상태에서 우연히 그날의 연사와 마주쳤고, 화기애애한 분위기 속에서 얘기가 오갔다. 나는 적당한 기회를 틈타 y축이 0부터 시작해야 마땅하고, 전체 인구 대비 20세 이하 청소년의 비율도 언급했어야 옳지 않겠느냐

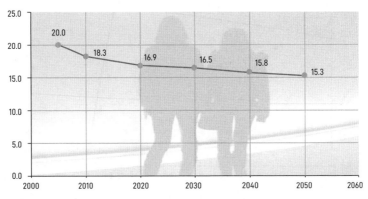

20세 이하 인구(단위: %)

전체 인구 대비 20세 이하 청소년이 차지하는 비율을 표시한 그래프이다.
참고로 이 그래프는 y축이 0에서 시작된다.
출처: 연방통계청, 연방인구문제연구소

고 넌지시 물어봤다. 그러자 연구원은 온화한 미소를 지으며 "옳은 말씀입니다. 둘 다 맞는 말이에요. 사실 저도 처음에 그래프를 그렇게 만들었답니다. 그런데 아무리 봐도 그렇게 해서는 위기의식을 심어주지 못할 것 같더라고요."라고 대답했다! 너무나도 솔직한 대답에 오히려 내가 당황스러웠다. 씹고 있던 쿠키가 목에 걸릴 정도였다!

그런데 두 번째 그래프라고 해서 진실을 제대로 전달하고 있는 것은 아니다. 우리가 미처 생각하지 못했던 '음'이 아직 남아 있다. 앞의 두 그래프에서는 '양'(인구문제와 관련된 미래)만 다루고 있을 뿐, '음'(인구문제와 관련된 과거의 역사)에 대해서는 함구하고 있다.

인구문제는 최근 들어 새롭게 등장한 사안이 아니다. 넉넉잡아 지난 100년 동안 우리는 끊임없이 인구감소라는 문제와 싸워왔다(아래 그

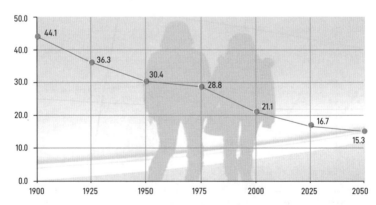

20세 이하 인구(단위: %)

전체 인구에서 청소년이 차지하는 비율은 과거에 더 급격히 감소했다.
지금은 과거에 비하면 청소년 감소율이 오히려 낮은 편이다.
출처: 연방통계청, 연방인구문제연구소

래프 참조). 하지만 잠재노동력이 꾸준히 줄었음에도 학자들이 그토록 우려하던 세대 간 전쟁은 일어나지 않았다. 오히려 경제는 눈부시게 성장했고, 노동시간은 줄어들었으며, 복지혜택도 예전보다 좋아졌다.

한편 총 인구수에서 청소년이 차지하는 비율은 급격히 줄어들고 있는 데 반해 사회복지 분야의 지출은 급속도로 늘어나고 있다고 한다. 그 사실을 입증하기 위해 제시된 그래프 하나를 살펴보자.

이번 그래프에서도 복지 분야의 지출액이 절대적 수치로 표시되어 있는데, 이 그래프만 보자면 지난 몇십 년 동안 실제로 사회복지 분야의 지출이 많이 늘어난 것 같다. 1991년에는 4,200억 유로였던 것이 2008년에는 무려 7,200억 유로까지 증가했으니 말이다.

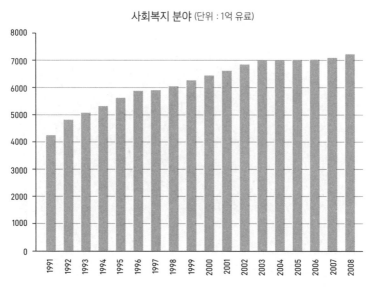

사회복지 분야 (단위 : 1억 유료)

사회복지 분야의 지출액(절대적수치)이 꾸준히 늘어나고 있음을 보여주는 그래프.
출처: 연방노동사회부, '2009사회복지 백서' 254쪽

그런데 가만히 생각해보면 시간이 흐름에 따라 늘어나고 있는 것은 복지 분야의 지출만이 아니다. 휴가비 지출 역시 절대적 수치로만 따지자면 매년 꾸준히 늘어나고 있고, 집값이나 주택임대료도 높아지고 있다.[9] 고위공무원의 연봉은 물론이요 프랑크푸르트 증권거래소의 DAX30에 이름을 올린 기업들의 평균 이윤도 증대되었다. 따라서 복지 수준이 얼마나 높아졌는지를 제대로 평가하려면 단순히 복지 분야의 지출액이 늘어났다고만 할 것이 아니라 GDP 대비 복지 분야의 지출이 얼마나 늘어났는지를 말해야 한다. 예컨대 아래의 그래프처럼 말이다.

아래 그래프를 실업률 관련 그래프와 비교해보면 입이 다물어지지 않는다. 그간 실업률은 비약적으로 높아졌지만 복지 분야 지출은 20

사회복지 분야 지출 [단위: GDP 대비 백분율(%)]

GDP에서 사회복지 분야의 지출액이 차지하는 비율을 나타낸 그래프.
출처: 연방노동사회부, '2009 사회복지 백서' 254쪽

년째 GDP 대비 30% 수준을 유지하고 있다. 심지어 복지 분야 지출은 1970년대, 그러니까 통일 이전인 서독 시절의 수준에 머물러 있다. 사회적 문제가 늘어나고 복지 분야의 수요가 증대되었음에도 GDP 대비 복지 지출은 몇십 년째 제자리걸음을 하고 있다는 것이다. 그 말은 곧 복지혜택이 오히려 줄어들었다는 것을 의미한다. 현실에서는 정부가 주장하는 복지증진과는 완전히 다른 방향으로 흘러가고 있다.

사회복지와 관련된 열악한 현실에 관한 이야기는 이쯤에서 접고, 이제 이번 장의 핵심주제로 눈길을 돌려보자. 절대적 수치와 상대적 수치 중 어떤 것이 더 정확할까?

맨 처음에 제시한 사례들만 봤을 때는 분명히 상대적 수치보다는 절대적 수치가 더 '착한' 수치, 다시 말해 사실관계를 보다 정확하게 표현해주는 수치인 것처럼 느껴졌다. 하지만 뒷부분에 제시된 사례들을 보면 절대적 수치 역시 진실을 가리는 장막일 뿐이라는 느낌이 든다. 그렇다면 방법은 하나밖에 없다. 두 가지 모두 살펴보는 것이다! 둘 중 하나가 빠져 있다면 '일단 의심 모드'에 돌입해야 한다! 참고로 통계를 악용하려는 무리 중에도 이 책을 탐독하는 이들이 없지 않을 테고, 그런 이들에게 이 책은 아마도 어떻게 하면 숫자로 거짓말을 할 수 있는지를 안내해주는 지침서쯤으로 작용할 것이다. 그런 수법의 희생양이 되지 않으려면 촉각을 더욱 곤두세우는 수밖에 없다!

그런데 아직 백분율과 관련된 진실 혹은 거짓말을 '완전정복'한 것은 아니다. 퍼센트에 관한 얘기는 사실 해도 해도 끝이 없다. 그만큼 자주 활용되고, 그만큼 속아 넘어가기도 쉽다. 그런 의미에서 퍼센트에 관한 얘기를 좀 더 이어가 보기로 하자.

5 백분율이 지닌 무소불위의 힘

어느 일간지에 또 한 번 '배 아픈' 뉴스가 실렸다. A은행 CEO들이 올해 30%나 더 벌었다는 내용이다. 부러운 마음이 드는 건 어쩔 수 없다. 그런데 그 기사에서 말하는 30%는 여러 가지 의미로 해석될 수 있다. 작년 자신들의 연봉에 비해 올해 연봉이 30% 늘었다는 뜻이 될 수도 있고, 경쟁업체 CEO들보다 연봉이 30% 더 높다는 뜻일 수도 있다. 혹은 A은행에 다니는 평사원에 비해 CEO의 연봉이 30% 더 높다는 의미일 수도 있다. 기사에서 말하는 30%가 정확히 어떤 의미인지는 아마도 기사를 작성한 기자나 A은행 CEO들만 알 것이다.

기준에 따라 달라지는 백분율

백분율은 무소불위의 힘을 지니고 있다. 비교 대상을 마음대로 고를 수 있고, 그 비교 대상이 무엇인지 굳이 밝히지 않아도 되기 때문이다. 백분율로 표시된 수치를 접하는 이들은 대개 수많은 기준 중 하나를 임의로 선택한 뒤 자신의 생각이 옳다고 철석같이 믿어버린다. 혹시 그 기준이 틀렸다 하더라도 수치를 제시한 사람의 책임은 아니다. 기준이 무엇인지 언급하지 않았을 뿐, 어떤 기준으로 선택하라고 지시한 적은 없기 때문이다. 관련 사례 하나를 살펴보자.

최근 열린 총선에서 '공수표 정당'이 40%의 지지율을 획득했다고한다. 그 말은 곧 만약 투표율이 70%였다면 공수표 정당의 지지율은 28%라는 뜻이다. 총 유권자 1억 명이고 그중 7천만 명이 투표에 참가했으며 2천 8백만 명이 공수표 정당을 찍었다는 것이다. 이 경우, 투표 참여자를 기준으로 하면 공수표 정당의 지지율이 40%이지만, 전체 유권자를 기준으로 하면 28%밖에 되지 않는다.

선거의 지지율은 대개 투표 참여자를 기준으로 산정된다. 어떤 의미에서는 그게 옳은 방법이기도 하다. 자신에게 주어진 투표권을 포기했다는 말은 곧 유권자의 수에 포함되기를 포기했다는 뜻이기도 하니말이다.

선거에 관한 또 다른 사례 하나를 간단히 살펴보자.

선거가 끝나고 나면 으레 각 당 대표가 TV 토론회에 나와 입장을 표명하곤 하는데, 이때 지난번 총선보다 이번 총선에서 낮은 지지율을 기록한 정당의 대표는 절대로 그 두 선거를 비교하지 않는다. 대신 이번보다 지지율이 훨씬 낮았던 어느 해의 선거 결과를 들먹이며, 혹은 터무니없이 빗나간 출구조사 결과 등을 언급하며 "사실상 이번 선거는 승리에 가깝다."고 주장한다.

다시 한 번 강조하지만 백분율에서 가장 중요한 것은 비교 대상이다. 나아가 백분율은 백'분'율이라는 말에서도 알 수 있듯 분자와 분모의 상관관계를 의미한다. 하지만 그 두 가지 요소가 늘 분명하게 제시되는 것은 아니다. 많은 사람이 각자 자신의 필요에 따라 분자만 언급할 뿐 분모가 무엇인지는 아예 밝히지 않는다. 혹은 애매하게 제시함으로써 진실을 호도한다. 그렇게 할 수 있는 이유는 바로 백분율이 지닌 위력 때문이다.

앞서도 말했지만 백분율의 핵심은 비교 대상, 즉 기준이다. 어떤 기준을 선택하느냐에 따라 아예 다른 상황이 연출된다. 이와 관련한 가상의 사례 하나를 살펴보자. 각자 자신이 전국치과의사협회의 회장이라고 가정하고 다음 사례를 읽어 내려가기 바란다.

다음 주에 중요한 일정이 2개나 잡혀 있다. 우선 다가오는 화요일에 의료비 인하와 관련해 보건복지위원회에 출석해야 한다. 정부에서는 어떻게든 의료비를 낮추려고 하는데, 내 임무는 그 계획을 어떻게든 막는 것이다. 나는 그 자리에서 지난 몇십 년 동안 서민 경제를 살리기 위해 의료계가 얼마나 희생해왔는지를 강조할 것이다.

두 번째 일정은 금요일로 예정된 전국치과의사협회의 총회에 참석하는 것이다. 그런데 이번 총회의 의제 중에 대표 선출 절차도 포함되어 있다고 한다. 물론 나는 재신임을 받고 싶고, 그러자면 이번 임기 동안 내가 회원들의 이익, 즉 수입증진을 위해 얼마나 노력했는지를 분명히 입증해야 한다.

둘 다 우위를 가리기 어려울 만
큼 골치 아픈 일이다. 우선 화요일
문제부터 해결하기 위해 계산기를
잡았는데 벌써 머리가 지끈지끈해
진다. 인체공학을 감안한 가죽의
자와 기분 좋은 향기를 풍기는 벚

나무 소재의 고급 책상이 없었더라면 아마 머리가 터져버렸을 것이다.

이 시점에서 가장 먼저 해야 할 일은 치과의사들의 수입을 파악하는
것이다. 그러기 위해 다음과 같은 내용의 도표 하나를 입수했다.

각종 비용을 제외한 순소득(단위: 유로)		
연도	명목소득	실질소득(2000년도 구매력 기준)
1989	117,558	150,091
1991	100,470	121,142
1993	92,437	103,523
1995	97,855	104,985
1997	103,564	107,681
1999	93,432	95,621
2001	107,231	105,181
2003	110,295	105,555
2005	109,855	101,531
2006	108,095	98,223
2007	114,467	101,664

1987~2007년까지 서독 치과의사의 소득(치과의사 1인당 소득)을 나타낸 도표이다.[1] 2002년 이전의 소득
은 유로화로 환산하여 표시했다(×1550원을 하면 대략적인 원화를 확인할 수 있다).

명목소득이란 당해 연도에 벌어들인 수입, 즉 세무서에 신고해야 하는 수입액을 의미한다. 하지만 명목소득이 곧 구매력을 의미하는 것은 아니다. 명목소득에 물가상승률을 반영해야 비로소 구매력, 즉 실질소득이 얼마인지 알 수 있다.

사설은 이만 접고 본격적인 작업에 돌입하자. 백분율에 관한 내 능력을 증명할 때가 왔다! 보건복지위원회 소속 위원들 앞에서 어떤 수치들을 제시해야 내가 원하는 목표를 달성할 수 있을까? 또 어떻게 하면 동업자들에게 재신임을 받을 수 있을까?

사실 오래 고민할 것도 없다. 무에서 유를 창조할 필요도 없다. 위 도표를 그대로 사용하면 된다. 물론 약간의 변형과 생략은 필요하다. 어차피 위원님들도 워낙 공사다망하신 분들이니 너무 많은 정보는 환영하지 않을 것이다. 수치를 있는 그대로 전달하는 것도 별로 도움이 되지 않는다. 오히려 살짝 바꾸는 편이 전달하는 입장에서나 이해하는 입장에서나 더 편하다.

화요일 아침이 밝았다. 드디어 연단에 설 시간이다. 나는 떨리는 마음을 진정시키며 힘찬 어조로 연설을 시작한다.

"1989년 독일이 통일된 이래 우리 치과의사들의 수입은 사실상 $\frac{1}{3}$이나 줄어들었습니다. 그 사이에 물가는 무려 40%나 올랐지요. 하지만 그 부분을 빼고 생각하더라도 현재 치과의사들의 수입은 그 당시보다 낮은 수준입니다. 바꿔 말하면 우리 치과의사들이 그간 보건복지 분야의 재정적 안정을 위해 충분한 기여해왔다는 뜻이 됩니다!"

20년 전이라는 비교 대상이 너무 멀게 느껴진다면 연설 내용을 조금 바꾸면 된다. "1997년부터 2007년 사이, 우리 치과의사들의 실질

소득은 6%나 줄어들었습니다. 다시 말해 지난 10년간 우리가 보건복지 분야의 재정적 안정을 위해 충분한 기여를 해왔다는 말입니다. 그러니 이제 우리가 그간 보여준 희생정신을 다른 분야에서도 입증해야할 때입니다!" 정도면 충분할 듯하다.

이 정도면 위원들에게 강렬한 인상을 심어줄 수 있지 않을까? 이 정도면 위원들도 더 이상 치과의사들에게만 희생을 강요할 수는 없지 않을까? 위 도표에도 나와 있듯, 지난 20년 동안 치과의사들의 수입은 실제로 $\frac{1}{3}$이나 줄어들었다. 기간을 20년 대신 10년으로 잡을 경우에 실질소득이 6% 줄어들었다는 것도 가감 없는 진실이다. 물론 지금도 여전히 치과의사들은 매달 1만 유로에 가까운 돈을 벌고 있지만, 물어보는 사람도 없는데 굳이 그 부분을 언급할 필요는 없다!

솔직히 실토하자면 거짓말을 아예 하지 않은 것은 아니다. 독일이 통일된 연도는 사실 1990년이지만 1989년이라고 살짝 바꾸었다. 하지만 그 정도 차이는 애교로 봐줄 수 있지 않을까!

그런데 바로 그 '애교' 덕분에 조사대상 연도 중 치과의사들의 수입이 가장 높았던 해가 기준연도가 되었다. 명목소득이 아닌 실질소득을 언급한 것도 훌륭한 전략이었다. 명목소득을 기준으로 삼았다면 아마도 훨씬 덜 불쌍하게 들렸을 것이다.

눈 깜짝할 사이에 사흘이 지나갔다. 치과의사협회 회원들 앞에서 내 업적을 자랑할 때가 온 것이다. 물론 거기에서도 나는 당당하게 가슴을 쫙 펴고 우렁찬 목소리로 연설을 시작할 것이다.[2]

"존경하는 회원 여러분! 저는 여러분 모두 요즘 힘든 시기를 겪고 있다는 것을 누구보다 잘 알고 있습니다. 긴축재정에 관한 얘기만 나오면 모두 우리더러 허리띠를 졸라매라고 강요하지요. TV 뉴스를 봐도, 신문 기사를 봐도 모두 치과 진료비의 거품을 빼야 한다는 말만 늘어놓고 있습니다. 하지만 저는 그러한 시대적 물결에 당당히 맞서 왔습니다. 지루하고도 힘든 협상도 마다하지 않았습니다. 그 결과, 지난 8년 사이에 우리 회원들의 수입이 22%나 증대되었습니다. 그러한 성과가 나오기까지 여러모로 저를 도와주신 회원님들께 이 자리를 빌려 무한한 감사를 드리고 싶습니다!"

말이 끝나기도 전에 객석에서는 우레와 같은 박수가 쏟아진다. 재당선은 이제 시간문제일 뿐이다. 물가상승률이 얼마였는지, '지난 8년'의 기준연도가 정확히 언제였는지는 언급도 하지 않았지만, 아무도 신경쓰지 않는다. 고맙게도 모두 22%라는 수치에만 귀를 쫑긋 세울 뿐이다!

위 이야기는 치과의사협회 소속 통계학자로 일하면서 실제로 겪은 일들이다. 두 연설 사이에 사흘이 아니라 3주간의 공백이 있었다는 점만 사실과 다르다.

여기에서도 볼 수 있듯 백분율은 기준이 무엇이냐에 따라 완전히 다른 의미를 지닐 수 있다. 기준만 잘 선택하면 원하는 효과를 충분히 얻어낼 수 있으며 특히 시간이 흐름에 따라 변동이 큰 수치들은, 백분율을 잘만 이용하면 기대 이상의 큰 효과를 얻을 수 있다.

최근 큰 이슈가 되고 있는 기후보호 분야에서도 유사한 트릭들이 자주 활용된다. 2008년 여름, 당시 미국의 대통령이었던 조지 W. 부시는 어느 정상회담에 참가해 미국은 2050년까지 온실가스의 배출량을 50% 줄이겠다고 선포했다. 몇 년도 대비 50%를 절감하겠다는 말인지는 밝히지 않았다. 기후문제에서는 국제기후변화협약에 따라 1990

년을 기준연도로 삼는 것이 관례이지만, 아마도 부시의 마음속 기준연도는 지금까지 배출량이 가장 많았던 해가 아니었을까? 기준연도 따위야 어찌 되었든 간에 배출량을 절반 수준까지 줄인다는 게 중요하다고 생각할 수 있겠지만, 그렇게 단순하게 볼 일은 아니다. 배출량이 많았던 해를 기준으로 삼을수록 50%를 줄인 뒤에도 여전히 배출해도 되는 유해가스의 양이 더 많아지기 때문이다.

그런데 1990년을 기준연도로 삼는다고 해서 상황이 완전히 투명해지는 것도 아니다. 예를 들어 독일의 2008년도 온실가스 배출량은 1990년 대비 22.2%나 줄어들었다.[3] 같은 기간 동안 배출량이 50% 가까이 늘어난 스페인에 비하면 실로 엄청난 실적이다. 미국도 해당 기간 동안 배출량이 16%나 늘어났다. 그러나 그렇다고 해서 독일이 굉장한 일을 해냈다고 할 수는 없다. 어디까지나 구조적 원인에 따른 절감이었기 때문이다. 같은 원인에 의해 배출량을 더 많이 줄인 나라들도 있다. 같은 기간에 체코와 폴란드, 러시아, 우크라이나의 이산화탄소 배출량은 심지어 25~55%까지 줄어들었다.

해당 국가들이 갑자기 환경보호주의자로 둔갑한 것은 아니었다. 동구권의 경제가 무너진 덕분에, 나아가 그 과정에서 낡은 발전소나 공장들이 문을 닫은 덕분에 배출량이 줄어든 것이다. 즉 1990년을 기준연도로 삼을 경우, 독일 역시 동독의 달라진 산업구조 덕분에 배출량을 획기적으로 줄일 수 있었고, 그 덕분에 어느 날 갑자기 환경보호 분야의 선두주자 대열에 합류한 것이다.

원자력에너지 분야에서도 백분율과 기준연도가 정책적으로 매우 교묘하게 활용되고 있다. 예컨대 2006년 어느 날, 〈쾰르너 슈타트안차이거〉는 원자로 수와 관련된 그래프 하나를 독자들에게 제시했다. 해당 그래프에는 원자력에너지가 전체 에너지 생산량에서 차지하는 비율이 제시되어 있었는데, 독일이 31%, 프랑스가 78%였다. 해당 자료의 출처는 'CEA'라는 곳이었다. 짐작건대 그날 그 신문을 본 독자 중 CEA가 어떤 기관인지 아는 사람은 거의 없었을 것이다. CEA는 사실 프랑스원자력에너지위원회Commissariat à l'énergie atomique의 약어이다. CEA의 중요한 임무 중 하나는 원자력에너지의 필요성을 국민에게 납득시키는 것이다.

독일은, 1차 에너지로 생산되는 에너지 중 원자력에너지가 차지하는 비중은 13%밖에 되지 않는다.[4] 하지만 그날 그 기사에서는 분명히 31%라고 명시되어 있었다. 원자력에너지가 전체 에너지 생산량에서 차지하는 비중이 31%라는 말을 들으면 누구나 원자력에너지의 필요성에 공감하게 된다. 원자력에너지가 없다면 나라 전체가 암흑에 휩싸일 것만 같은 불안감도 든다. 하지만 13%라는 수치가 자아내는 위기감은 그보다 훨씬 약하다. 모두가 에너지를 조금만 더 아끼면, 나아가 풍력을 비롯한 재생에너지의 비율을 조금만 더 높이면 원자력에너지 없이도 살아갈 수 있을 것 같은 느낌이 드는 것이다.

그런데 CEA 측에서 말하는 31%가 아무 근거 없는 거짓말이 아닐 수도 있다. 원자력에너지가 차지하는 비중이 23% 혹은 28%라는 자료도 분명히 존재한다.[5] 그런데 그 자료들이 말하는 비중은 모두 전력 생산량만을 기준으로 한 것이며 난방용 에너지나 각종 이동수단에 활용되는 에너지들은 모두 제외했다. 생각해보면 에너지가 활용되는 분야는 매우 다양하지만, 많은 사람이 '에너지=전력'이라고 착각하고 있다. 원자력에너지의 신봉자들은 바로 그런 점을 유효적절하게, 자신들의 목적에 맞게 이용한 것이다.

정치계, 경제계, 언론계 등에서 백분율을 각자 자기 의도에 맞게 재단할 수 있는 가장 큰 이유는 백분율의 기준에 대해 의문을 품는 사람이 많지 않기 때문이다. 그 덕분에 퍼센트 수치는 거리를 표시하는 절대적 단위인 센티미터처럼 취급되고 있다.

퍼센트(%)와 퍼센트포인트(%p)의 차이를 아는 이들도 많지 않다. 그 차이가 얼마나 큰지 한 가지 사례를 통해 살펴보자.

A라는 정당이 지난번 선거에서는 30%의 지지율을 기록한 반면 이번 선거에서는 지지율이 20%밖에 되지 않았다면, A당의 지지율은 10%가 아니라 10%p가 줄어든 것이다. 그리고 30%를 기준으로 10%가 줄어들었다는 말은 지지율이 3%밖에 줄어들지 않았다는 의미이므로 큰 차이는 아니다. 하지만 지난번 선거를 기준으로 보면 얘기가 달라진다. 그 경우, 무려 33%가 A당에 등을 돌렸다는 의미가 되기 때문이다.

절대적 수치를 예로 들면 그 차이가 더 분명해진다. 전체 유권자가 1,000명이었다고 가정할 때 지난번 선거에서 300명이 A당을 지지한 반면 이번 선거에서는 200명만이 A당을 지지했다는 뜻이고, 두 선거를 비교할 경우 3명 중 1명은 마음을 바꿨다는 뜻이 된다.

건강보험료가 14.9%에서 15.5%로 뛰었다는 말도 그와 비슷하게 해석할 수 있다. 이 경우, 우리가 내는 건강보험료는 0.6%가 아니라 0.6%p만큼 오른 것이고, 실제 상승률은 심지어 4%에 가깝다.

"아직도 백분율 얘기야? 대체 할 말이 뭐가 그렇게 많아?"

공동 저자인 옌스가 갑자기 끼어든다. 그렇잖아도 끝낼 참이었는데,

엔스 때문에 오기가 발동해서 한 가지 사례를 더 소개하고 싶어졌다.

이번 사례는 내 개인적 운동 성향과 '증가율의 증가율', 즉 퍼센트포인트에 관한 것이다. 혹자들은 퍼센트포인트를 '백분율의 백분율'이라 부르기도 한다.

겨울이면 나는 조깅을 거의 하지 않거나 아주 잠깐만 뛴다.

그러다가 봄이 되면 다시금 목표거리를 늘린다.

땀에 젖은 채 집에 도착한 뒤 내가 맨 처음 하는 일은 내 업적을 수치화하는 것이다. 자기만족을 위해서나 아내에게 자랑하기 위해서나 반드시 필요한 작업이다. 그런데 그럴 때마다 내 업적을 조금씩 과대포장하게 된다. 모기 한 마리를 마치 코끼리 한 마리라도 되는 것처럼 과장한다. 모기를 코끼리로 만들기 위해 대단한 수고가 필요한 것도 아니다. 증가율의 증가율만 잘 계산하면 된다. 예를 들어 그제 10km를 뛰었고 어제 10.1km를 뛰었다면 하루 사이에 0.1km를 더 뛴 것이다. 달리 말해 10%를 더 달린 것이다. 그런데 오늘은 10.5km를 주파했다면 어제에 비해 0.4km를 더 달린 것이고, 달리 말해 약 4%를 더 달린 셈이다. 어제는 상승률이 0.1%였는데 오늘은 0.4%이니까 결국 '그제~어제'에 비해 '어제~오늘'은 4배나 더 뛴 셈이다!

그렇게 계속 포장하다 보면 어느 순간 나는 조깅계의 거장쯤으로 격상된다. 어느 날 헉헉거리며 집 안으로 뛰어들어와 이렇게 외칠지도 모를 일이다.

"요즘 나는 조깅거리를 조금씩 늘리고 있어. 그저께보다 어젠 4배나 더 뛰었다니까! 이렇게 계속 가다가는 마라톤 챔피언이 될지도 몰라! 두고 보라니까!"

표본 추출 방식에 따른 오류

비행기 조종사는 일반인들보다 수명이 짧다는데, 그 말이 과연 사실일까? 새로 생긴 대학들은 한동안 해당 연방주 안에서 최고를 자랑하지만 5~6년 뒤에는 수준이 점차 떨어진다는데, 그것이 과연 진실일까? 특정 대학의 졸업생 중 90%가 단기간 내에 두둑한 연봉을 주는 직장에 취업했다는데, 그 말을 어디까지 믿어야 좋을까?

얼핏 들으면 옳은 말 같기도 하고 좀 더 생각해보면 왠지 거짓말 같다는 의심도 든다. 그런데 위와 같은 현상들은 모두 통계수치에 근거한 진실이라고 한다. 특히 파일럿의 수명에 관한 문제는 오랜 연구 끝에 도달한 결론이라 한다.

관련 학자들은 파일럿이 다른 직업에 종사하는 이들보다 더 빨리 죽는 이유가 과연 어디에 있는지를 두고 고심에 고심을 거듭했다. 스트레스 때문일까? 시차에서 오는 피로감 때문일까? 혹은 가족이 주는 따스함을 자주 못 느껴서일까? 그것도 아니면 비행 때마다 방사능에 노출되기 때문일까? 질문은 꼬리에 꼬리를 물고 이어졌다. 그런데 어이없게도 파일럿의 수명이 짧다는 믿음은 통계 해석상의 오류에서 비롯된 것으로 드러났다. 전문용어로 말하자면 '유한 모집단finite population'의 오류가 발생한 것이다.

표본 집단에 따라 달라지는 통계

느낌이나 경험에 의존한 '체감 통계'는 진실을 왜곡할 위험이 매우 크다. 예를 들어 어떤 주식중개인이 "내가 아는 사람들은 모두 하루 종일 주가가 오를지 내릴지에 대해서만 생각해."라고 주장한다고 가정하자. 그러면서 업무상 자신과 통화하는 수많은 사람이 그 증거라고 한다. 자신과 한 번도 통화한 적이 없는 사람들이 더 많을 텐데, 그리고 그 사람 중에는 주식에 아예 관심이 없는 사람도 있을 텐데 그런 부분은 전혀 감안하지 않은 것이다. "내가 아는 사람 중 적어도 남자들은 모두 축구를 좋아해"라고 주장하는 이들도 있다. 물론 이번에도 같이 술잔을 기울였던 남자 중 축구가 싫다고 말한 사람은 한 사람도 없었다는 것이 증거이다. 하지만 그들이 미처 술자리를 함께하지 못했던 사람 중 예컨대 바로크음악에 심취한 사람이 있을 수도 있다. 같이 술을 마신 사람 중 축구가 싫다고 고백하지 못한 이들도 있을 것이다. 모두 축구에 대해 신이 나게 열변을 토하고 있으니 차마 "사실 난 축구가 싫어"라고 '커밍아웃'을 하지 못한 것이다. 어느 노동운동가는 "대체 자민당FPD에 표를 던진 15%는 어떤 사람들이죠? 적어도 나는 자민당을 지지한다는 사람을 한 번도 만난 적이 없거든요!"라고 말한다. 아마도 친구나 동료 중 자민당을 지지하는 이가 없었을 것이다. 혹은 자민당을 지지하는 이들이 자신의 정치적 성향을 분명하게 밝히지 못했을 수도 있다.

언젠가 나는 산악회 회원들과 함께 2주 일정으로 히말라야 등반에 나선 적이 있다. 전문 산악인들의 등정과 비교하면 '산책' 수준밖에 되지 않는 가벼운 일정이었다. 어쨌든 그 기간 내내 나는 한 여성회원과 성선설이 옳으냐 성악설이 옳으냐를 두고 한바탕 토론을 벌였다. 내 토론 상대는 인간은 원래 매를 들어야 말을 듣는 사악한 존재라 주장했고, 나는 폭력이 인간을 더 악하게 만들 뿐이라며 반박했다. 적어도

내가 알기에는 어린아이들의 경우, 매를 댈수록 폭력적 성향만 강해질 뿐이다. 그 나이 때 세상을 탐구하면서 자연스레 발휘되는 창의력도 줄어든다. 하지만 그녀는 나 같은 사람들 때문에 범죄자가 더 활개를 치는 거라며 화를 냈고, 엄격한 교육만이, 나아가 체벌에 대한 두려움만이 아이들이 나쁜 길로 빠지는 사태를 막을 수 있다고 주장했다.

그런데 알고 보니 그녀와 내가 그렇게 오랫동안 대립각을 세울 수밖에 없었던 이유가 있었다. 우리가 선택한 표본이 애초부터 달랐던 것이다.

대도시 지구대 소속 경찰인 그녀는 매일 싸움꾼과 도둑, 강도, 무임승차자, 폭력 남편, 음주운전자, 과속운전자들을 상대해야 했다. 착하고 순박한 이들과는 마주칠 일이 없었다. 당시 나는 고등학교 교사였다. 그 이전에는 대학에서 강의했고, 또 그 이전에는 관청 소속 공무원이었다. 그래서 경찰들이 매일 접하는 거친 현실을 직접 대면할 기회는 극히 드물었다. 즉 그녀와 나는 사회적으로 서로 다른 책무를 담당하고 있었고, 그 차이가 우리 둘의 언쟁에도 고스란히 반영된 것이다. 경찰의 임무가 우리 사회의 단점을 바로잡는 것('악당'들을 교화하는 것)이라면 교사의 임무는 학생들의 장점을 발견하고 장려하는 것인데, 그런 기본적 차이를 망각한 채 서로 상대방을 설득하려고 공연히 힘만 뺀 것이다.

우리가 내리는 모든 판단은 경험에 뿌리를 두고 있다. 일상 속에서 겪은 작은 사건들이 모여 사고방식을 결정한다. 특히 어린 시절에 겪은 일들은 더욱 강렬하게 각인된다.

지금까지 여러 가지 사례를 통해 표본 추출의 중요성을 살펴보았다.

사실 통계에서는 표본을 활용할 수밖에 없다. 70억에 달하는 이들 모두에게 축구에 관한 관심도를 물어볼 수 없기 때문에 20명을 표본으로 선택하고, 그 20명의 의견을 바탕으로 '모두 축구를 좋아한다' 혹은 '모두 축구를 싫어한다'는 식의 결론을 내린다.

대릴 허프도 《통계로 거짓말하는 방법》에서 한 가지 사례를 들어 표본 추출에 관한 문제를 다루었다.[1] 허프의 주장은 대략 다음과 같았다.

커다란 컵 안에 흰 콩과 빨간 콩이 들어 있다. 우리의 과제는 흰 콩과 빨간 콩의 개수를 알아내는 것이다. 시간만 많다면 문제 될 것이 없다. 일일이 세면 그만이다. 하지만 시간이 없다면, 혹은 그러려니 너무 귀찮다면 컵 안에 손을 넣어 한 줌만 꺼낸 다음(표본!) 거기에서 나온 결과를 컵 전체(모집단!)에 적용하면 된다. 내 주먹 안에 흰 콩과 붉은 콩이 골고루 들어 있다고 믿으면서 말이다!

이미 짐작하고 있겠지만 현실은 그렇지 못하다. 중립적 입장에서 콩 한 줌을 꺼내도 그 안에 두 종류의 콩이 골고루 섞여 있다는 보장은 없다. 거기에 각자의 취향까지 더해지면 결과의 정확성은 더욱 떨어진다. 흰색을 좋아하는 사람은 흰 콩이 더 많은 부분에 손을 넣어 콩 한 줌을 꺼낼 것이고 붉은색을 좋아하는 사람은 붉은 콩이 더 많은 부분에 손이 갈 것이다. 즉 표본이 공평하게 추출되지 않는다.

이와 관련해 허프는 "우리가 확실하다고 믿는 수많은 일이 결국 너무나도 적은 양의 표본이나 한쪽에 편향된 표본에 근거한 결론이라는 사실은 씁쓸하기 그지없다"고 말했다. 허프가 그 말을 한 지 50년이 흘렀건만 지금도 상황은 거의 달라지지 않았다.

다시 파일럿의 수명에 관한 연구 내용으로 돌아가 보자.[2] 1990년, 런던의 〈타임스〉는 민항기 분야 조종사의 60%가 65세 이전에 세상을 떠나게 된다고 보도했다. 그러나 사실과 다른 보도였다. 실제로는 현역 조종사 및 퇴역 조종사의 60%가 65세가 되기 전에 죽음을 맞이했다(1989년 현재). 생존해 있는 파일럿이 65세 이전에 세상을 떠날 것이라는 주장과는 분명히 차이가 있었다. 그런데 1989년을 기준으로 보더라도 파일럿의 수명이 다른 직업 종사자들보다는 분명히 짧은데, 원인은 어디에 있었을까? 그 원인을 찾기 위해 많은 학자가 백방으로 노력을 기울였는데, 결론은 공개하기조차 민망할 만큼 단순했다. 파일럿의 평균 연령이 기본적으로 매우 낮다는 것이다. 민항기의 역사는 그리 오래되지 않았다. 1930~1940년대에는 극소수만으로도 충분히 감당할 수 있는 수준이었고, 이후 민간 항공 분야의 수요가 늘어나면서 1960년대부터는 젊은 조종사들을 본격적으로 양성하기 시작했다. 1989년, 그 비행사들의 나이가 60~65세였고, 그중 누가 죽더라도 65세 이하 사망자로 계산된 것이다.

그런데 파일럿의 수명과 관련된 오류는 엄밀히 따지자면 표본 추출 상의 오류는 아니다. 기타 직업 종사자들과 연령대가 달랐을 뿐이다. 그렇다고 〈타임스〉의 실수가 용서되는 것은 아니다. 무엇보다 현재 생존해 있는 비행사의 수명이 65세 이하인 것처럼 사실을 왜곡했기 때문이다.

파일럿이라는 직업이 위험하지 않다고 주장하려는 것은 아니다. 실제로 파일럿이라는 직종이 내포하고 있는 위험도는 다른 직종에 비해 훨씬 높다. 하지만 그 사실을 납득시키려면 객관적인 증명이 뒷받침되어야 한다. 이를테면 비행기 조종사의 수명을 기타 직종 종사자의 수명과 비교해야 한다. 예컨대 두 그룹을 비교해봤더니 60~65세 인구 중 파일럿 출신의 사망률은 3%이고 나머지 직종의 사망률은 0.5%라는 식의 데이터를 제시해야 한다.

표본 추출 문제와 관련된 개인적인 경험 하나를 더 소개하겠다. 2001~2002년, 안스바흐Ansbach 대학에는 중국에서 온 유학생이 50명 정도 있었다. 독일 학생들은 늘 중국 출신의 교환학생들과 비교당해야 했다. 중국 학생들이 훨씬 더 성실하다는 것이었다. 내가 담당했던 과목(수학, 통계)에서도 중국 유학생들은 뛰어난 실력을 과시했다. 리포트 제출과 시험에서 종이와 잉크는 훨씬 덜 소비하면서도 늘 더 높은 점수를 받았다. 그럼에도 나는 독일 학생들과 중국 유학생들을 비교하지 않았다. 독일 학생들은 '일반인'인 반면 중국에서 온 유학생들은 엘리트층이었기 때문이다.

그 학생들이 어떤 과정을 거쳐 독일까지 오게 되었는지를 생각하면 답이 나온다. 분명히 치열한 경쟁을 뚫어야 했을 것이다. 중국어와는 완전히 다른 독일어에 대한 능력도 어느 정도 검증을 받아야 했을 것이다. 그 학생들과 독일의 평균 대학생을 비교하는 행위는 아무리 생각해도 불공평하다. 정말 공평한 비교를 원한다면 비슷한 그룹끼리 비교해야 한다. 즉 아시아의 일반 학생과 독일의 일반 학생을 비교한 뒤에 아시아 출신 학생들이 더 성실하고 영리하다고 말해야 비로소 납득이 된다는 것이다.

대학 얘기가 나온 김에 맨 처음에 제시했던 질문 중 두 번째, 즉 신생 대학이 최고의 실적을 기록하다가 5~6년 뒤부터는 수준이 떨어지기 시작한다는 의문에 관해 얘기해보자.

2003년, 필자가 레마겐 대학에 몸담고 있을 때의 일화이다. 어느 날 학과장이 수심 가득한 얼굴로 교수들을 집합시키더니 시험관리과에서 전달받은 정보들을 펼쳐놓았다. 4학기째 우리 학부 예비졸업생들의 평균 학점이 떨어지고 있고, 입학부터 졸업까지 걸리는 기간도 더 길어지고 있다는 것이었다. 게다가 그 추세는 반환점을 찾지 못한 채 꾸준히 이어지고 있다고 했다. 학과장은 도대체 그 이유가 어디에 있는지 알고 싶다며 학생들의 수준이 떨어졌는지, 새로 부임한 교수들이 점수를 너무 '짜게' 주는 것은 아닌지, 오래 재직한 교수들의 인내심이 한계에 다다른 것은 아닌지 등을 캐물었다.

사실 외부적으로는 성적이 떨어질 이유가 전혀 없었다. 강의실이 거의 완공된 상태라 공사로 인한 소음도 거의 없었고, 도서관에는 최신 전문서적들이 가득했으며, 전산실에서 일어나던 고질적인 문제도 거의 해결된 상태였다.

당시 나는 교수 중에서는 부임한 지 얼마 되지 않는 새파란 신출내기에 불과해서 지난 4학기 동안 내가 느끼고 관찰한 바를 노교수들에게 감히 피력할 수 없었다. 게다가 학과장이 말하는 그 '짠물 교수'가 바로 나일 수도 있다는 생각이 들어서 더욱 입을 다물 수밖에 없었다. '그래, 아예 입을 다물자. 사태가 어떻게 돌아가는지 그냥 지켜보기만 하자'라고만 생각했다.

하지만 상황이 극으로 치닫자 내 인내심도 한계에 다다랐고, 결국 입을 떼고 말았다. 어쩌면 그 모든 결과가 순전히 통계자료를 잘못 해석한 탓에 생겨난 게 아닐까 하는 이의를 제기했다.

그 자리에서 나는 내 이전 근무지였던 안스바흐 대학에서 일어난 일들을 설명했다. 내가 근무할 당시 제시된 통계에 따르면 안스바흐 대학의 학생들은 평균 8.0학기(대학 졸업에 필요한 최단 기간)만에 졸업했고, 그 덕분에 안스바흐 대학은 바이에른 주 안에서 최고의 대학이라는 찬사를 받았다. 그런데 입학부터 졸업까지 걸린 기간이 정확히 8.0학기라는 점은 정말이지 특이했다. 거기에 대해 의문을 제시하자 경험이 많은 어느 통계학자가 궁금증을 시원하게 해소해주었다.

안스바흐 대학은 세워진 지 4년밖에 안 된 학교였다. 즉 위에서 말한 통계가 제시된 시점에는 졸업생 중 8학기 이상 학교에 다닌 학생이 있을 수 없는 상황이었다. 하지만 그 이후에는 졸업하기까지 9학기, 10학기 혹은 더 이상 걸린 학생들이 속출했다. 다시 말해 대학이 설립된 이후 처음으로 배출한 졸업생들은 모두 8학기 만에 졸업했는데, 그 엘리트들만을 기준으로 통계를 산출한 것이었다. 최단 기간 안에 졸업을 해낸 만큼 평점도 다른 대학의 웬만한 학생들보다 높을 수밖에 없었다. 하지만 그 이후부터는 '평범한' 학생, 즉 11학기나 12학기만에 겨우 졸업하는, 게다가 평점도 그다지 좋지 않은 학생들의 수가 꾸준히 늘어났다.

신생 대학의 순위가 시간이 지남에 따라 떨어질 수밖에 없는 이유는 결국 파일럿이 일찍 죽는 이유와 맥락을 같이한다. 원인은 모집단에 있었다. 파일럿 모집단의 나이가 비교적 낮았듯 신생 대학의 역사가 다른 대학들에 비해 짧다는 게 원인이었다.

갑자기 정치나 경제와 무관한 사례들이 연달아 나와서 '어라, 왜 이러지?'라고 생각한 독자들이 적지 않을 것이다. 지금부터는 그 의문을 해소하는 의미에서 경제 분야의 사례 한 가지를 살펴보겠다.

이번 사례는 도이체반(DB, 독일철도)과 민영철도에 관한 것인데, 그 두 개를 비교하는 행위는 중국에서 온 엘리트 유학생과 독일의 일반 대학생들을 비교하는 것만큼이나 불공평하다.

1990년대 즈음에 대두한 민영철도업체들은 최신 객차 위주로 운행된 반면 도이체반은 1960년대부터 운행해온 객차들을 전면적으로 폐차하지는 못했다. 비용절감 차원에서라도 낡은 객차 중 일부는 그대로 운행해야 했다. 게다가 민영철도는 돈이 되는 구간만 사들였다. 수익성을 우선시하는 게 민영자본의 생리인 것을 감안하면 당연한 절차였다. 그러니까 결국 민영철도와 국영철도를 비교하는 것은 이용자가 많은 구간에서 최신식 차량을 운행하는 업체와 소수를 위해 낡은 차량을 굴리는 업체를 비교하는 행위가 될 수도 있다는 뜻이다. 물론 독일 철도청에 면죄부를 주려는 것은 아니다. 국영기업도 분명히 개선해야 할 필요성은 있다. 여기에서는 단지 그 두 개를 단순히 비교하면서 민영철도업체가 독일철도청보다 더 뛰어나다는 식의 결론이 그릇되었다는 점을 보여주고 싶었을 뿐이다.

자, 지금까지 이 장 맨 처음에 제시했던 세 가지 질문 중 두 가지에 대한 얘기를 끝냈다. 남은 것은 세 번째 질문, 즉 특정 대학 졸업생들의 취업률에 관한 문제이다.

몇몇 대학 졸업생에게 실제로 설문조사를 했더니 그중 대다수가 학위를 취득한 지 얼마 되지 않아 보수가 좋은 직장을 구했다고 대답했다고 한다. 그런 얘기를 들을 때마다 온몸에 힘이 쫙 빠지는 사람이 적지 않을 것이다. 특히 취업 문제에서 실패만 거듭한 사람이라면 더욱 그럴 것이다. '다들 멋진 직업을 구하는데 나만 왜 이렇게 한심하지?

나한테 문제가 있는 걸까? 혹시 세상이 나한테 무슨 억하심정이라도 있는 건 아닐까?'라는 생각이 들기 마련이다. 그런데 이번에도 역시 취업을 하지 못하는 사람이 한심한 게 아니라 표본 추출에 문제가 있었다. 좋은 것만 냄비에 골라 담고 나쁜 것은 모이주머니에 넣으니* 90%라는 취업률을 달성할 수 있었던 것이다.

대럴 허프는 "1924년에 예일 대학을 졸업한 이들을 대상으로 조사한 결과, 그들의 연봉이 25,111달러에 달하는 것으로 나타났다."고 말했다.[3] 적어도 〈타임〉 지에 실린 내용은 그랬다. 2003년, 퀼른 대학 경제학부 및 사회학부 졸업생들을 대상으로 설문조사를 했을 때에도 비슷한 결과가 나왔다. 90% 이상이 졸업 후 반년 안에 취업했다고 대답했다.[4]

그 결과들이 얼마나 신빙성이 있는지는 의심해볼 필요가 있다. 허프도 자신의 설문조사와 관련해 해당 설문지를 받자마자 읽어보기도 전에 구겨버린 사람들에 대해 생각해보라고 경고했다. 연봉 문제에서 그다지 내세울 게 없는 사람들은 설문에 응하지 않았을 확률도 따져보라는 뜻이었다. 퀼른 대학 졸업생들에 대한 설문조사의 경우도 그와 비슷했을 것이다. 운이 좋아 좋은 직장에 취직한 졸업생들은 기꺼이 설문에 응했을 테고, 구직활동을 하느라 시간도 없고 기분도 나쁜 졸업생들은 설문지를 받자마자 휴지통에 구겨 넣었을 것이다.

'좋은 것만 냄비에 담는' 사례는 동창회에서도 관찰된다. 졸업한 지

---

* 《신데렐라》에 나오는 문구에 빗댄 비유이다. 어느 날 신데렐라는 새어머니로부터 잿더미에서 콩을 다 골라야만 파티에 갈 수 있다는 말을 듣는다. 그런데 고민에 빠진 신데렐라 앞에 비둘기들이 나타났고, 신데렐라는 "좋은 것은 냄비에 골라 담고 나쁜 것은 모이주머니에 담으렴"이라는 말로 비둘기들을 격려했다. 결국 신데렐라는 비둘기들 덕분에 불가능해 보이는 일을 현실로 만드는 데에 성공했다.

10년 혹은 20년 뒤에 열리는 동창회나 반창회에 참석하는 이 중 취업에 실패한 사람, 이혼한 사람, 불치병을 앓고 있는 사람 등은 드물기 때문에 모두 잘살고 있다는 착각에 빠지기 쉽다. 하지만 제대로 된 통계를 원한다면 그 자리에 참석하지 않은 사람의 상황도 파악해야 한다. 혹은 설문조사 시 자신에게 유리한 부분만 언급하는 사람이 있다는 점도 충분히 고려해야 한다.

설문조사의 결과가 얼마나 어처구니없는 방향으로 흘러갈 수 있는지를 보여준 일화가 있다. 2009년 총선 전날 슈테판 랍**이 진행한 토크쇼에서 실제로 일어난 일이다.[5]

여러 정당의 대변인들이 한자리에 모여 토론을 벌였고, 방청객은 각 정당 지지자들로 구성되어 있었다. 시청자는 전화나 문자로 각자 어느 정당을 지지하는지를 표명했다. 그 상황에서 토크쇼 진행자인 랍은 언제나처럼 능숙한 말투로 "오늘 방송이 잘만 진행되면 내일 나올 결과(실제 총선 결과)는 볼 필요도 없습니다"라며 큰소리를 쳤다. 방청석에 앉아 있던 어느 여론연구기관 대표도 해당 방송 시청자들의 의견이 다음날 발표될 총선 결과를 전적으로 대변할 거라며 진행자에게 힘을 실어주었다. 이후 진행자와 제작자, 방청객, 시청자 모두 하나가 되어 손에 땀을 쥐고 설문조사 결과를 기다렸다.

드디어 설문조사 결과가 나왔다. 랍은 전문적인 진행자답게 시청자들의 애를 태웠다. 작은 행정구역부터 먼저 소개하면서 보는 이들의 애간장을 녹였다. 사실 브레멘 시나 자를란트 주, 메클렌부르크포

** 가수 겸 작곡자, 개그맨 겸 토크쇼 진행자

어포메른 주에서 좌파당Die Linke이 우세한 것은 어느 정도 예상한 바였다. 그런데 설문조사 마감 직전까지도 좌파당이 1위를 달리자 진행자의 이마에 땀방울이 맺히기 시작했다. 시청자의 의견에 전폭적인 믿음을 선사했던 방청객도 행여나 자신의 발언이 빗나갈까 노심초사하더니 결국에는 자신의 명성에 해가 될까 두려워 진술을 번복하기에 급급했다.

그날 랍이 발표한 결과에 따르면 기민/기사당 27%, 좌파당 21%, 자민당 20%, 사민당 18% 그리고 녹색당 15%였다.[6]

다음날 발표된 실제 결과는 기민/기사당 34%, 사민당 23%, 자민당 15%, 좌파당 12%, 녹색당 11%였다(소수점 이하는 반올림한 결과임).

무엇 때문에 이토록 빗나간 결과가 나왔을까? 그 이유는 의외로 간단하다. 토크쇼의 진행자 슈테판 랍은 대도시 출신의 젊은 사람이고, 팬들도 대부분 대도시의 젊은 층이다. 즉 랍의 팬이 절대 유권자 모두를 대변할 수 없다는 것이다. 게다가 토크쇼에 전화해서 자신의 의견을 피력하는 데는 돈이 들었다. 분명히 큰돈은 아니지만, 굳이 자비를 들여 전화하거나 문자를 전송하는 것에 대해 반감을 품은 유권자들이 절대 적지는 않았을 것이다. 그럼에도 돈과 시간과 정성을 투자하는 이들은 자신이 지지하는 정당이 반드시 1등 하기를 바라는 이들이다. 혹은 적어도 어느 정도의 지지율은 확보해주기를 바라는 이들이다. 즉 해당 토크쇼의 설문조사 과정이 '유로비전 송 콘테스트Eurovision Song Contest'에서 대상 후보 결정을 위해 전화나 문자로 시청자투표를 받는 과정과 거의 비슷했던 것이다.

현재 논란이 되고 있는 사안에 대해 인터넷상에서 이뤄지는 설문조사들

을 믿을 수 없는 이유도 그 때문이다. 인터넷을 이용하는 이들이 대부분 젊은 사람, 교육 수준이 높은 사람이라는 것에서부터 문제가 시작된다. 특정 사안에 대한 질문들이 그 사안에 관심이 많은 이들이 자주 방문하는 사이트에 실린다는 점도 간과할 수 없다. 해당 문제에 대해 관심이 없는 이들은 굳이 그 사이트를 방문하여 설문조사 배너를 클릭하고, 거기에 답변까지 해야 할 이유를 전혀 느끼지 못한다. 혹은 해당 이슈에 대해 확고한 견해를 지니고 있음에도 해당 설문이 게재된 사이트에 들어가지 않는 이들도 적지 않다.

2010년 3월, 포털사이트 '야후'는 사이트 출범 15주년을 기념하는 의미에서 한 가지 설문조사를 했다. 그 결과, TV를 매일 켠다고 대답한 사람들은 68%인 반면, 인터넷은 단 하루도 포기할 수 없다는 답변은 90%를 차지했다고 한다. 당시 설문 대상은 10년 이상 인터넷을 이용한 이들이었다. 따라서 말이 되지 않는 비교였다. 인터넷 서핑 시간은 평균보다 길면서 TV 시청 시간은 평균보다 낮은 사람, 혹은 TV 프로그램조차 인터넷으로 시청하는 사람들을 대상으로 한 설문[7]에서 도대체 다른 어떤 결과를 바랄 수 있다는 말인가!

통계라는 작업의 특성상, 특히 설문조사의 경우 표본 추출에 따른 오류가 불가피하다고 보는 이들도 적지 않다. 표본 추출 오류를 일종의 필요악으로 보고, 오류를 줄이기 위해 더 큰 노력을 기울이라고 요구한 것이다. 하지만 반대로 그 필요악을 최대한 자신에게 유리한 방향으로 이용하려 드는 이들도 있다.

베크보른홀트와 두벤도 고지혈증 치료제와 사망률 사이의 상관관계에 관한 연구를 사례로 들며 그러한 행태를 고발했다.[8]

이 연구에서는 환자들을 5년 이상 관찰했더니 값비싼 치료약을 정기적으로 복용한 환자의 사망률이 20%에서 15%로 낮아졌다는 결론을 내놓았다. 그뿐만 아니라 위약placebo을 복용해도 비슷한 효과가 나타났다. 단, 해당 약품을 비정기적으로 복용할 경우 오히려 사망률이 높아졌다. 원인은 아마도 약을 규칙적으로 복용한 환자들의 상태가 비정기적으로 복용한 환자들보다 원래부터 더 좋았기 때문이었을 것이다. 이미 죽음을 선고받은 환자들은 아무리 좋은 약을 권해도 의사의 지시를 잘 따르지 않는다. 약을 먹는다 한들 목숨을 크게 연장할 수 없는 상황이라면 때맞춰 약을 먹는 것보다는 더 중요한 일들이 있게 마련이고, 결국에는 약을 꼬박꼬박 챙겨 먹는 사람보다 빨리 세상을 떠난다. 그 사람들이 일찍 죽는 것은 약품이 지닌 고유의 효능과는 큰 상관이 없다.

위와 같은 상황이라면 결국 건강 상태가 조금 더 좋은 사람들이 그 약품을 통해 생명을 더 연장한다는 의미밖에 없다. 해당 약품의 효능을 인정한 의학자 입장에서는 인정하기 싫겠지만, 엄연한 사실이다.

애완견을 매일 산책시키는 사람이 더 오래 산다는 '민간장수요법'에도 표본 추출에 관한 오류가 내포되어 있다. 죽을병에 걸린 사람은 제아무리 사랑하는 개라 하더라도 매일 산책을 시킬 여력이 없다. 그리고 그보다 더 죽음이 임박한 사람은 눈물을 머금고 자신의 분신과 같은 반려동물을 진정 믿을 수 있는 이에게 입양보낸다.

규칙적인 산책이 건강에 도움이 된다는 것에 대해 반박하고 싶은 마음은 눈곱만큼도 없다. 표본을 어떻게 선택하느냐에 따라 누구나 다 알고 있는 사실이 설득력을 잃을 수도 있다는 점을 환기시켜주고 싶었을 뿐이다.

7 선거 결과 예측을 둘러싼 진실

선거철만 되면 뉴스 앵커들이 전하는 소식이 있다. 어느 유명한 여론조사기관에 의뢰한 결과, 특정 정당의 지지율이 얼마에 달할 거라는 뉴스가 바로 그것이다. 시청자들은 별 의심 없이 그 말을 곧이곧대로 믿는다. 멋진 양복을 입고 거기에 어울리는 넥타이까지 맨 아나운서가 거짓말을 할 리가 없다고 생각한다.

필자들도 오랫동안 순진한 시청자에 속했다. 어느 당을 지지하느냐는 간단한 답변에 거짓말을 하는 사람은 거의 없을 테고, 매우 많은 사람의 의견이 반영되었으며, 특히나 투표 당일 6시쯤 발표되는 출구조사 결과는 실제 선거 결과와 거의 일치해왔기 때문이다. 게다가 해당 통계를 작성한 이들은 분명히 다년간의 경험을 보유한 노련한 전문가들일 테니 더욱 의심할 이유가 없다고 생각했다.

그러다가 1980년대 초, 1,000명을 대상으로 실시한 설문조사가 과연 4,400만 유권자들을 대표할 수 있을까 하는 의심이 들었다. 표본오차가 ±0.5%라는 말은 더욱 믿기 어려웠다. 대체 어떻게 1,000명의 답변을 기준으로 나머지 모든 유권자가 어느 정당을 찍었는지 유추할 수 있다는 말인가! 사실 그 조사의 결과가 실제 선거 결과와 0.5%의 오차로 들어맞을 확률은 로또에 당첨되는 것만큼이나 어렵다. 그럼에도 여론조사기관들은 이러한 문제점이 아예 존재하지도 않는 것처럼 행동한다.

1982년 말경 퀼른 대학에서 IBM 컴퓨터 몇 대를 구입했다. 286 프로세서가 탑재된 컴퓨터였는데, 당시로서는 첨단기기였다. 내게도 그 컴퓨터를 사용할 수 있는 영광이 주어졌다. 통계 분야에서 PC의 활용도가 얼마나 높은지를 주제로 강의하게 된 것이다. 사실 통계 관련 수업에서는 실습보다는 이론이 더 강조되는 편이고, 그러다 보니 학생들이 지루해하기 마련인데, 해당 강의는 그렇지 않았다. 실습을 통해 이론을 습득하는, 매우 이상적인 방식으로 진행되었다.

첫 번째 실험을 통해 우리는 선거 결과에 관한 예측이 정확성을 띠려면 표본집단의 크기가 얼마가 되어야 하는지를 밝혀냈다.[1] 컴퓨터를 이용해 몇 차례 실험하다 보니 표본집단의 크기가 얼마일 때는 예측 결과를 신뢰할 수 없고, 얼마일 때는 신뢰할 수 있는지 등을 알게 되었다. 학생들도 그 과정을 매우 재미있어 했다. 실습에 몰두하느라 이론을 습득할 생각조차 하지 않을 정도였다!

선거 결과를 예측하는 과정

예컨대 어느 설문조사에서 '대통합갑부당'의 지지율이 40%라는 결과
나 나왔다고 가정하자. 무작위로 추출한 1,000명을 대상으로 한 설문에
서 어떻게 하면 그런 결과가 나올까? 그 과정을 확인하기 위해 나는 컴
퓨터를 이용해 가상의 유권자들에게 1~100까지의 숫자 중 아무 숫자
나 무작위로 부여해보았다.[2] 부여된 숫자가 1~40 사이면 대통합갑부당
지지자이고, 41~100이면 기타 정당의 지지자라고 본 것이다. 여기에서
1~40 사이의 숫자를 부여받은 사람이 40명 나온다면 위 조건은 충족된
다. 물론 이것은 어디까지나 설문조사 대상이 100명이었을 경우에 대
한 결론이다. 조사 대상이 1,000명일 경우에 대해서도 실험을 해보았다.
2009년 실시된 실제 총선 결과를 바탕으로 가상의 실험을 진행한 것인
데, 이때 다음 네 가지 조건이 충족된다는 점을 전제했다.

1. 유권자 모두 선거가 임박한 시점에 투표할지 말지를 마음속으로 이
   미 결정해둔 상태였다.
2. 유권자 모두 누구를 찍을지 확실히 결정한 상태였다.
3. 설문 대상자들은 모두 자신의 의견을 솔직하게 밝혔다.
4. 설문 대상자들이 '무작위로' 선택되었다.

위 조건들은 모든 여론조사기관이 이상적으로 생각하는 조건들이
다. 그야말로 '이보다 더 좋을 수 없는' 조건들이다. 위 조건들이 충족
된 상태에서 설문조사가 진행되었다면 그 결과가 실제 결과와 들어맞

을 확률은 높아진다.

자, 이제 컴퓨터를 돌려보자. 이때 총 1,433명에게 질문을 던졌고, 그중 '유효표'는 1,000개였다고 가정한다. 나머지 433명은 투표를 하지 않았거나 무효표를 던진 사람이다.

첫 번째 실험은 표본들이 얼마나 무작위로 추출되었는지, 다시 말해 표본이 모집단을 얼마나 대표할 수 있는지를 확인하기 위한 것이다. 이를 위해 서로 독립적인 가상의 연구소 10개가 이상적인 표본들을 대상으로 설문조사를 실시한다고 가정한 뒤 '엑셀' 프로그램으로 각 설문조사 대상자에게 무작위로 숫자를 부여했다.[3] 그 결과는 다음과 같았다.

2009년 총선 결과 및 1,000명을 대상으로 한 가상의 설문조사 결과 - 1차 실험					
실제 선거 결과	기민/기사당	사민당	자민당	좌파당	녹색당
	33.8	23.0	14.6	11.9	10.7
연구소 1	33.9	23.2	16.6	10.8	9.9
연구소 2	34.0	23.2	15.5	12.3	11.0
연구소 3	36.0	21.8	14.1	10.7	12.0
연구소 4	32.9	21.0	14.9	12.2	12.4
연구소 5	33.0	23.2	15.2	13.7	12.3
연구소 6	33.7	22.2	13.3	11.4	10.9
연구소 7	37.6	23.0	16.2	10.5	10.3
연구소 8	32.1	22.7	15.7	11.6	9.4
연구소 9	32.5	21.0	14.0	12.1	8.7
연구소 10	33.4	21.4	13.6	11.3	11.4

출처: 자체 제작, 2010

얼핏 보면 모두 실제 결과와 별반 차이가 없는 것처럼 보인다. 하지만 조목조목 따져보면 얘기가 달라진다. 예를 들어 7번 연구소는 분명히 기민/기사당에 친화적인 성향을 보이고 있다. 반면 1번 연구소는 자민당에는 점수를 후하게 주면서 좌파당이나 녹색당에는 낮은 점수를 주었다. 사민당 입장에서도 불만이 많을 것이다. 실제 결과보다 약간, 아주 약간 높은 결과가 나온 적도 있지만, 실제보다 2%나 저평가된 경우가 두 번이나 있기 때문이다. 총 지지율이 23%인 상황에서 2%라는 편차는 절대 작지 않다. 한편, 좌파당은 아마도 3번 연구소에 대해 가장 불만이 클 것이다. 자신들에게 뒤진 녹색당을 오히려 더 높게 평가하고 있기 때문이다. 게다가 해당 연구소는 우익 성향의 기민/기사당에는 36%라는 가장 높은 점수를 주었으니 좌파당 입장에서는 분통이 터질 노릇이다.

전체적으로 실제 결과에 가장 가까운 예측을 제시한 것은 2번 연구소였다.[4] 하지만 2번 연구소 역시 자민당에 관해서는 상당 부분 빗나갔다.

위 도표를 보면서 특정 연구소에 대해 분통을 터뜨리지 말기 바란다. 앞서도 말했지만 어디까지나 가상의 기관들이기 때문이다. 게다가 위 수치들은 컴퓨터의 무작위 선택에 따라 도출된 결과일 뿐이다. 오른쪽 도표도 부디 이런 사실들에 유념하면서 봐주기 바란다.

1차 실험에서 최고의 결과를 낸 2번 연구소가 갑자기 무슨 변덕인지 사민당의 편을 들면서 기민/기사당에는 등을 돌려버렸다. 10번 연구소가 갑자기 좌파당을 싸고도는 것도 눈에 띈다. 사민당에 대한 평가도 확연히 개선되었다. 나머지 세 정당에 대해서는 공정한 평가를 한 듯하다.

실제 선거 결과	기민/기사당	사민당	자민당	좌파당	녹색당
2009년 총선 결과 및 1,000명을 대상으로 한 가상의 설문조사 결과 - 2차 실험					
	33.8	23.0	14.6	11.9	10.7
연구소 1	36.7	23.8	12.9	11.5	10.7
연구소 2	30.8	27.3	14.7	11.7	10.5
연구소 3	33.8	22.4	12.4	12.5	10.2
연구소 4	35.8	24.5	14.4	13.2	10.8
연구소 5	33.0	24.1	15.0	11.8	11.0
연구소 6	34.5	23.3	15.7	10.9	10.2
연구소 7	33.0	20.1	13.6	12.0	12.1
연구소 8	36.4	22.3	15.0	10.5	11.4
연구소 9	31.7	23.2	14.2	12.2	11.5
연구소 10	34,0	24.7	14.6	14.9	10,1

출처: 자체 제작, 2010

자, '컴퓨터게임'은 이쯤에서 멈추고, 이제 다섯 가지 중요한 의문에 눈길을 돌려보자.

1. 이상적인 조건에서 실험을 진행했음에도 왜 (가상의) 연구소들의 예측이 자꾸만 빗나갈까?

2. 선거와 관련된 실제 설문조사나 출구조사에서는 어떤 식으로 표본이 추출될까? 실제로 추출된 표본과 우리가 이상적으로 선택한 표본 사이에 어떤 차이가 있고, 그 차이가 실제 설문 결과에 어떤 영향

을 미칠까?

3. 여론조사기관들은 그러한 불확실성[5]에 대해 어떻게 대처하고 있을까? 혹시 불확실성에 대해서 입을 다물고 있는 것은 아닐까?

4. 여론조사기관들은 얼마나 중립적일까? 중립을 유지해야 할 기관임에도 혹시 특정 집단의 이익을 대변하고 있는 것은 아닐까?

5. 선거 당일에 이루어지는 출구조사와 실제 결과가 대부분 일치하는 까닭은 무엇일까?

1번 질문에 대한 답변은 간단한 논리에서 찾을 수 있다. 1,000명만으로는 4,400만 유권자를 대변할 수 없다는 것이다. 이와 관련해 어떤 기자가 의미심장한 말을 남겼다. 축구를 보러 온 사람 1명의 의견이 그날 관중석을 가득 메운 44,000명의 의견을 대표할 수는 없다는 내용이었다. 그런 의미에서 선거 결과와 관련된 예측은 로또에 비교할 수 있다. 즉 로또의 당첨률이 10%라는 말을 믿고 10장을 구입하더라도 그중 1장도 당첨되지 않을 수 있다는 것이다. 로또란 게 원래 그렇다. 10장을 구입했는데 그중 2~3장이 당첨될 수도 있고, 12장을 사도 모두 꽝일 수 있다. 즉 설문조사 대상자 1,000명 중 예컨대 대통합갑부당에 표를 던진 사람이 실제 지지율 40%보다 훨씬 더 높을 수도 있고 훨씬 더 낮을 수도 있다는 것이다.

이와 관련된 통계학적 불문율도 존재한다. 1,000명에게 물어본 결과, 어떤 정당의 지지율이 40%였다면 결과 발표 시에는 3%p를 가감해야 한다[6]는 법칙이 바로 그것이다. 즉 위 사례의 경우, 대통합갑부당의 지지율은 37~43%라고 발표해야 한다.

±3%p라는 원칙이 터무니없는 것이 아니라는 사실은 위 실험들에서도 입증되었다. 두 차례에 걸친 가상 실험에서 기민/기사당은 30.8~37.6%의 지지율을 기록했는데, 실제 선거에서 획득한 지지율은 33.8%였다.

컴퓨터를 이용해 가상 실험들을 계속 진행한 결과, 오차범위를 ±1%p까지 줄이려면 최소한 10,000명에게 의견을 물어보아야 한다는 결론이 나왔다. 군소정당의 경우 1,000명을 대상으로 한 설문에서도 오차범위가 그다지 크지 않았지만, 총 지지율을 감안하면 절대 작은 오차는 아니었다. 예컨대 좌파당의 경우, 위 실험들에서 10.5~13.7%의 지지율을 기록했는데(최고로 높았던 14.9%는 제외)[7], 실제 지지율이 11.9%였다는 점을 감안하면 절대 무시할 수 없는 수준의 오차범위이다.

선거 결과 예측이 로또 당첨확률과 비슷하다는 것도 문제지만, 그보다 더 큰 문제가 있다. 투표 불참자가 적지 않다는 것이다. 앞서 1,000명을 대상으로 한 설문조사 결과를 실험할 때 맨 처음 내건 조건이 '유권자 모두 선거가 임박한 시점에 투표할지 말지를 마음속으로 이미 결정해둔 상태였다'라는 것이었는데, 너무나도 비현실적인 조건이었다. 설문 대상자 중에는 선거를 일주일 앞둔 상황에서도 투표하러 갈지 그날 친구들과 놀러 갈지 결정하지 못한 이들이 많다. 하지만 막상 전화를 받았을 때 그 부분에 대해 솔직하게 털어놓는 사람은 거의 없다. 낯선 사람이 갑자기 전화해서 "투표하실 거죠?"라고 했는데 "아뇨, 저는 그날 어쩌면 놀러 갈지도 몰라요"라고 대답하는 사람이 얼마나 되겠는가. 그러면 전화를 건 사람은 당연히 다음 질문, 즉 어느 정당을 찍을 건지를 물어보게 되고, 전화를 받은 사람은 미리 점찍어둔 정당이 있든 없든 그 질문에 대답한다. 게다가 그런 이들이 특정 정당 지지자들에게 집중되어 있을 가능성도 무시할 수 없다. 나아가 특정 정당 지지자들이 유독 전화 연결이 되지 않았고, 그로 인해 해당 정당의 지지율이 더 낮게 나왔을 가능성도 완전히 배제할 수는 없다. 이른바 '계통적 오류systematic error, systematic bias'라는 것이 발생할 수 있다는 것이다.

여론조사자들은 대개 계통적 오류들을 정치학 분야에서 쌓은 경험을 바탕으로 수정하려 든다. 즉 설문조사에서 나온 원래 수치들에 대해 상황별로 각기 다른 비중을 적용하고, 그렇게 교정된 수치들을 발표한다. 그런 방법으로 실제 선거 결과에 보다 가까워질 수도 있지만, 반대로 아예 빗나간 결과가 나올 수도 있다. 특히 과거의 사례나 경험이 부족한 경우 혹은 선거를 둘러싼 정국에 급작스러운 변화가 일어났을 경우에는 더욱 터무니없는 예측이 나오곤 한다.

경험 부족과 관련된 대표적 사례는 1990년 3월에 이루어진 구동독 최후의 총선이다. 처음이자 마지막으로 경쟁 정당이 있었던 선거였는데, 거의 모든 연구기관이 사민당의 우세를 점쳤지만, 놀랍게도 기민당이 주도한 '독일을 위한 동맹Allianz für Deutschland'이 압도적인 승리를 기록했다. 사민당의 득표율은 22%에 불과했다.[8]

통일 이후 1990년 12월에 있었던 최초의 총선에서도 여론조사기관들은 실패를 거듭했다. 알렌스바흐연구소를 비롯한 수많은 연구기관이 녹색당의 의회 진출을 장담했지만 녹색당은 문턱을 눈앞에 두고 고꾸라지고 말았다. 의회 진출을 위한 최소 조건인 5% 지지율을 달성하지 못한 것이다(당시 녹색당의 지지율은 4.8%였다).[9]

2005년에 실시된 총선의 여론조사기관들은 다시 한 번 악몽을 경험했다. 선거 당일까지 대부분 여론조사기관이 흑황연정(기민/기사당과 자민당의 연합정부)이 성사될 것이라 기대했다. 하지만 사민당이 분발하는 바람에 흑황연정은 무산되었고, 대신 흑적연정(기민/기사당과 사민당의 연합정부)이 탄생했다.[10]

각 연방주별 총선의 예측 결과는 더욱 가관이었다. 1985년 자를란트Saarland 주에서 실시된 총선에 대해 알렌스바흐연구소가 내놓은 예측 결과는 역사상 가장 빗나간 선거 예측으로 기록될 정도이다. 당시 알렌스바흐연구소는 상승기류를 탄 기민당이 47%의 지지율을 획득하고, 사민당은 약세를 보이며, 녹색당은 5% 이상의 지지율로 의회 진출에 성공하고, 자민당은 그보다 훨씬 더 낮은 2% 미만의 지지율을 기록할 것으로 예측했다. 그런데 막상 뚜껑을 열어보니 네 분야 모두에서 '수 틀린'(수치가 틀렸다는 의미에서 일부러 띄어쓰기를 하고 작은따옴표를 붙였다.) 결과가 나왔다. 사민당이 압도적인 우위를 차지했고, 기민당의 지지율은 10%나 하락했으며, 자민당은 10%를 기록한 반면, 녹색당은 2.5%를 기록하며 의회 진출에 실패했다.[11]

거기에 비하면 인프라테스트 디마프Infratestdimap가 2009년 총선을 열흘 앞두고 내놓은 예측이 빗나간 사례는 '애교'에 불과하다. 당시 인프라테스트 디마프는 사민당이 26%의 득표율을 기록할 것이라고 말했는데 실제 득표율은 그보다 3%가량 낮았다. 전체 유권자로 확대할 경우 결국 13%가 빗나간 것[12]이지만 그보다 더 큰 실수들도 많으니 그 정도 실수는 너그럽게 눈감아줘도 될 듯하다.

그렇다고 여론조사기관의 '실수'들을 모두 너그러이 용서하자는 말은 아니다. 정직한 여론조사기관이라면 "'대통합갑부당'의 현 지지율은

32~40% 정도이고, '아예 불판을 갈아엎자 정당'의 지지율은 9~15%이다. 물론 5% 정도의 오차는 언제든지 발생할 수 있다. 나아가 위 결과는 표본 추출 과정에서 계통적 오류가 발생했을 가능성이 단 1%p밖에 되지 않는다는 가정하에 작성된 결과임을 미리 밝혀둔다."라고 말해야 한다.

하지만 그 정도 '양심선언'을 할 수 있는 기관은 그리 많지 않다. 솔직한 것도 좋지만, 뜨뜻미지근한 결과를 위해 돈을 지불하는 의뢰인은 거의 없기 때문이다. 결국 여론조사기관에서는 의뢰인들의 기대에 부합되는 결과를 제시할 수밖에 없다. 설문조사 결과들을 시대적 트렌드에 맞게 수정할 수밖에 없다. 해당 학자들은 그 수치들이 '현실에 맞게 비중을 조정한' 수치라고 하는데, 정확히 어떤 식으로 조정되었는지를 물어보면 으레 '영업비밀'이라는 대답이 돌아온다. 코카콜라의 배합률만큼이나 철저한 보안을 유지해야 하는 중요한 사안이라는 것이다. 심지어 표본조사의 최초 결과조차 공개하기 꺼리는 연구소들도 적지 않다.[13] 대체 기관 안에서 어떤 일들이 벌어지기에 그토록 철통 같은 보안이 필요한 것일까!

여론조사기관들은 심지어 실제 선거 결과를 이용해 설문조사 결과를 조작하기도 한다. 선거 일주일 뒤에 다시금 여론조사 결과를 발표해야 할 경우, 일주일 사이에 유권자들의 마음이 크게 바뀌지는 않았을 것이라 가정하면서 설문조사 결과를 왜곡한다. 예를 들어 총선이 치러진 시점으로부터 일주일 뒤에 설문조사를 했더니 어떤 정당의 지지율이 4%p가 줄어들었다고 가정하자. 하지만 지난 일주일 내내 해당 정당에 대해 긍정적인 기사들이 매스컴을 장식했다면 여론조사기관은 과감하게도 -4%를 +1%로 조정해서 발표한다! 물론 다른 여론조사들의 동향도 살핀다. 예컨대 자기보다 네 배나 많은 사람을 대상으로 설문조사를 한 기관이 있다면, 오류를 범할 확률이 절반이나 줄어드니 신경을 쓰지 않을 수 없다. 그렇지만 우리 눈앞에 제시되는 수많은 수치 중 무엇이 옳고 무엇이 그른지 비교할 수 있는 이들은 많지 않다. 전문가들조차 그중 어떤 수치를 믿어야 하고 어떤 수치에 대해 코웃음을 쳐야 하는지 구분하지 못할 때가 많다. 게다가 일반 대중은 다양한 수치들을 비교할 기회조차 거의 없다.

1994년, 부퍼탈Wuppertal 출신의 통계학자 프리츠 울머는 기나긴 수치 모음집 하나를 발표했다. 인프라테스트 디마프가 총선 결과에 대해 1986년 3월부터 1994년 8월까지 발표한 예측 결과들을 모은 자료였다.[14] 해당 자료 발간을 위해 울머는 인프라테스트 디마프 측으로부터 설문조사의 원래 결과와 수정된 결과를 모두 넘겨받은 상태였는데, 두 자료를 비교하는 과정에서 특이한 점이 발견되었다.

총 91쌍의 수치 중 기민/기사당의 수치가 7차례에 걸쳐 하향 조정되었고, 74번은 상향 조정되었다(8%p까지 상향 조정됨). 그런데 그게 전부가 아니었다. 자민당은 딱 한 번만 하향 조정되고 70번은 상향 조정되었다. 최대 4%p까지 상향 조정되었는데, 그 덕분에 의회 진출 하한선인 '5% 고지'를 넘어선 적도 많았다. 실제 설문에서 자민당이 비교적 긴 기간 동안 고지를 극복하지 못했던 것과는 큰 차이가 있었다. 사민당과 녹색당의 상황은 그와는 정반대였다. 특히 사민당의 경우, 원래 설문조사 결과가 9%p까지 축소되기도 했다.

물론 그런 왜곡 뒤에도 적당한 이유가 있을 수 있다. 예컨대 집권당인 기민/기사당 지지자들이 현 정부의 정책에 잠시 화가 나서 설문조사 시에는 기민/기사당에 등을 돌리겠다고 말해놓고선 기표소 안에서는 늘 그랬듯 '본능적으로' 기민/기사당을 찍었을 수 있다. 사민당 지지자들도 설문조사 시에는 투표일에 다른 약속이 있다고 말해놓고서는 투표에 임했을 수 있다. 그런가 하면 자민당 지지자들이 전화기와 담을 쌓고 사는 사람들이라 전화를 이용한 설문조사에서 자민당 지지율이 낮게 나왔을 수도 있다.[15] 혹은 선거결과를 예측해달라고 의뢰한 사람들의 이해관계 때문에 결과가 조작되었을 수도 있다.

원래 총선과 총선 사이, 대선과 대선 사이 등 실제 선거가 이루어지는 사이의 기간에는 선거 관련 예측 결과가 여론을 대변하게 마련이다. 예측 결과에서 보다 높은 지지율을 획득한 정당이 보다 당당한 입장이 된다. 이에 따라 여론조사에서 더 높은 지지율을 획득한 정당에 소속된 정치인들은 괜히 어깨를 펴게 되고 반대 입장에 있는 이들은 움츠러들게 된다.

그런데 대체 어떤 사람들, 어떤 기관들이 선거와 관련된 설문조사를 의뢰할까?

유명 연구소들을 중심으로 의뢰인들의 목록을 살펴보면, 우선 알렌스바흐연구소에 문의하는 기관 중 최고로 유명한 기관은 〈프랑크푸르터 알게마이네〉이다. 보수 성향의 언론기관이 최대 고객인 것이다. '선거연구그룹'Forschungsgruppe Wahlen의 주요 고객도 친(親) 기민당 성향의 공영방송사인 ZDF이다. 인프라테스트 디마프의 최대 고객 역시 공영방송사인 ARD이다. 시사주간지 〈슈테른〉과 RTL 방송사, 나아가 또다른 방송사인 N24가 애용하는 여론조사기관은 '엠니드'EMNID라고 한다. 지금까지 언급된 언론사들이 가장 자주 인용한 정치가도 보수 성향인 자민당 출신의 정치가 귀도 베스터벨레였다. 즉 이름만 대면 알 만한 연구소들의 의뢰인이 대부분 보수 성향 언론사들이다 보니 기민/기사당 과 자민당이 설문조사 결과에서 우위를 차지하는 것도 무리는 아니었다.

하지만 이런 배경들에 대해 언급할 때마다 해당 기관들은 **설문조사 결과가 실제 선거 결과에 미치는 영향은 미미하다고 한다. 하지만 절대로 그렇지 않다. 직접적으로 영향을 미치는 것에 대해서는 두 번 말하면 입만 아플 정도이고, 간접적으로도 영향력을 행사한다.** 지지율이 낮게 나올 경우, 어차피 표를 던져봤자 나아질 게 없다는 생각 때문에 차라리 다른 정당을 찍는 사람이 늘어나기 때문이다. 특히 군소정당을 지지하는 이 중에는 자신의 성향을 떠나 승리할 수 있을 것 같은 정당에 표를 던지는 사람이 적지 않다.

실제로 오스트리아에서 실시된 어느 설문조사에서 설문조사 결과를 보고 투표한 적이 있다고 대답한 사람이 25%에 달했다. 또 다른 설문조사에서는 언론에 발표된 설문조사 결과를 참고한 적이 있다는 응답자가 무려 68%에 달했다. 그중 별생각 없이 '예'라고 대답한 사람들을 제외하더라도 선거 관련 설문조사 결과를 참고한 사람이 50%는 될 것이다. 반면 남들이 뭐라 하건 자신의 의견대로 투표한다는 의견은 15%에 불과했다.[16]

이제 이 책을 읽고 있는 독자들은 선거 결과와 관련된 각종 예측은 물론이요 믿을 만한 앵커가 발표하는 출구조사에 대해서도 의심을 품을 것이다. 하지만 그런 예측들이 완전히 빗나간 적은 그다지 많지 않았다. 2010년 3월, 인프라테스트 디마프도 2009년에 실시된 각종 선거에서 자신들이 올린 쾌거를 축하하는 기사를 내보냈다.

인프라테스트 디마프가 다시금 탁월한 적중률을 기록했다. (중략) 2009년 선거 당시, 공영방송사인 ARD의 의뢰로 인프라테스트 디마프는 세 가지 선거 결과를 발표한 바 있다. 총선, 브란덴부르크 주 연방의회 선거 그리고 슐레스비히 홀스타인 주의 연방의회 선거가 바로 그것이었다. 그와 관련해 인프라테스트 디마프에서 제시한 결과는 선거 당일 오후 6시에 발표된 출구조사와 거의 일치했다![17]

공식적인 발표에서 완전히 거짓말을 하지는 않았을 테고, 그러니 어느 정도는 믿어줘야 할 듯하다. 그런데 누구도 감히 입에 담지 않는 진실이 한 가지 있다. 그렇다. **여론조사기관들도 결국 서비스를 판매하는 기업에 불과하다!** 이익을 남겨야 하고, 그런 만큼 자신들의 실력을 효과적으로 홍보해야 한다. 홍보 효과로 가정하면 선거만큼 큰 기회가 없다. 수백만 국민에게 자신들의 능력을 자랑할 수 있는 기회이다. 바로 그 절호의 기회를 위해 해당 기관들은 그 어떤 노력도 아끼지 않는다. 평소에 1,000명이나 2,000명을 대상으로 설문조사를 했더라도 그날은 100,000명에게 마이크를 들이미는 것이 당연하다고 생각한다. 그것도 투표장에서 지금 막 빠져나온 사람들에게 말이다.

출구조사의 장점은 전화를 통한 설문조사에서 일어날 수 있는 몇 가지 오류들을 배제할 수 있다는 것이다. 이를테면 다음과 같은 상황들을 피할 수 있다.

- 투표권을 행사하지 않은 이에게 질문을 던지는 상황
- 유권자가 전화 설문조사에서 지지한다고 대답했던 것과는 다른 정당

에 투표한 상황(참고로 요즘 들어 자주 일어나는 현상 중 하나이다.)
* 유권자와 전화 연결이 아예 안 되는 상황

출구조사의 경우, 선거 이전에 이루어지는 설문조사에 비해 응답자가 거짓말을 할 확률도 낮아진다. "누구를 찍을 건가요?"라는 질문보다는 "누구를 찍었나요?"라는 질문이 더 대답하기 쉽기 때문이다. 게다가 1,000명이 아니라 100,000명을 대상으로 조사하기 때문에 정확도도 높아진다. 표본집단의 규모가 100배 더 커졌으니 정확도 역시 10배는 더 증가한다.

그렇다고 출구조사 결과를 맹신하자는 뜻은 아니다. 결론은 오히려 출구조사 결과가 각종 여론조사기관의 홍보도구에 지나지 않는다는 것이다. 해당 기관들은 출구조사 결과를 통해 의뢰기관으로부터 두둑한 보수를 챙기고, 그와 동시에 기타 분야의 설문조사 결과를 믿어도 좋다는 착각까지 부추기니 충분한 의심이 필요하다.

정치, 경제, 사회 등 분야를 불문하고 모든 설문조사의 중심은 설문 대상자가 아니라 설문 의뢰자이다. 우리에게 제시되는 질문이 아무리 단순하다 하더라도 그 뒤에는 훨씬 복잡한 관계가 얽혀 있고, 그렇기 때문에 설문조사 결과는 더욱 부정확해질 수밖에 없다.

질문이 간단할수록 혹은 내가 선택할 수 있는 선다형 답변들이 간단할수록 해당 조사의 결과를 의심해봐야 한다. 그런 의미에서 가장 명심해야 할 부분은 바로 모든 설문이 질문을 받는 우리가 아니라 질문을 제시하는 사람 위주로 돌아간다는 것이다![18]

8 장기적 예측의 한계

유명한 학자 중에도 앞날을 예언했다가 망신만 당한 이들이 수두룩하다. 생전에 사기꾼으로 지목된 이들도 있고, 확실한 근거 없이 대중을 선동했다는 이유로 사후에 비난 받은 이들도 있다. 그들이 비난의 대상이 된 가장 큰 이유는 너무 먼 미래에 일어날 일에 대해 호언장담했기 때문이다. 지금부터는 각종 사례를 바탕으로 장기적 예측의 위험성에 대해 알아보자.

예측의 적중률과 예측 기간의 상관관계

일상 속에서 우리가 가장 많이 접하는 예언은 일기예보이다. '예언계의 고전'이라 불러도 좋을 만큼 긴 역사를 자랑하기도 한다. 그러나 역사가 길다고 해서 정확도가 높아지는 것은 아니다. 스위스의 기상캐스터 외르크 카헬만도 그러한 사실을 잘 알고 있었다. 카헬만에게 주어진 과제는 기상예보 속에 어쩔 수 없이 내포될 수밖에 없는 불확실성과 이제는 학문의 한 분야로 당당하게 자리 잡은 기상학이 지니는 신뢰성을 하나로 통합하여 시청자에게 전달하는 것이었다. 이를 위해 카헬만은 일기예보를 할 때마다 아쉬운 듯한 미소를 지으며 두 가지 원칙을 지적했다.

1. 예측 대상 시점이 현시점으로부터 멀리 떨어져 있을수록 적중률이 낮아지지만,
2. 웬만하면, 다시 말해 뜻밖의 사건만 일어나지 않는다면 현재의 흐름이 계속 이어진다는 것이다.

예측 대상 시점이 멀어질수록 점점 더 낮아지는 적중률을 조금이라도 끌어올리려면 범위를 넓히는 수밖에 없다. 즉 내일의 최고 온도는 10~13도, 모레는 9~14도, 글피는 8~15도라는 식으로 예보해야 한다. 두 번째 원칙은 원칙이라기보다는 차라리 '면죄부'에 가깝다. 혹시 일기예보가 빗나간다 하더라도 그것은 어디까지나 '뜻밖의 사건' 때문이지 기상학자들의 잘못이 아니라는 것이다.

날씨는 다른 분야에 비해 변동이 적은 편이기는 하지만 그렇다고 일기예보가 백 퍼센트 들어맞아줄 것이라 기대할 수는 없다. 무엇보다 '현재의 흐름이 계속 이어진다'는 말이 반드시 정적인 상태를 의미하

는 것이 아니기 때문이다. 온난전선이든 한랭전선이든 모든 전선은 대개 일정한 속도로 이동하고, 기상학자들은 전선의 이동 방향이나 이동 속도를 보고 날씨를 예측한다. 전선의 흐름을 보고 오늘은 햇볕이 쨍쨍하게 내리쬐는 맑은 날이었지만 내일은 비가 올 확률이 높다는 식의 판단을 내린다. 어쨌거나 다가올 사흘에 대한 일기예보가 적중할 확률이 75%에 달한다고 하니, 절대 낮은 확률은 아닌 듯하다.

우리는 모두 일상 속에서 수많은 예측을 하며 살아간다. 이를테면 베를린행 기차표를 살 때 티켓에 인쇄된 바로 그 시각에 기차가 플랫폼에 들어오고 그 기차가 실제로 베를린을 향할 것으로 예측한다. 크리스마스를 3주 앞두고 주변 사람들에게 줄 선물을 고를 때에도 그 사람들이 3주 뒤에도 살아 있고, 관계도 여전히 돈독할 것으로 예측한다. 은행에서 대출을 받을 때면 언젠가는 그 돈을 갚아야 한다는 것을 예측한다. 물론 은행 입장에서도 대출을 받은 사람이 원금에 이자까지 덧붙여서 갚아줄 것으로 예측한다.

그런 예측들의 바탕에는 '과거에 그랬다면 앞으로도 그럴 것이다'라는 믿음이 깔려 있다. 즉 지금까지의 추세가 앞으로도 계속될 것이라 믿는다. 사실 그러한 믿음이 들어맞는 경우가 빗나가는 경우보다 많다. 하지만 거기에는 한 가지 단서가 붙는다. 예측 대상 기간이 짧아야 한다는 것이다. 기간이 길어질수록 정확도는 떨어진다. 날씨처럼 비교적 변동이 적은 분야라 하더라도 기간이 길어지면 적중률은 낮아질 수밖에 없다.

그간의 기록을 바탕으로 앞날을 점치는 분야에서 둘째가라면 서러운 이들이 있다. 축구 전문가들이다. '바이에른 뮌헨'과의 빅매치를 하루 앞두고 있던 2008년 2월 29일, '샬케 04'의 홈페이지에 '샬케 04 는 지난 8년 동안 바이에른과의 대결에서 단 한 번도 패하지 않았다' 라는 내용의 기사가 실렸다.

그 글을 읽은 팬들은 희망에 부풀었다. 과거의 전적이 이어질 것만 같았고, 승리의 수호신이 샬케 04에게 미소를 지어줄 것만 같았다. 그런데 기사를 계속 읽어 내려가던 팬들의 표정이 점점 굳어졌다. '하지만 샬케 04가 그 기록을 이어가기 위해서는 매우 힘든 산을 넘어야 한다. 바이에른 뮌헨이 분데스리가 소속 팀 중 원정 경기에서 최강의 기록을 자랑하기 때문이다. 바이에른 뮌헨은 최근 네 차례의 원정 경기를 모두 승리로 이끌었고, 최근 치른 열세 경기에서도 단 한 번의 패배만 기록했을 뿐이다'라는 부분 때문이었다.

8년 동안 바이에른 뮌헨과의 시합에서 단 한 번도 패배를 기록하지 않은 샬케 04와 원정 경기의 최강자 바이에른 뮌헨 중 누가 더 강자였을까? 2008년 3월 1일의 경기 결과를 보면 바이에른 뮌헨 쪽 통계가 좀 더 적중률이 높았던 것 같다. 바이에른 뮌헨이 샬케 04를 1대 0으로 눌러버렸다. 8년 동안 이어온 기록이 하루아침에 무너지는 순간이었다.

2008년 가을, 독일의 경제학자들은 2009년도 GDP 성장률에 관한 예측보고서를 공개했다. '제로 성장'을 예측한 보고서가 태반이었다. 하지만 2009년, 독일의 GDP는 전년 대비 약 5% 줄어들었다. 세계경제에 불어 닥친 위기의 여파가 독일 경제에도 영향을 미쳤는데, 그러한 구조적 격변 앞에서 통계나 예측은 무기력해지고 만다. 그럼에도 기자들은 예측보고서를 각자 자기 방식으로 해석하면서 '내년 국민경제, 1.1%가량 성장할 것으로 전망'이라는 식의 기사를 발표하곤 한다.

그런데 '내년'이라는 단서는 예측치를 제시해야 하는 입장에서 보면 난감하기 짝이 없다. 예측 대상 시점이 너무 가깝기 때문이다. 물론 그런 관점에서 볼 때 가장 힘든 직업은 아마도 '오늘의 운세' 코너를 담당하는 점성술사들일 것이다. 하루하루 자신의 능력이 시험대에 오를 테니 말이다. 하지만 정치가들의 고충도 절대 만만치 않다. 더 큰 책임이 따르기 때문이다.

2003년 3월, 독일 정부는 2010년을 목표로 한 야심 찬 계획들을 발표했다. 총리를 비롯해 경제부 장관, 재무부 장관 등 각 부처의 각료들은 모두 목에 힘을 주고 정부의 계획을 자신 있게 발표했다.

그런데 2004년도 나라 살림에 대한 얘기가 나오자 당당하던 태도는 온데간데없이 자취를 감추었고, 모두 어눌한 말투로 얼버무리기에 급급했다. 예측 대상 시점이 가까워지니 자신감도 줄어들었다.

그렇다. 예측 대상 시점이 멀수록 예측자의 자신감은 커진다. 과거의 학자들도 예외는 아니었다. 국민경제나 인구증가에 관해 우려를 표명한 학자들이 한두 명이 아니었으며 그중 대표적인 학자는 아마도 맬서스일 것이다.

1798년, 맬서스는 세계적 인구증감 추세와 식량증감 추이에 관해 광범위한 연구를 진행한 뒤 대재앙을 예견했다. 맬서스는 자신의 예측을 수학적 공리axiom, 즉 자명한 이치에 비교할 만큼 확신을 갖고 있었다. 인구는 기하급수적으로 증가하는 반면 식량생산량은 완만한 곡선을 그리며 산술급수적으로 증가하기 때문에 언젠가는 '잉여 인간', 즉 기근이나 전염병, 전쟁, 기타 재해로 인해 사망에 이를 수밖에 없는 이

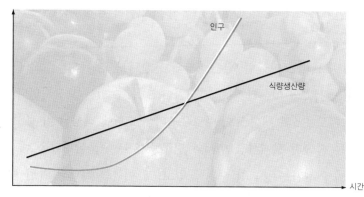

20세 이하 인구(단위: %)

인구

식량생산량

시간

1798년, 영국의 경제학자 토머스 로버트 맬서스는 인구증가와 식량생산량을 비교한 뒤
가까운 시일 내에 대기근이 닥칠 수밖에 없다고 예고했다.

들이 나올 수밖에 없다는 것이었다.

당시 맬서스가 기준으로 삼은 것 역시 과거의 역사였다. 과거의 경험을 그대로 미래로 연장한 것이다. 그 과정에서 맬서스는 여러 가지를 간과했다(당시로서는 간과할 수밖에 없었다). 그사이에 인류는 출생률을 조절할 수 있는 도구를 성공적으로 개발해냈다. 나아가 늘어나는 인구를 감당할 수 있을 만큼 식량생산 기술도 발달했다. 그 당시에 그와 비슷한 상황들을 예측한 학자도 있었다. 맬서스와 동시대를 살았던 영국의 정치철학자 윌리엄 고드윈이었다.

하지만 그로부터 60년 뒤, 마르크스와 엥겔스는 다시금 맬서스의 이론을 인용했다. 자본주의 사회에서는 프롤레타리아의 수가 늘어날 수밖에 없고, 프롤레타리아들은 점점 더 가난해질 수밖에 없으며, 혁명만이 그 흐름을 막을 수 있다고 주장했다.[2] 맬서스가 자연재해나 식량위기를 경고했던 반면 마르크스와 엥겔스는 인간이 바꿀 수도 있는 무언가가 인류를 대재앙으로 몰아갈 것이라 주장했다는 점에서만 차이가 있을 뿐이다.

1972년, '로마클럽'*은 〈성장의 한계〉라는 제목의 보고서를 발표했다. 맬서스의 이론과 맥을 같이한다고 볼 수 있는 보고서였다. 도넬라 H. 메도우즈와 데니스 L. 메도우즈의 주도하에 작성된 이 보고서의 요지는 작금의 경제성장 추세와 인구증가 추이를 살펴봤을 때 그 모든 것이 언젠가는 붕괴할 수밖에 없고, 그 이유는 제한된 자원 때문이라는 것이다.

보고서가 공개되자 약 200년 전 맬서스의 이론이 발표되었을 때와 비슷한 비판들이 대두하였다. 특히 기술 발전 분야를 완만한 곡선으로 표현한 부분에 대한 이의가 많이 제기되었다. 그런데 도넬라와 데니스는 그런 종류의 비판들을 피해갈 수 있는 장치들을 미리 마련해두었다. 여러 가지 시나리오를 한꺼번에 제시한 것이다. 개중에는 기술 발전과 리사이클링을 통해 자원활용률을 제로 수준으로 유지할 수 있다는 시나리오도 포함되어 있었고, 그와 동시에 암울한 시나리오도 함께 제시했다.[3] 제로 수준으로 자원을 활용한다 하더라도 2100년쯤에는 결국 부존자원이 바닥날 수밖에 없다는 내용이었다.

그렇게 볼 때 예측 대상 시점이 멀어질수록 예측 내용의 신빙성은 떨어질 수밖에 없다는 원칙은 성립되지 않는다. 로마클럽의 예측 중

---

* The Club of Rome. 1968년, 세계 각국, 각 분야의 지도급 인사들이 로마에 모여 결성한 미래연구모임

맞아떨어진 부분도 분명히 있기 때문이다. 로마클럽의 예측이 들어맞은 가장 큰 이유는 무엇보다 다양한 시나리오를 제시했기 때문이다. 여러 가지 시나리오를 제시하고, 각 시나리오에 맞게 각종 상황을 구성할 경우, 예측 대상 시점이 비록 멀다 하더라도 적중률을 높일 수 있다. 적어도 그중 몇 개쯤은 현실로 나타날 가능성이 있기 때문이다.

2001~2007년, 유엔의 정부 간 기후변화위원회IPCC, International Panel on Climate Change도 그와 같은 전략에 따라 지구 온난화에 따른 결과를 모델링했다고 한다. 당시 IPCC의 과제는 절대 일어나지 말아야 할 시나리오를 구성하는 것이었다. 즉 자신들이 제시한 시나리오가 현실화되지 않도록 최선을 다해 전략을 모색하고 그 전략을 실천에 옮기라는 것이었다.[4]

하지만 여러 가지 가능성을 제시한다 하더라도 적중률이 아주 높아질 수는 없었다. 그 이유는 다음과 같다.

- 현재 시점에서는 도저히 예측할 수 없는 구조적 변동이 일어날 수 있다.
- 다양한 추세들 사이에서 일어나는 상호작용은 예측이 거의 불가능하다. 어떤 추세들은 서로 시너지효과를 일으킬 수 있고, 반대로 어떤 항목들은 서로 약화시키는 효과를 불러올 수도 있지만, 그 부분까지 예측하는 것은 불가능에 가깝다.
- 대중은 복잡하기 짝이 없는 가상의 시나리오들에 대해 고민하기보다는 파멸의 시나리오에 더 집착한다.

지구 온난화와 관련된 예언들은 '자기파괴적 예언selfdefeating prophecy'

들,즉 예언의 내용이 실행되지 않도록 하는 예언이다. 반대말은 '자기 실현적 예언'(=자기충족적 예언, selffulfilling prophecy)인데, 독자들도 아마 수차례 경험했을 것이다. 아침에 눈을 떴는데 왠지 기분이 개운치 않고 입맛도 없고 오늘은 되는 일이 하나도 없을 것 같은 느낌이 들 때가 있다. 그러면 그 예감은 어김없이 들어맞는다. 왜 나쁜 예감은 빗나가는 적이 없을까! 그런데 나쁜 예감이 틀린 적이 없는 것이 아니라 불길한 예감 때문에 불행한 일들이 일어나는 것일 수도 있다. 반대로 긍정적인 생각으로 무장하면 불길한 일들을 물리칠 수도 있다. 그 이유는 예언 자체가 일이 흘러갈 방향을 결정짓는 요인에 속하기 때문이다. 다시 말해 예언이 장차 일어날 일에 영향을 미친다는 것이다.

한편, 장기적 예측에서 자주 활용되는 방법이 있다. '추세외삽법trend extrapolation'이 바로 그것인데, 비교적 짧은 기간 동안 관측한 경향이나 추세를 과거나 미래로 연장해 투사하는 예측 기법이다. 하지만 추세외삽법에 따른 예측 결과가 반드시 옳은 것은 아니다. 아예 빗나갈 때도 많다. 이와 관련해 한 가지 예를 들어보겠다.

다음은 필자의 달리기 기록들이다.

- 한창때엔 마라톤 풀코스(약 42km)를 평균 14km/h로 완주했다.
- 하프마라톤(약 21km)의 경우, 시속 15km/h로 완주뒀다.
- 10km는 시간당 16km에 주파했다.
- 5km는 시간당 17km에 주파했다.

달리는 거리와 속도 사이에는 일정한 상관관계가 존재한다. 거리가

대략 반으로 줄어들 때마다 시간당 평균 속도가 1km씩 빨라졌다. 더 짧은 거리 혹은 더 긴 거리에 대해 이 규칙을 그대로 적용하면 어떤 결과가 나올까? 우선 100m의 경우, 시속 22.5km로 달리게 된다. 환산하면 100m를 주파하는 데 16초가 걸린다는 계산이 나오는데, 나름대로 조깅과 마라톤에 열정을 쏟아 붓고 있는 나로서는 도저히 용납할 수 없는 결과이다! 그런데 만약 달려야 할 거리가 총 168km라면 어떨까? 이 경우, 어쩌면 내가 그 분야에서 세계기록을 달성할 수 있을지도 모른다는 결론이 나온다(시속 12km로 168km를 주파). 즉 거리를 줄여나가든 늘려나가든 외삽법만으로는 현실적인 결론을 얻을 수 없다.

대문호 중에도 추세외삽법의 문제점을 콕 집어 지적한 이가 있었다. 미국의 소설가 마크 트웨인이었다. 정확히 기억나지는 않지만 《미시시피 강에서의 생활 The Life on the Mississippi》에 다음과 같은 내용이 나온다.

미시시피 강 하류는 지난 170년 동안 약 240마일이나 짧아졌다. 1년에 평균 $1\frac{1}{3}$마일씩 짧아졌다는 뜻이다. 시각장애인이나 바보가 아니라면 1백만 년 전에는 미시시피 강 하류가 130만 마일이었다는 계산을 할 테고, 그 말은 곧 미시시피 강이 멕시코 만까지 낚싯대처럼 뻗어 있었다는 뜻이 된다. 앞으로 742년 뒤에는 미시시피 강 하류의 길이가 $1\frac{3}{4}$마일밖에 되지 않으리라는 것도 쉽게 예측할 수 있다. (중략) 이렇듯 학문은 왠지 모르게

사람을 매료시키는 매력을 지니고 있다. 아무것도 아닌 것에서도 굉장한 결과를 얻어낼 수 있다.[5]

우리 주변에서 일어나는 수많은 변화 중에는 일정한 규칙을 갖지 않은 것들이 매우 많다. 미시시피 강의 길이는 때로는 아주 빨리 늘어나지만 때로는 오랜 세월을 두고 천천히 줄어든다. 심지어 강의 길이가 늘어날 때도 있다. GDP 역시 어떤 때에는 높은 성장률을 보이다가 어떤 때에는 낮은 성장률을 보이고, 뒷걸음질만 쳐 마이너스 성장률을 기록할 때도 있다.

인구 문제도 마찬가지이다. 인구수는 오랜 세월에 걸쳐 서서히 늘어난다. 하지만 전문가들은 오래전부터 이미 인구폭발이니 전쟁이니 자원 부족이니 하면서 파멸의 시나리오를 써 내려갔다. 그런가 하면 인구수가 비교적 짧은 기간 안에 줄어들 수도 있다. 그러면 학자들은 어느새 공동화 현상이나 전쟁 혹은 세대 간 갈등이라는 우려 섞인 전망을 내놓는다.

하지만 거기에 동요될 필요는 전혀 없다. 인구수가 줄어들고 있다면 짜증나는 교통 체증도 줄어들 것이고, 어딜 가든 대기 줄의 길이도 줄어들 것이며, 원시림의 면적도 다시 넓어지고, 삵이나 스라소니, 늑대, 수달 등 멸종 위기 동물들의 서식지도 늘어날 것이다. 그러니 호들갑을 떨기보다는 차라리 느긋하게 상황을 즐기는 편이 더 낫다.

앞으로 50년 뒤에 인구가 늘어날지 줄어들지, 혹은 인구 구성비가 어떻게 변화될지에 관한 예측보고서는 무용지물이나 다름없다. 1950년대에 제시된 인구 관련 보고서 중 실제로 들어맞은 부분은 거의 없다. 물론 당시로서는 최상의 노력을 기울여서 작성한 보고서였겠지만, 그 보고서를 작성한 이들은 1960년대의 베이비붐이나 피임약 개발, 이주노동자들의 대거 유입에 대해 전혀 예상하지 못했다. 1980~1990년대 들어 한 자녀 가정과 1인 가구가 늘어났고, 이후 동구권이 해체되면서 3백만 명 이상의 이민자가 유입되리라는 것도 예측할 수 없었다. 앞으로도 우리가 예측하지 못하는 대규모 구조적 변동이 얼마든지 일어날 수 있고, 그렇다면 지금 작성하고 있는 예측서들은 또다시 무용지물이 되고 말 것이다. 그럼에도 **자신들의 예측보고서를 마치 기정사실인 양 대중에게 제시하는 이들은 사기꾼에 불과하고, 그 사기꾼의 말을 믿는 사람은 생각이 없거나 멍청한 것이다. 불확실한 미래에 대한 불길한 예언들은 아무런 도움도 되지 않는다.** 미래란 원래 불확실한 것이고, 그러니 유연한 태도로 앞날을 대비하는 것만이 최선이다.

그런 의미에서 지금부터는 각계각층에서 내놓는 다양한 전망 뒤에 어떤 이해관계가 숨어 있는지를 파헤쳐 보겠다. 예를 들어 유가 변동과 관련된 전망을 발표할 때 은행이나 기업컨설턴트, 정유사 등은 각기 다른 수치들을 제시한다. 2010~2020년, 유가가 배럴당 20유로선을 유지할 것이라는 측도 있었고, 배럴당 200유로까지 치솟을 것이라 주장하는 이들도 있었다. 정유사들은 물론 기름값이 '순리대로' 서서히 오른다는 온건적인 태도를 보였다. 투자자와 소비자를 모두 안심시키기 위한 전략이었다. 즉 주주들은 앞으로도 가격이 꾸준히 오를 테니 해당 기업의 주식을 사들일 것이고, 운전자들은 유가 급등을 우려하며 갑자기 대체에너지를 찾아 헤매지 않을 것이며, 국가도 귀찮은

규제들을 발표하지 않을 것이라는 계산이 숨어 있었다.[6]

　한편 국제 금융시장에서도 앞날에 대한 다양한 전망을 제시한다. 이런저런 소식들을 흘리면서 투자자들의 기대심리를 부추긴다. 주가 조작이나 내부자 거래 같은 불법적인 방법으로 투자자들을 유혹한다는 뜻이 아니다. 그보다는 특정 종목의 주가 변동 추이나 특정 기업의 전략 혹은 특정 분야의 사업 전망 등을 슬쩍슬쩍 발표하면서 투자자들의 마음을 사로잡는다. 중립적인 입장에서 금융시장을 냉정하게 평가해야 할 법적 · 직업적 · 양심적 의무를 지닌 회계감사기관이나 신용평가기관들조차 때로는 거기에 속아 넘어가곤 한다. 기업이나 은행 역시 무너지기 직전까지도 장밋빛 전망을 내놓는다. 세계 유수의 회계법인인 앤더슨 사도 2002년 '엔론Enron 사태'가 벌어지기 직전까지 잘못된 전망만 제시했고, '미국발 전 세계 금융 위기'라 불리던 2007년 '서브프라임 모기지 사태' 때 S&P, 무디스, 피치 등의 신용평가사들도 비슷한 실수를 저질렀다.[7]

　연금 분야에서도 그릇된 정보로 국민을 호도하는 사례가 있었다. 2006년 여름, 사회학자이자 법학자인 마인하르트 미겔 교수는 〈빌트Bild〉지의 웹 사이트에 '연금 자동 계산기'를 장착했다. 생년월일을 입력하면 매달 100유로씩 국민연금을 납부할 경우 퇴직 후 총 얼마를 받을 수 있는지를 계산하는 시스템이었다. 해당 계산기만 이용하면 2040년에 태어난 아기[8]가 성장하여 2100년까지 경제활동을 할 경우 총 얼마를 벌 것인지, 그중 얼마를 국민연금으로 납부하고 얼마를 되돌려받을지도 알아낼 수 있었다. 또한 퇴직 이후 세상을 떠날 때까지 국가로부터 매달 얼마를 수령하게 될지도 알 수 있었다.

미겔 교수는 그 계산기를 통해 우리가 꼬박꼬박 납부하고 있는 연금을 나중에는 되돌려받지 못한다는 것을 증명하고자 했다. 나아가 상황이 이러니 국가에 너무 큰 기대를 걸지 말고 각자 자신의 노후를 대비해야 한다는 충고를 하고자 했다.

하지만 의도는 좋았을지 몰라도 그 계산기로는 제대로 노후를 설계할 수 없었다. 생산성이라는 중요한 요인을 무시했기 때문이다. 미겔 교수도 어느 방송사와의 인터뷰에서 자신의 잘못을 시인했다. 생산성 변동에 대해서는 미처 생각하지 못했다고 순순히 털어놓았다. 그러려니 하고 넘어가기에는 너무나 결정적인 실수였다. 생산성이 늘어날지 줄어들지를 전혀 고려하지 않은 채 어떻게 생산가능인구 1인이 감당해야 할 연금 액수를 계산할 수 있다는 말인가!

참고로 그 당시 미겔 교수는 민영 연금보험사들과 가까운 관계였는데, 그 부분에 대해서는 제14장에서 자세히 다루기로 한다.

이 장을 마무리하기에 앞서 독자들에게도 생각해볼 기회를 주겠다. 타임머신을 타고 1975년으로 돌아가서 그로부터 25년 뒤, 즉 2000년의 세상을 예측해보라. 머릿속 기억을 되살려서도, 과거 사진첩을 뒤적여서도 안 된다. 인터넷 검색도 하면 안 되고 주변 어른들에게 물어보는 것도 금지이다. 그렇게 할 경우, 미래에 대한 예측이 아니라 지금 시점에서 과거를 확인하는 것이 되기 때문이다. 자, 과연 어디까지 예측할 수 있을까?

1975년도에 과연 얼마나 많은 사람이 컴퓨터나 인터넷, 이메일이나 휴대전화의 등장을 예감했을까? 그 당시 제작된 영화나 SF 소설에는 구글이나 아이폰에 대한 얘기는 아예 등장하지도 않는다.[9] 아무리 시

대를 앞서 간 사람이라 하더라도 아마 요즘 우리가 당연하게 활용하고 있는 기기들에 대해 제대로 예측하지 못했을 것이고, 그 기기들이 우리의 일상과 경제, 의학, 금융 분야 등에 미칠 영향은 더욱 상상하기 어려웠을 것이다. 1970년대는 희망의 시대였고 그에 따라 수많은 사람이 장밋빛 미래를 꿈꾼 것은 사실이지만, 기술 발전의 여파가 이 정도일 줄 예상한 사람은 극히 드물었을 것이다. 동구권의 해체나 거기에 따른 여파를 예측한 사람 역시 손에 꼽을 정도일 것이다.

독자들도 이미 느꼈겠지만, 25년 뒤의 일을 예측하기란 불가능에 가깝다. 예측 시점을 바꾸어도 결과는 마찬가지이다. 1900년에 제1차 세계대전 발발이나 빌헬름 2세의 퇴위를 예고한 사람이 얼마나 있었을까? 1925~1950년 사이에 제2차 세계대전이 일어나고 독일 제국이 완전히 멸망하며, 대규모 인구 이동이 일어나고 독일이 분단될 것을 1925년에 예감한 사람은 또 얼마나 되었을까?

1950년을 기준으로 삼아도 상황은 비슷하다. 라인 강의 기적이나 이주노동자들의 대거 유입, 자동차 업계의 대호황, 1968년을 전후로 한 대혁명, 빌리 브란트 총리의 동방정책 등이 모두 1950~1975년 사이에 일어났지만, 1950년도에는 제아무리 뛰어난 예지력의 소유자라 하더라도 그런 일들을 쉽게 장담하지 못했을 것이다.

결론은 **장기적 예측과 관련된 통계를 맹신하지 말라**는 것이다. 지나치게 먼 미래에 대한 통계를 대할 때면 혹시 눈앞에 닥친 문제에 대한 관심을 다른 쪽으로 돌리기 위한 수단이 아닌지 의심부터 해보자. 단기적 현안에 대한 관심을 다른 쪽으로 돌리기 위해 장기적 카드를 들이미는 경우도 비일비재하기 때문이다. 그렇다고 장기적 통계가 모두 틀렸다는 뜻은 아니다. 미래 설계의 방향을 제시하는 통계들도 분명히 존재한다. 하지만 장기적 통계의 적중률이 낮은 것도 분명한 사실이다. 어떤 통계를 취하고 어떤 통계를 버릴지 예리하게 판단하고 선별하는 자세가 필요한 것도 그 때문이다.

9   통계의 기적

아내와 함께 기차를 타고 장거리 여행을 하던 중 무료함을 달래기 위해 퀴즈 하나를 냈다가 대판 부부싸움이 벌어질 뻔한 적이 있다. 아내는 박사 학위 소지자인 내가 '일개 수학 교사'인 자신을 교묘한 숫자 놀음으로 깎아내리려 한다며 쏘아붙였고, 나는 절대로 그런 의도가 아니니 제발 화를 가라앉히고 퀴즈의 풀이 과정을 차근차근 살펴보자고 설득했다. 결국 아내는 끓어오르는 분노를 삭이며 내 제안을 받아들였고, 그 덕분에 억울한 누명에서 벗어났다.

다음 내용을 읽다 보면 독자들도 황당하다는 느낌부터 들 것이다. 어쩌면 통계라는 학문에 대한 근본적인 의심이 싹틀 수도 있다. 하지만 누차 강조하지만 통계 자체를 미워할 이유는 없다. 지금까지 공부한 것만으로도 독자들은 이미 '통계 중급자'쯤은 된다고 할 수 있다. 어디까지를 믿고 어느 부분을 의심해야 할지 감을 잡을 정도는 되었다는 뜻이다. 이번 장에서 소개할 속임수도 가히 '기적'에 가까울 정도로 교묘하지만 거기에 속아 넘어가지 않을 수 있는 대비책도 존재한다. 그뿐만 아니라 이번 장에서 소개하는 '기적의 속임수'들은 다행히 활용 범위가 그다지 넓지 않다.

윌-로저스 현상과 심슨의 역설

우선 가상의 사례를 통해 '윌-로저스 현상WillRogers phenomenon'부터 살펴보자.

조이픽스 사는 디지털 액자를 전문으로 생산하는 업체이다. 그런데 조이픽스 사의 대표가 단단히 화가 났다. 빌레펠트 지사의 저조한 판매 실적 때문이다. 이에 사장은 빌레펠트 지사장을 하위직으로 좌천시켰고, 그 자리에 '똑순이 여사'를 앉혔다. '학력: 최우수 성적으로 레마겐 대학 졸업. 전공: 통계 해석 및 속임수 파악. 지도교수: 게르트 보스바흐'라는 똑순이 여사의 프로필이 마음에 들었던 것이다. 당당하고 자신감 넘치는 이미지를 보니 똑순이 여사가 더욱 적임자라는 생각이 들었다.

그로부터 7개월 뒤, 똑순이 여사로부터 보고서 한 장이 날아들었다. '빌레펠트에 소재한 두 사업장 모두 2010년 하반기 매출 실적이 상승했습니다. 북부 지사는 직원 1인당 7,000개의 디지털 액자를 판매하였고(16.7% 상승), 남부 지사는 13,333개를 판매하였습니다(6.7% 상승)'라는 내용이었다. 사장은 쾌재를 불렀다. 무엇보다 유능한 인재를 알아본 자신의 안목이 자랑스러웠다. 사장은 그날 당장 똑순이 여사와의 계약 기간을 무기한 연장하라고 지시했다.

그해 말, 연말보고서를 받아든 사장의 마음은 기대감으로 두근거렸다. 그런데 이게 무슨 조화일까? 빌레펠트 지사의 판매 실적이 지난해와 똑같았다! 조금도 늘어나지 않았다! 월별 매출 실적 역시 지난해와 같았다. 화가 난 사장은 "어떻게 이런 일이 일어날 수 있지? 그 여자가 날 속였어! 안 되겠군, 당장 해고해!" 하고 외쳤다.

그로부터 나흘 뒤, 똑순이 여사의 변호사로부터 고소장이 날아들었다. 고소장을 받아든 사장의 얼굴은 분노로 붉으락푸르락 달아올랐다. 첨부된 문서도 한 장 있었는데, 거기에는 똑순이 여사가 6개월 동안 달성한 성과들이 하나도 빠짐없이 명시되어 있었다. 사장은 떨리는 손으로 그 문서를 꼼꼼히 읽어 나갔다. 그런데 지난해와 비교했을 때 판매량은 단 1건도 늘지 않았건만, 빌레펠트 북부 지사와 남부 지사 직원들의 1인당 매출 실적은 분명히 똑순이 여사가 지난번에 보고한 바와 같이 각기 16.7%와 6.7%만큼 상승했다. 사장은 눈을 비비며 세 차례나 확인했다. 결과는 똑같았다. 믿기지 않는 현실이었다!

똑순이 여사는 어떤 수법으로 사장을 속였을까? 우선 다음 도표부터 살펴보자.

북부 지사와 남부 지사를 합쳤을 때 2010년 하반기의 직원 1인당 판매량은 상반기 판매량과 정확히 일치한다. 다시 말해 빌레펠트 전체 지역으로 봤을 때 똑순이 여사가 부임한 뒤에도 판매량에는 전혀 변화가 없었다. 똑순이 여사가 한 일이라고는 남부 지사의 실적 10,000

기간	2010년 1~6월		2010년 7~12월	
	빌레펠트 북부 지사	빌레펠트 남부 지사	빌레펠트 북부 지사	빌레펠트 남부 지사
판매 실적	5,000개 6,000개 7,000개	5,000개 10,000개 15,000개 20,000개	5,000개 6,000개 7,000개 10,000개	5,000개 15,000개 20,000개
평균 판매량	6,000	12,500	7,000	13,333

윌로저스 현상: 남부 지사의 직원을 북부 지사로 편입시킬 경우,
두 지사 모두에서 직원 1인당 판매량이 달라졌다.

개를 북부 지사로 옮긴 것뿐이었다. 그런데 그 덕분에 두 지사의 1인당 판매 실적은 각기 16.7%와 6.7%만큼 늘어났다.

그런데 이 방법이 언제나 통하는 것은 아니다. 이 방법이 통하려면 A지사의 1인당 평균보다는 낮지만 B지사의 1인당 평균보다는 높은 판매 실적을 기록한 직원이 있어야 한다(A의 평균 판매 실적이 B보다 더 높은 경우). 그래야 A지사는 평균을 갉아먹는 직원을 방출하고 B지사는 평균을 높여주는 직원을 영입하는 효과가 나타나기 때문이다. 물론 A지사에서 B지사로 소속이 바뀐다고 해서 해당 직원의 판매 실적이 달라지는 것은 아니다. 판매 실적은 그대로 두되 소속만 바꿈으로써 두 지사 모두의 평균을 더 높게 조작하는 것이 바로 윌로저스 현상이다.

이러한 교묘한 통계 조작법은 발견자의 이름을 따 '윌-로저스 현상'이라 불리는데, 그렇다고 로저스가 이 방법을 의도적으로 고안해 낸 것은 아니다. 로저스는 수학자가 아니라 미국 출신의 영화배우이자 철학자이자 풍자가였다.[1] 당시 로저스는 "오클라호마 출신의 농부들이

일자리를 찾아 캘리포니아로 이주하는 바람에 오클라호마와 캘리포니아 주민 모두의 평균 IQ가 높아졌다!"라고 말했다. 과거에 일어난 사회 현상을 유머러스하게 풀어낸 것이다. 참고로 로저스 자신도 오클라호마 출신의 이주노동자였다. 즉 1850년경 골드러시gold rush 붐을 타고 오클라호마에서 캘리포니아로 이동한 사람 대부분이 오클라호마에서는 비교적 머리가 나쁜 이들이었지만, 그들의 지능이 캘리포니아 주민의 평균 지능보다는 높았다는 사실을 넌지시 지적하려 한 것이다.

그런데 윌-로저스 현상은 문서 상으로는 존재할지 몰라도 현실에서는 비슷한 사례를 쉽게 찾아볼 수 없다. 실적이 나쁜 지사로 전근한 직원들은 대개 실적이 좋은 곳에서 일할 때보다 판매 실적이 더 부진해지기 때문이다. 실적이 더 나쁜 지사로의 전근이 해당 직원이 느끼기에는 일종의 좌천이므로 아마도 동기부여가 약해지기 때문일 것이다.

그렇다고 윌-로저스 현상이 오로지 문서 상으로만 존재하는 허구적 현상이라는 말은 아니다. 많지는 않지만 일상 속에서도 가끔 관련 사례를 찾아볼 수 있다. 예컨대 중등교육 분야에서도 그러한 현상이 관찰된다. 독일에서는 인문계 중고등학교에 다니다가 성적이 기대만큼 나오지 않을 경우 실업계로 전학 갈 수 있는데, 그 전학생 덕분에 두 학교 모두 평균 학업성취도가 높아진다. 그 전학생 자체로 봤을 때는 성적에 아무런 변동이 없음에도 말이다.

윌 로저스가 살아 있었다면 아마도 이런 현상을 두고 또 한 번 촌철살인 식의 어록을 남기지 않았을까? "달라진 것은 아무것도 없지만 모든 것이 좋아진다!"라고 말이다.

그러나 아쉽게도 윌-로저스 현상이 늘 긍정적 방향으로의 변화를 의미하는 것은 아니다. 지금부터는 윌-로저스 현상 덕분에 상황이 긍정적으로 흘러가는 사례와 부정적으로 흘러가는 사례들을 살펴보기로 하자.

긍정적인 사례는 우리 주변에서 흔히 찾아볼 수 있다. 축구 분야만 해도 그렇다. A팀에서 비교적 전력이 약한 선수를 B팀으로 트레이드시켰더니 두 팀 모두의 전력이 강화되는 경우가 적지 않다. 정치가들이 선거구를 개편하고 싶어 하는 이유도 그 때문이다. 어차피 전체 지지율은 달라지지 않겠지만, A선거구에 포함되어 있는 어떤 마을을 B선거구로 편입시킬 경우 선거구별 득표율에 변화가 있을 수 있다. 다시 말해 당선시킬 수 있는 비례대표의 수가 늘어날 수도 있다는 것이다.[2]

이해관계가 전혀 개입되지 않았음에도 윌-로저스 현상이 자동으로 나타날 때가 있다. 앞서 말했던 인문계 고등학교에서 실업계 고등학교로의 전학이 바로 그런 예이다.

의료 분야에서도 그와 유사한 사례를 찾아볼 수 있다. 베크 보른홀트와 두벤이 제시한 사례인데, 두 학자는 종양을 어떻게 진단(분류)하느냐에 따라 치유 확률이 달라진다고 주장했다. 예컨대 암 덩어리를 작은 것, 중간 것, 큰 것, 아주 큰 것의 네 단계로 분류한다고 가정했을 때 종양의 크기가 커질수록 당연히 치유율은 낮아진다.

그런데 만약 원래 '작은 그룹'에 속해 있던 종양을 '중간 그룹'으로 이동시키면 어떤 효과가 나타날까? 이 경우, '작은 그룹'과 '중간 그룹'의 치유율 모두 높아진다. '작은 그룹'은 해당 카테고리 안에서 예후가 가장 나쁜 종양을 다른 카테고리로 이전시켰으니 평균 치유율이 높아지고, '중간 그룹'은 상대적으로 덜 위험한 종양 하나가 편입되었으니 평균 치유율이 높아진다.

종양을 둘러싼 전문적인 얘기는 의사들에게 맡기기로 하고[3], 지금부터는 윌-로저스 현상이 나쁜 쪽으로 흘러가는 가상의 사례들에 대해 얘기해보겠다.

어느 해 봄, 어떤 다이어트센터에 갑자기 고객이 몰려들었다고 한다. 해당 센터는 효율적인 관리를 위해 고객을 3그룹으로 나눴다. 이에 따라 90kg 이하의 고객이 그룹 1로 분류되었고, 90~120kg은 그룹 2에, 120kg 이상 고객은 그룹 3에 배정되었다. 센터 측에서는 비록 관리상의 편의를 위해 체중별로 그룹을 구성했지만 감량 실적만 좋다면 언제든지 더 가벼운 그룹으로 옮겨 갈 수 있다는 점을 강조했다. 그룹별 감량 실적을 인터넷으로 확인할 수 있는 시스템도 갖추어놓았다. 개인 정보를 보호할 의무가 있으니 한 사람 한 사람의 감량 실적을 모두 공개할 수는 없었고, 그룹별 평균 체중만 체크할 수 있게 해놓은 것이다.

결과는 놀라웠다. 각 그룹의 평균 체중은 날이 갈수록 눈에 띄게 줄어들었다. 얼마 지나지 않아 그룹 3의 멤버 중 일부가 그룹 2로 편입되었다. 그룹 3에서 몸무게가 제일 덜 나가는 이들이 그룹 2에서 가장 무거운 사람들이 된 것이다. 그러면서 그룹 3과 그룹 2의 평균 체중은 모두 상승해버렸다. 다이어트센터의 목적은 고객의 체중을 감량해주는 것인데 윌-로저스 현상 때문에 그룹별 체중이 증가하는 사태가 벌어지고 말았다. 모두 최선을 다해 살을 뺐는데, 적어도 통계학적으로는 원치 않는 결과가 나오고 말았다.

다음 사례는 고소득자들의 연봉과 의료보험료의 상관관계에 관한 것인데, 여기에서도 윌-로저스의 입김이 작용하고 있다. 독일의 의료보험 제도는 법정 의료보험과 사설 의료보험으로 구분된다. 어느 보험에 가입할지는 연봉에 따라 결정된다. 즉 일정 기준보다 덜 버는 사람은 법정 의료보험에, 기준보다 몇 푼이라도 더 버는 사람은 민영 의료보험에 가입해야 한다. 예컨대 기준선 이하의 수입을 올리던 자영업자가 어느 해부터 그 이상을 벌어들이면 법정 의료보험에서 사설 보험으로 갈아타야 한다. 그 결과, 해당 고소득자의 이탈로 인해 국민건강보험공단의 평균 수입(가입자 1인당 납입액)은 낮아진다. 민영 보험사의 평균 수입 역시 해당 '저소득자'의 가입으로 인해 줄어든다. 국민건강보험공단과 민영 보험사들이 미리 입을 맞추기라도 한 듯 앓는 소리를 하는 것도 그 때문이다. 실제로는 더 큰 수익을 올리고 있으면서 국민에게는 보험료 수입이 줄어들었다며 앓는 소리를 해대는 것이다!

이제 겨우 윌-로저스 현상에 대한 얘기를 마쳤는데 벌써 머리가 핑글핑글 돌 것만 같다. 하지만 기왕 시작한 김에 다음 고지까지 정복해보자. 다음 고지의 이름은 '심슨의 역설Simpson's paradox'이다.

옛날 옛적 어느 대륙에 '한지스탄'이라는 나라가 있었다. '평지'라는 연방주와 '산지'라는 연방주가 결합한 나라였다. 한지스탄의 국민은 건강하기로는 둘째가라면 서러운 이들이어서 병원에 갈 일이 거의 없었고, 이에 따라 한지스탄 정부는 딱 세 분야의 의사들만 양성하기로 했다. '칼질쟁이', '위로쟁이', '뼛조각쟁이'들이 바로 그들이었다.

그런데 정부는 불안감을 완전히 떨치지는 못했다. 외과 수술만 할 수 있는 의사, 마음의 병만 치료할 수 있는 의사, 부러진 뼈만 이어붙일 수 있는 의사를 양성하는 것만으로는 국민의 건강을 보장할 수 없다는 걱정이 든 것이다. 결국 한지스탄 정부는 어떤 응급 상황에도 대처할 수 있는 의사들을 키워 내기로 했고, 이에 따라 한지스탄 의대에 입학한 히포크라테스의 후예들은 세 분야 모두에 대한 소양을 두루 갖춘 뒤 졸업할 때가 되면 그중 가장 두각을 나타낸 분야에 배치되었다. 성적에 따라 어느 분야의 전문의가 될지 결정되지만 한지스탄 의대생들에게 선택의 자유가 아예 없는 것은 아니었다. 적어도 근무지는 스스로 결정할 수 있었다.

선택의 기준은 저마다 달랐다. 고향으로 돌아가서 아픈 사람들을 치료하고 싶다는 학생도 있었고, 무조건 돈을 많이 벌 수 있는 곳에서 일하겠다는 학생도 있었다. '셰펠'이라는 이름의 예비 의사는 후자에 속했다. 셰펠은 '평지'와 '산지' 중 어디에서 더 큰돈을 벌 수 있는지 알아내기 위해 의사들의 수입과 관련된 연감을 펼쳤고, 거기에서 얻은 정보들을 바탕으로 최종 진로를 결정했다.

사실 아래의 도표에 눈길을 한 번 주는 것만으로 이미 셰펠의 마음은 정해졌다. 얼핏 봐도 분야를 막론하고 평지 연방주에서 더 많은 돈을 벌 수 있다는 사실을 확인한 것이다.

'한지스탄' 의사들의 세전 연간 소득액

전문 분야	칼질쟁이		위로쟁이		뼛조각쟁이	
	평지 연방주	산지 연방주	평지 연방주	산지 연방주	평지 연방주	산지 연방주
연방주	200명	40명	20명	20명	30명	100명
고소득자	60명	8명	16명	2명	24명	70명
고소득자 비율	30%	20%	80%	10%	80%	70%

산지 연방주와 평지 연방주의 의사 중 누가 더 많은 돈을 벌고 있을까? 위 도표에 제시된 수치들을 보면 평지 연방주의 의사들이 더 많은 돈을 벌고 있는 것으로 추정된다.

그로부터 몇 년 뒤, 셰펠은 산지 연방주에서 일하고 있는 동창생 '클레터막스'와 술자리를 가졌다. 그 자리에서 셰펠은 입에 침이 마르도록 자화자찬을 늘어놓았다. 자신의 결정이 얼마나 탁월했는지를 확인받고 싶었다. 그런데 친구의 반응은 의외였다. 돈만으로는 모든 걸 따질 수 없다는 말이 나올 때까지만 해도 셰펠은 승리를 확신했다. 그런데 클레터막스가 자신은 비록 경제적 이유에서 평지 연방주를 택하지는 않았지만, 결과적으로 그 결정 덕분에 더 많은 돈을 벌 수 있게 되었다고 주장했다. 셰펠이 반박하자 클레터막스는 종이에 다음과 같은 도표를 그려주었다.

'한지스탄' 의사들의 세전 연간 소득액

연방주	전체 의사	
	평지	산지
의사 수	250명	160명
고소득자(20만닢 이상)	100명	80명
고소득자 비율	40%	50%

여성과 남성의 지원율 및 합격률 통계로 살펴본 성차별에 관한 진실

셰펠은 자신의 눈을 의심했지만, 결국 산지 연방주에서 일하는 의사 중 고소득자의 비율이 평지 연방주보다 더 높다는 것을 인정할 수밖에 없었다. 평지 연방주의 경우, 10명 중 4명이 고소득 의사인 데 비해 산지 연방주는 2명 중 1명꼴로 고소득을 기록했다.

그다음 상황은 안 봐도 뻔하다. 셰펠은 두 번째 도표가 말이 안 된다며 우겼고, 클레터막스는 첫 번째 도표를 믿을 수 없다며 반박했다. 그들의 공방전을 처음부터 끝까지 들어봤자 귀만 따가울 테니 그 부분은 건너뛰고 바로 결론으로 직행하겠다.

두 번째 도표는 각 분야의 의사 수를 합한 뒤 그중 고소득자의 비율을 계산한 것이다. 직접 검산해보면 알겠지만, 틀린 수치는 하나도 없다. 눈을 씻고 봐도 조작의 흔적은 찾을 수 없다. 고백하건대, 나 역시 심슨의 역설을 처음 접했을 때 당황스러운 마음을 감출 수 없었다. 2개의 도표를 번갈아 쳐다보는 내내 '이게 뭐지? 왜 이렇지? 아무리 봐도 틀린 구석이 없잖아? 대체 뭐가 잘못된 거지?'라는 생각밖에 들지 않았다.

심슨의 역설 뒤에 대체 무슨 비밀이 숨어 있는 것일까? 내가 만약 한지스탄의 의대생이라면, 나아가 돈이 절실하게 필요한 입장이라면 산지와 평지 중 어디를 선택해야 할까?

그 문제를 파헤치기에 앞서 우선 심슨의 역설과 좀 더 친해지기 위해 관련 사례를 하나만 더 살펴보자. 참고로 이번에 소개하는 사례는 심슨의 역설 얘기가 나올 때마다 등장하는 대표적 사례이다.[4]

1973년 어느 날, UC버클리 대학원이 여성 지원자들을 차별하고 있다는 문제가 제기되었다. 남성 지원자의 44%에게 입학허가가 떨어졌던 반면 여자는 35%만 받아들였다는 내용이다. 구체적인 수치까지 제시된 만큼 "그냥 어쩌다 보니 그렇게 됐습니다."라는 식의 변명은 애초에 차단되었고, 비난의 화살이 UC버클리 대학원에 집중되었다. UC버클리 측에서는 자신들이 정확히 어느 분야에서 어떻게 여성을 차별했는지를 확인해야 했다.

여기에서는 그 당시 수치들을 좀 더 간소화해서 소개하려 한다. 통계나 수학에 대해 문외한인 독자들도 쉽게 계산해볼 수 있게 하기 위해서이다. 모두 이미 잘 알고 있겠지만, 의심을 해소하는 가장 좋은 방법은 직접 확인해보는 것이다. 문제가 복잡할수록 누군가의 말을 곧이곧대로 믿어서는 안 된다. 설사 그 '누군가'가 게르트 보스바흐나 옌스위르겐 코르프라 하더라도 말이다! 가장 확실한 방법은 직접 계산하고, 검산하고, 확인하는 것이다. 세상에 믿을 사람은 오직 나밖에 없다! '백문이 불여일견이요, 백견이 불여일행'이라는 말도 있듯 듣기만 한 내용은 머리에 남아 있지 않고, 보기만 한 내용은 한동안 머리에 남아 있다가 사라진다. 하지만 직접 해본 일은 영원히 가슴속에, 그리고 머릿속에 남는다!

이제 아래 도표에서 밑줄 친 칸들을 직접 채워보기 바란다. 제대로 계산했을 경우, 남성의 총 합격률은 50%, 여성은 37.6%가 나올 것이

지원 및 합격 현황				합격 현황 (단위: %)	
학과 구분	여성 지원자	그중 합격자	남성 지원자	그중 합격자	여성	남성
1	10명	8명	80명	50명	_명	_명
2	5명	4명	60명	40명	_명	_명
3	80명	20명	40명	10명	_명	_명
4	30명	15명	40명	10명	_명	_명
합계	——명	——명	——명	——명		
학과 구분	——%		——%			

여성과 남성의 지원율 및 합격률 통계로 살펴본 성차별에 관한 진실

다. 그리고 그 수치들만 봤을 때는 분명히 여성 지원자들이 차별을 받은 듯하다. 하지만 학과별 합격률을 보면 상황이 달라진다. 4개의 학과 중 여성 지원자의 합격률이 남성보다 더 낮은 학과는 하나도 없다. 반면에 남성 지원자를 기준으로 보면 세 학과에서 여성보다 훨씬 더 낮은 합격률을 기록한 것으로 나타났다. 즉, 여성 지원자들이 아니라 오히려 남성 지원자들이 차별을 받은 것이다.

왜 이런 현상이 일어날까? 모순의 원인은 어디에 있을까? 종교나 철학, 교육학, 국민경제학 같은 분야에서는 이런 식의 내부적 모순이 더러 일어나곤 한다. 하지만 수치를 이용한 통계에서 이런 모순이 일어난다는 건 아무래도 쉽게 납득이 가지 않는다.

자, 그 답을 찾기에 앞서 우선 심호흡부터 하자. 깊게, 아주 깊게 숨을 들이마시자! 그런 다음 눈을 한 번 비빈 뒤, 여성 지원자들이 몇 명인지를 살펴보라. 전체 여성 지원자 중 가장 많은 인원이 지원한 학과는 몇 번 학과인가? 그렇다. 총 125명 중 80명이 3번 학과에 지원했다. 그런데 3번 학과는 전체 지원자의 $\frac{3}{4}$을 불합격 처리했다. 남자도 4명 중 1명만 받아들였고, 여자 지원자도 4명 중 1명만이 합격통지서를 받았다. 바로 그 때문에 여성의 불합격률이 단번에 치솟은 것이다. 한편, 남성 지원자들 사이에서는 1번과 2번 학과가 가장 인기가 높았다. 그리고 그 두 학과는 남녀 모두 총 지원자 대비 합격자 비율이 가장 높은 학과들이었다. 즉, 어떤 학과를 선택했고 그 학과의 전체 합격률이 얼마였느냐가 지원자의 성별보다 더 중요한 관건[5]이 된다.

'UC버클리 대학원 사건'의 경우, 다행스럽게도 전문적인 통계 수치들이 법정에서 증거로 채택되었고, 대학원 측은 결국 무죄 판결을 받왔다. 하지만 불행하게도 전문적 통계를 배제한 채 재판이 진행되고, 이에 따라 억울한 피해자가 발생하는 경우도 적지 않다고 한다.

이제 다시 한지스탄의 의학도들에 대한 얘기로 돌아가 보자. 한지스탄 의사들의 수입을 분야별로 쪼개어서 살펴보면 평지 연방주의 의사들이 산지 연방주 의사들보다 돈을 더 잘 버는 것으로 나타난다. 하지만 분야별 구분을 무시했을 경우에는, 다시 말해 의사 전체를 기준으로 봤을 때에는 산지 연방주 의사들의 소득이 평지 연방주보다 높다. 자, 내가 만약 한지스탄의 의학도라면, 그리고 많은 돈을 벌고 싶다면 둘 중 어느 주에 병원을 차려야 할까?

'한지스탄 사건'의 경우, 칼질쟁이들은 전체 의사 중 수적으로 가장 많지만, 고소득자의 비율은 나머지 두 분야에 비해 상대적으로 꽤 낮은 편에 속한다. 그런가 하면 뼛조각쟁이들은 수적으로는 칼질쟁이들보다 열세에 놓여 있지만 고소득자의 비중은 상당히 높다. 수적으로 가장 열세를 보이는 위로쟁이들의 경우에는 평지와 산지 의사들의 소득에서 큰 차이를 보였다. 즉 UC버클리 대학원 사례에서 그랬던 것처럼 한지스탄 사례에서도 각 그룹 간의 편차가 매우 크다. 여기에서 우리는 심슨의 역설이 일어나기 위한 한 가지 조건을 찾아낼 수 있다. 서로 성격이 다른 집단을 한꺼번에 합산해서 비교할 경우 부분별 통계와 전체 통계 사이에 모순이 일어날 수 있다는 것이다.[6]

알고 보면 심슨의 역설은 그리 복잡한 이론이 아니다. 베크 보른홀트와 두벤은 의료 분야의 사례 하나를 들어 심슨의 역설이 생각보다 간단하다는 것을 증명했다. 소아과와 노인의학과 등 극명하게 대비되는 두 분야를 대상으로 어떤 약품들의 효능을 실험할 경우, 심슨의 효과가 발생할 수밖에 없다는 내용이었다. 예를 들어 A라는 약품과 B라는 약품 두 개를 소아와 노인에게 똑같이 투여할 경우, 부분별로 따지면 약품 A가 두 분야 모두에서 효능이 더 높게 나오지만 전체적으로 따지면 결국 약품 B의 효능이 더 높게 나온다는 것이다.

자, 이제 드디어 셰펠과 클레터막스 중 누가 더 똑똑한지를 판단할 때가 왔다. 결론부터 말하자면, 돈만 기준으로 할 경우에는 셰펠의 주장이 옳다. 나중에 어느 분야에 배치될지는 알 수 없지만, 어쨌든 평지연방주에서 일할 경우 돈을 더 많이 벌 수 있는 확률이 높기 때문이다. 그리고 그 이유는 UC버클리 대학원의 경우에 그랬듯, 한지스탄 의사들의 경우에서도 전체 인원을 대상으로 한 확률에 문제가 있기 때문이다.

두 가지 약품을 소아와 노인들에게 투여한 사례에서도 그와 비슷한 문제가 발생했다. 생각해보라! 환자가 아이인 동시에 노인일 수는 없다. 각자 자신의 나이에 적합한 약을 복용했을 때 비로소 최상의 효과를 얻을 수 있다. 다시 말해 전체 통계보다는 분야별 통계에 더 집중해야 한다는 뜻이다. 큰 부분보다는 작은 부분에 속임수가 숨어 있을 때가 더 많기 때문이다. 그러니 중요한 결정을 앞두었을 때는 세부 사항까지 조목조목 따져봐야 한다. 독자들 입장에서는 달갑지 않은 결론이겠지만, 보다 큰 목표를 위해 어느 정도의 수고는 부디 감수하기 바란다.

미리 귀띔하자면, 제16장에 심슨의 역설에 관한 연습문제가 나온다. 그 사례에서는 심지어 55~74세 흡연자들이 같은 연령대의 비흡연자보다 더 오래 산다는 주장이 등장한다. 하지만 그 주장은 조사 대상 인원 전체를 기준으로 했을 때에만 유효하다. 연령대별로 쪼개어서 살펴보면 결국 누구나 알고 있듯 비흡연자가 더 오래 산다는 결론이 나온다. 전체를 대상으로 했을 때 터무니없는 결론이 나온 이유는 '골초'들은 비교적 젊은 나이에 세상을 떠날 확률이 높기 때문이다. 다시 말해 조사 대상을 55세 이상으로 정하다 보니 결국 그때까지 살아남은 골초들이 통계상으로는 더 오래 사는 것처럼 보였다.

마지막으로, 앞서 나온 UC버클리 대학원의 '차별' 사례에 관한 정답을 소개하는 것으로 이 장을 마무리한다.

지원 및 합격 현황				합격 현황 (단위: %)	
학과 구분	여성 지원자	그중 합격자	남성 지원자	그중 합격자	여성	남성
1	10명	8명	80명	50명	80명	63명
2	5명	4명	60명	40명	80명	67명
3	80명	20명	40명	10명	25명	25명
4	30명	15명	40명	10명	50명	25명
합계	125명	47명	220명	110명		
학과 구분	37.6%		50.0%			

성별에 따른 지원자 및 입학자 수로 살펴본 심슨의 역설

10 또 다른 수법들

지금까지 아홉 장에 걸쳐 통계와 관련된 트릭들을 살펴봤지만 사기꾼들의 주머니 속에는 아직도 많은 도구가 담겨 있다. 이번 장에서는 그중 아홉 가지를 간략하게 소개하려 한다. 통계의 거짓말을 간파하는 눈들이 이미 어느 정도는 날카로워졌을 테니 비록 세세한 설명을 생략하더라도 각각의 트릭을 이해하는 데는 별 무리가 없을 것으로 생각된다.

간략하게 살펴보는 아홉 가지 숫자놀음

1. 기간 늘리기 : 모기를 코끼리로 만들기

2009년 6월, 각 연방주의 교육부 장관들이 한자리에 모여 심도 있는 대화를 나누었다. 회의 결과는 1건의 결의문으로 정리되었고, 메르켈 총리는 모두 보는 앞에서 그 내용을 당당하게 발표했다. '중앙 정부와 각 연방주 정부는 앞으로 180억 유로를 교육 분야에 지출하기로 합의했습니다'라는 내용이었다. 메르켈 총리의 발표가 있고 나서 모두 '이제 드디어 이 나라가 백년대계에도 신경을 쓰기 시작했구나!'라고 생각했다. 결의문 아래쪽에 깨알 같은 글씨로 구체적인 내용이 적혀 있었지만, 아무도 거기에 주의를 기울이지 않았다.

그런데 그 깨알 같은 글씨들을 자세히 읽어보니, 180억 유로는 1년 예산이 아니라 2011년부터 2018년까지의 예산이라는 것을 확인할 수 있었다. 즉 연간 20억 유로를 교육 분야에 투자하기로 했다는 말이었다. 그뿐만 아니라 그 20억 유로는 교육뿐 아니라 연구개발 분야에도 함께 쓰일 예정이었고, 유효 기간도 2018년이 아니라 2013년까지라고 나와 있었다. 즉, 실제로 정부가 약속한 예산은 180억이 아니라 60억이었던 것이다. 참고로 주택담보대출을 전문으로 하는 '히포 레알 에스테이트Hypo Real Estate' 은행이 2009년 한 해에 정부로부터 받아간 돈도 60억 유로였다!

교육 분야의 예산은 걸핏하면 이런 식으로 교묘하게 삭감된다. 하지만 당국은 국민에게 교육 예산을 대폭 늘린 것처럼 발표한다. 기존에 이미 제공하던 혜택들을 교묘하게 분류함으로써 예산을 부풀리는 것이다. 혹은 위 사례에서처럼 대상 기간을 길게 잡음으로써 모기(얼마 안 되는 숫자)를 코끼리(엄청난 수치)로 만들기도 한다.

2010년 1월, 〈프랑크푸르터 알게마이네〉 일요판에 한 부모 가정에 대한 기사가 실렸다. 실업급여를 수령하는 싱글맘들을 기생충으로 묘사한 자극적인 내용의 기사였다. 기사작성자는 홀로 아이를 키우고 있는 여성들의 경우 50세가 되기까지 총 445,000유로를 국가에서 지원받고 있고, 심지어 그 지원금을 받기 위해 취업이나 결혼을 미루는 이들도 많다고 주장했다.[1]

그 기사가 진실을 얼마나 왜곡했는지는 제13장에서 좀 더 자세히 다루겠지만, 충격적인 스토리인 만큼 여기에서도 간단하게나마 짚고 넘어가겠다.

결론부터 밝히자면, 홀로 자녀를 양육하는 여성들이 국가로부터 445,000유로를 지원받는다는 계산은 애초부터 잘못된 것이다. 445,000유로라는 액수에는 그 여성들이 어릴 적에 받은 지원금까지 모두 포함되어 있기 때문이다. 즉, 홀로 아이를 키우는 여성들은 애초에 가난한 집안에서 태어났고 그때부터 국가보조금에 의존해서 살아왔으니, 그 돈까지 모두 합산해서 결국 50세가 될 때까지 국가로부터 총 445,000유로를 받아간다고 본 것이다.

아무리 양보해도 말이 되지 않는다. 0세부터 50세까지 국가로부터 양육보조금을 받는 사람은 없다. 〈프랑크푸르터 알게마이네〉가 어떤 마음으로 그런 식의 수치를 제시했는지는 알 수 없지만, 실제로 그 여성이 국가보조금 없이는 생계를 유지할 수 없을 만큼 가난한 집안에서 태어났다 하더라도 아이를 낳기 전에 받은 보조금까지 양육보조금에 포함하는 것은 분명히 '계산상 착오'이다.

분야를 막론하고 매달 들어오는 돈 혹은 나가는 돈을 30년이나 50년 동안 누적하면 큰 액수가 되게 마련이다. 술이나 담배에 지출하는 돈, 매달 꼬박꼬박 나가는 월세, 자동차 할부금과 기름값, 휴대전화 요금, 피트니스클럽에 매달 내는 회비 등을 몇십 년간 합산해보라.[2] 아마도 천문학적인 액수가 나올 것이다. 따라서 대상 기간이 길 경우에는 총액을 단순히 합산하기보다는 상대적 지출을 따져보는 것이 옳다. 예컨대 X라는 물건에 대해 지출한 액수만 따질 것이 아니라 X를 구입하느라 쓴 돈의 총합이 총수입 대비 얼마를 차지하는지를 살펴보아야 한다.[3]

물가상승률도 단순히 절대적 수치만 따질 수 없는 분야에 속한다. 예컨대 40년 전, 내가 태어나서 처음으로 마신 맥주 한 잔의 가격은 약 45페니히(0.45마르크)였다. 2010년, 같은 호프집에 다시 갔더니 맥주 한 잔에 1.20유로를 지불해야 했다. 마르크화와 유로화의 환산 값을 감안하면* 약 420%나 올랐다는 뜻이다! 유가도 비슷한 수준으로 뛰었다. 이 책의 공동 저자인 옌스가 약 40년 전 난생처음으로 차에 기름을 넣을 당시 기름값은 1리터당 49.9페니히(0.499마르크)였다고 한다. 유가 검색 사이트에 들어가 보니 2010년 8월 현재 1리터당 1.397유로라고 나와 있다. 40년 전에 비해 550%가량 값이 오른 것이다. 이쯤 되면 차라리 악몽에 가깝다. 아무도 맥주를 마실 수 없고 갑부가 아닌 이상 차를 몰 수 없어야 정상이지만 현실은 어떤가? 물론 다른 어느 정도의 불만은 있지만, 대체로 지금의 술값이나 유가를 당연시하며 살아가고 있지 않은가?

---

* 2002년 유로화가 도입될 당시 마르크와 유로의 교환 가치는 1유로=1.95583마르크(1마르크=0.51129유로)였다.

2. 평균값 : 평균이 늘 평균은 아니다!

잊을 만하면 한 번씩 뉴스에 등장하는 문구가 있다. '가구당 평균 자산이 77,900유로에 달한다!'라는 문구이다. 그런데 자세히 살펴보니 집이나 자동차는 '가구당 평균 자산'에서 제외된다고 한다. 순수 현금 자산만, 그것도 부채를 뺀 자산이 그 정도 된다는 뜻이다. 그런 뉴스를 듣다 보면 자동으로 내 통장 잔액을 떠올리게 된다. '가만, 내 통장이 언제부터 그만큼 빵빵했지?'

도대체 어떻게 계산하면 그런 수치가 나오는 것일까? 그와 관련된 가상의 사례 하나를 살펴보자. 독일 출신의 부유한 가족이 스위스의 어느 가난한 시골 마을로 이사를 했다. 원래 그 마을에는 총 500가구가 살고 있었고, 가구당 평균 저축액은 2,000프랑Swiss Franc이었다. 그런데 새로 이사 온 가구의 가장은 상당히 많은 주식을 보유하고 있었고, 은행은 그 주식들을 현금 자산으로 간주했다.[4] 그 결과, 가난했던 그 마을의 가구당 저축액이 하루아침에 40,000프랑까지 치솟았다. 이른바 '산술 평균'(=평균값arithmetic mean)이라는 방식에 따라 계산했기 때문에 그런 결과가 나온 것이다. 만약 그 마을에 백만장자가 아니라 억만장자 혹은 거대 재벌이 이사를 했더라면 가구당 평균 자산은 그보다 훨씬 더 높아졌을 것이다.

위 사례는 비록 가상이지만 현실과 거의 차이가 없다. 엄청난 자본을 소유한 재력가들이 전체 국민에서 차지하는 비중은 수적으로만 따지면 지극히 미미하다. 하지만 그들이 보유한 자산은 전체 국민의 평균 보유 자산 수준을 단숨에 높은 수준으로 끌어올린다.

통계학자들은 그러한 문제점을 해결하는 비법을 한 가지 찾아냈다.

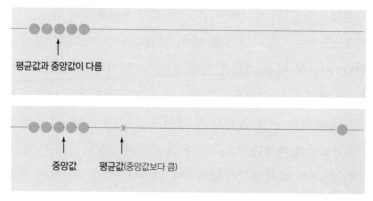

평균값과 중앙값이 다름

중앙값   평균값(중앙값보다 큼)

위 두 그림을 비교해보면 매우 큰 수치 하나가 평균값에 어떤 영향을 미치는지 알 수 있다.[6]

그 비법이란 바로 중앙값(=중위수, 중앙치median)을 산출하는 것이다. 중앙값이란 작은 수부터 큰 수를 차례대로 나열했을 때 위치상 중간에 있는 값을 뜻한다. 즉 중앙값은 첫 번째 수치나 마지막 수치의 크기와는 무관하다.[5]

양심적인 통계학자라면 평균값과 중앙값을 함께 제시해야 한다. 그런 면에서 독일경제연구소DIW는 양심적인 기관에 속한다. 2007년도 성인 1인당 보유 자산(유형 자산 포함)의 평균값은 88,000유로이고, 중앙값은 15,000유로라고 발표한 바 있기 때문이다.[7]

보유 자산의 경우, 평균값과 중앙값의 차이가 특히 더 큰 편이다. 연봉을 비롯해 돈과 관련된 기타 분야에서도 대개 평균값이 중앙값보다 높게 나타난다. 쉽게 말해 고소득자들이 평균값을 끌어올린다.

3. 정의 : '실업자'와 '1개의 기업', '이산화탄소 배출량'의 의미

연방노동청은 '2010년 5월 현재, 실업자의 수는 324만밖에 되지 않는다. 지난해 같은 기간에 비해 217,000명이나 줄어든 수치이고, 이는 곧 경제가 되살아나고 있다는 증거'라고 발표했다. 아무리 발버 둥쳐도 일자리를 구할 수 없던 이 땅의 수많은 구직자는 그 소식을 접한 뒤 허탈감에 빠졌다. '남들은 다 취직이 되는데 나만 운이 없군.'이라 생각하니 더욱 좌절감이 밀려왔다. 그런데 잠깐! 노동청의 발표 뒤에는 우리가 모르는 사실들이 숨어 있다! 연방노동청은 다행히 자신의 발표를 뒷받침해줄 상세한 자료를 공개했는데, 그 내용을 자세히 들여다보면 의구심이 들 수밖에 없다.

연방노동청은 왜 등록된 실업자 수만 언급했을까? 구직자와 실업급여 수령자들은 갑자기 어디로 사라졌을까? 통계를 작성하기 직전에 땅으로 꺼졌을까, 하늘로 솟았을까!

2010년 5월	
등록된 실업자 수	3,242,000
구직자 수	5,834,000
실업급여 수령자 수	5,918,000
전년 동기(2009년 5월) 대비 변동사항	
등록된 실업자 수	217,000 감소
구직자 수	129,000 감소
실업급여 수령자 수	6,000명 감소

2010년 5월, 연방노동청이 발표한 수치들이다.

문제는 그뿐만이 아니다. 2010년 통계를 보면 세 분야 중 등록된 실업자의 수가 가장 적은데, 바로 그 분야에서 가장 많은 개선이 이루어졌다. 어떻게 1년 만에 실업자가 그만큼이나 줄어들 수 있었을까? 혹시 수치를 조작한 것은 아닐까? 대답은 '예니오'이다. '예'라고 보는 이유는 공식 기관에서 함부로 수치를 조작할 수는 없기 때문이고, '아니오'라고 보는 이유는 '실업자'라는 말의 정의에 모종의 조작이 이루어졌기 때문이다.

2009년 5월 1일을 기해 당국은 58세 이상인 자, 질병으로 인해 경제활동을 할 수 없는 자, 1유로 잡^{1Euro Job}** 종사자 등을 실업자에서 제외했다. 각종 민영 기관에서 관리하는 실업자들, 즉 직업교육센터 등에 소속된 수련생들도 실업자 집계에서 제외하기로 했다. 그러니 실업자 수는 당연히 줄어들 수밖에 없었다.

위와 같은 트릭을 잘만 활용하면 재집권도 시간문제이다. 예컨대 총선을 6개월쯤 앞둔 시점에 실업 문제를 관리하는 민간단체 하나를 창립하고, 이를 통해 실업자 수를 매월 5만 명씩 줄여나간다. 물론 언론이 그런 트릭을 간과할 리 없다.

하지만 너무 걱정할 필요는 없다. 쥐도 새도 모두 잠든 시간대에 잠깐 방송을 내보내거나 아무도 뒤적이지 않을 법한 지면 한 귀퉁이에 자그마한 글씨로 기사를 내보낼 테니 말이다. 그다음부터는 분명히 언제 그랬냐는 듯 다시금 정부의 공식적 발표만 실어 나를 것이다!

＊ 실업 문제 해소를 위해 독일 정부가 고안한 제도이다. 당국은 실업자들에게 시간당 1~2유로를 벌 수 있는 일자리를 제시하는데, 그 제안을 거절할 경우 실업급여 지급을 중단한다.

여당이 아니라 야당이라면 얘기는 조금 달라진다. 집권당일 때보다는 기간을 조금 더 넉넉하게 잡아야 한다. 최소한 총선 18개월 전에는 민간 단체를 조직하고, 12개월 전까지는 실업자 수를 100만 명 이상 줄여야 한다. 어디까지나 서류상으로만 줄어드는 것이지만, 효과는 만만치 않을 것이다. 지지율을 높이려면 물론 현실에서도 실업 문제를 해소해야 하지만, 그 작업은 총선을 3개월 앞둔 시점부터 시작해도 늦지 않다!

오스트리아 정부도 각종 규정을 마련함으로써 장기 실업이라는 최대 난적을 성공적으로 물리쳤다. 예컨대 장기 실업자가 질병에 걸리거나 28일 이상 직업재교육을 받을 경우, 해당 실업자를 신규 실업자로 분류하는 (편)법을 도입한 것이다. 그 결과, 정부가 발표하는 장기 실업 관련 지표들의 신뢰성이 뚝 떨어졌다. 그 수치들을 보고 장기 실업자의 수를 판단하는 사람은 아무도 없었다. 모두 '장기 실업자가 최소한 그 이상은 되겠구나'라는 식의 추측을 할 때 참고만 할 뿐이었다.

어떤 개념을 정의하기란 본디부터 힘든 작업이다. 정의를 둘러싼 논란이 분분한 것도 그 때문이다. 여러 가지 정의가 모두 옳게 느껴질 때도 많다. 이 책의 서문에서도 범죄율을 어떻게 정의하느냐에 따라 수치가 달라진다는 얘기를 했다.

기업에 대한 정의도 생각보다 까다롭다. 어디까지를 '1개의 기업'으로 간주해야 할까? 50개의 지점을 둔 어떤 소매업체가 있다면 해당 업체를 1개의 기업으로 볼 수 있을까?

'이산화탄소 배출량'에 관한 정의도 나라마다 천차만별이다. 어떤 나라들은 화석연료를 이용해 에너지를 생산할 때 배출되는 이산화탄소만이 '배출량'에 속한다고 주장하고, 어떤 나라들은 목재를 태울 때

방출되는 이산화탄소 역시 '배출량'에 포함되어야 한다고 주장한다. UN 기후변화협약에 명시된 여섯 가지 온실가스(이산화탄소, 메탄, 아산화질소, 수소불화탄소, 과불화탄소, 육불화황) 모두 이산화탄소로 환산해서 배출량에 포함해야 한다고 주장하는 나라들도 있다. 이렇듯 나라마다 기준이 다르니 이산화탄소 배출량을 나라별로 비교하기가 여간 까다로운 게 아니다. 한 나라 안에서 전년 대비 저감률을 계산하기도 쉽지 않다. 배출량에 관한 정의가 시시각각 달라지기 때문이다.

한편, '교통사고 사망자'를 정의하는 분야에서도 나라마다 큰 차이가 있다. 교통사고로 입원했다가 이틀 뒤 사망한 환자는 대부분 국가가 교통사고 사망자로 분류하고 있지만, 사고 시점으로부터 2주 뒤에 사망한 환자에 대한 시각은 나라마다 제각각이다.

4. 분할하기 : 분할하여 거짓말하라(Divide et mentire)![8]

앞서 대상 기간을 늘림으로써 눈속임하는 수법을 소개했다. 이번에 소개할 내용은 그것과 정반대되는 것으로, 분야를 최대한 쪼갬으로써 그 뒤에 숨은 진실을 감추는 수법이다.

우선 '일반진료(치과 제외)'라는 부분이 눈에 띈다. 나머지 모든 진료 분야를 '일반진료'로 묶고, 치과만 따로 구분해놓았다. 게다가 치과는 일반진료 분야와 보철치료 분야로 다시 한 번 더 구분되어 있다. 치과 치료의 경우, 실제로 일반적인 치료와 보철치료 사이에 큰 차이가 있기 때문에 위와 같은 구분방식도 일리는 있다. 하지만 여기에서 중요한 건 그 덕분에 치과가 국민건강보험공단으로부터 아주 적은 액수만 받은 것처럼 보인다는 것이다. 두 분야 모두 심지어 운영비 항목보다

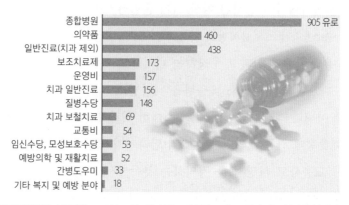

국민건강보험공단의 지출액 (2002년, 법정 의료보험 가입자 1인당 지출된 금액)

종합병원	905 유로
의약품	460
일반진료(치과 제외)	438
보조치료제	173
운영비	157
치과 일반진료	156
질병수당	148
치과 보철치료	69
교통비	54
임신수당, 모성보호수당	53
예방의학 및 재활치료	52
간병도우미	33
기타 복지 및 예방 분야	18

치과의사협회에서 발간한 2003년 10월 1일자 회보에 실린 그래프, 치과 진료 분야를 일반진료와 보철
치료로 나눈 덕분에 치과 분야의 지출액이 낮은 것처럼 보인다.

출처: 연방보건사회부

적은 지원을 받은 것으로 나타났다. 하지만 두 분야를 합하면 결국 치
과 분야에 지출된 의료비는 4위를 기록한다.

독일의 자동차업계도 '분할하여 거짓말하기' 수법을 즐겨 활용한다.
포르셰 사는 스피드광들에게 주목받고 있는 '포르셰 카이엔 하이브리
드'Porsche Cayenne Hybrid의 이산화탄소 배출량[9]이 193g밖에 되지 않는다
고 주장했다. EU가 정한 상한선을 63g 초과하는 수치이지만, 해당 차
량이 380마력에 시속 242km를 자랑한다는 점을 고려하면 상당히 낮
은 수치라 할 수 있다. 하지만 아무리 그렇다고 해도 카이엔 하이브리드
가 '배출량 등급 B'에 속한다는 것은 납득이 가지 않는다. 친환경 경차
'스마트 포투cdi'Smart Fortwo cdi가 더 낮은 등급인 C등급을 배정받았고 주행
거리 1km당 109g을 배출하는 폴크스바겐도요타의 '아이고Aygo'는 D등

급에 속하는데, 어떻게 카이엔 하이브리드가 B등급이 될 수 있을까?

그 비결은 바로 자동차를 여러 개의 카테고리로 나누는 것이다. 즉 차체의 무게를 기준으로 각 차량을 여러 개의 카테고리로 구분했고, 이후 카테고리별로 에너지효율 등급(이산화탄소 배출량 등급)을 따로 부과한 것이다.

2010년 5월, 연방교통부는 '이산화탄소 배출량 라벨'을 모든 차량에 부착하는 제도를 도입했는데, 그 과정에서 자동차업계의 그러한 관행을 일말의 수정도 없이 그대로 받아들였다.[10] 그 덕분에 독일 자동차업계는 커다란 고민을 덜었다. 환경보호를 중시하는 고객이 배출량 등급 때문에 더 작고 가볍고 친환경적인 차량으로 돌아서는 사태를 막을 수 있게 된 것이다.

5. 순위 매기기 : 1등, 2등, 3등을 향한 광적인 집착

요즘은 하루가 멀다고 각종 순위가 쏟아진다. 그 개수와 종류도 날이 갈수록 늘어난다. 이제 마음만 먹으면 유럽에서 제일 깨끗한 해변이 어디인지, 알프스 산맥에서 가장 험준한 협곡은 어디인지, 지중해에서 가장 작은 섬은 어디인지, 독일 남부에서 가장 공부하기 좋은 대학은 어디인지, 사상 최악의 열차사고는 언제 어디에서 일어났는지, 세계에서 가장 호화로운 결혼식을 올린 이는 누구인지, 역사상 가장 적은 관객을 동원한 연극이 어떤 것이었는지 등을 눈 깜짝할 사이에 알아낼 수 있게 되었다. 어떤 축구선수가 역대 최고의 골잡이 20위 안에 이름을 올렸는지, 세계에서 가장 섹시한 여성 100명은 누구인지, 세계에서 가장 우아한 여성 100명은 누구인지, 세계에서 가장 섹시한 남성 100명은 누구인지, 세계에서 가장 성공한 남성 기업인 50명은 누구인지, 세계 최고의 배우 100명 안에 누구누구가 들었는지도 순식간에 알 수 있다.

날마다 이렇게 많은 순위가 쏟아진다는 말은 수많은 사람의 잠재의식 속에 순위와 서열에 관한 호기심과 동경심이 그만큼 크게 자리 잡고 있다는 뜻으로 해석할 수 있다. 하지만 솔직히 고백하자면 나로서는 위에 나열한 것과 같은 순위들이 왜 궁금한지 모르겠다. 게다가 날마다 쏟아지는 순위 중에는 말도 안 되는 것들이 부지기수이다. 기준이 모호하기 때문에 순위로서의 가치가 아예 없다. 예컨대 미국의 경제 전문지 〈포브스〉가 발표하는 '세계에서 가장 영향력 있는 인물 100인'[11]이나 2006년 베를린인구발전연구소[BIBE]가 발표한 '독일 내 439개 지역의 미래능력 순위' 등도 종잇조각에 불과하다.[12]

먼저 〈포브스〉의 오류부터 살펴보자. 2010년, 〈포브스〉는 미국의 방송인 오프라 윈프리를 전 세계에서 가장 영향력 있는 인물 1위로 선정했다. 2위는 미국의 여가수 비욘세 놀스, 3위는 캐나다 출신의 영화감독 제임스 캐머런, 4위는 미국의 팝가수 레이디가가, 5위는 미국의 프로 골퍼 타이거 우즈, 6위는 미국의 팝가수 브리트니 스피어스, 7위는 아일랜드의 록그룹 U2, 8위는 미국의 여배우 샌드라 불럭, 9위는 미국의 영화배우 조니 뎁, 10위는 미국의 가수 마돈나였다.

뭔가 수상하지 않은가? 중국인이 전 세계 인구의 20%, 인도인이 18%를 차지하는 반면 미국인은 약 5%밖에 되지 않는데, 우리가 잘못 알고 있는 것일까![13]

물론 〈포브스〉처럼 권위 있고 유명한 잡지가 아무 생각 없이 그런 순위를 정하지는 않을 것이다. 딱 세 명의 심사위원만 불러다 놓고 500장쯤 되는 사진을 보여주면서 그중 누가 가장 멋들어지게 옷을 입었고 누구의 패션 감각이 제일 '꽝'인지를 물어본 뒤 순위를 작성했을 리는 없다. 개인의 주관적 취향에 따라 설문조사를 할 경우, 동일인물이 '베스트 10'과 '워스트 10'에 동시에 포함되는 상황도 발생할 수 있는데, 〈포브스〉는 아마 그런 모순은 사전에 배제했을 것이다.[14]

〈포브스〉는 영향력 있는 인물의 순위를 설정할 때 10~20가지 '측정 가능한' 객관적 기준을 적용한다고 한다. 이를테면 연간 소득, TV나 라디오 출연 횟수, 잡지 표지 장식 횟수, 인터넷에 이름이 거론된 횟수, 페이스북이나 트위터에 등록된 친구나 팔로워의 수 등이 그 기준에 포함된다.

하지만 전 세계 모든 TV 채널에 누가 얼마나 출연했는지를 알아내는 것은 현실적으로 불가능하다. 주로 미국 방송사들이 조사 대상에 포함될 것이고, 기껏해야 영국의 상황 정도가 순위에 반영될 것이다. '볼리우드Bollywood의 디바 마두리 딕시트Madhuri Dixit가 인도 TV에 제아무리 자주 출연하고 수천만 인도인이 그녀의 모습을 시청했다 하더라도 그 횟수는 순위 작성 시 반영되지 않는다. 게다가 미국 연예인들의 몸값은 세계 최고를 자랑하기 때문에 '연간 수입'이라는 기준에서도 미국 출신들이 상위권에 포진될 수밖에 없다. 결론적으로 〈포브스〉는 전 세계 방송계나 영화산업계를 다 아우르지 못한 채 몇몇 나라에만 국한된 기준으로 순위를 작성한 것이다.

대중매체에 노출된 횟수와 영향력 사이에는 분명히 연관성이 있다. 하지만 그렇다고 그 둘을 동일시할 수는 없다. 어떤 사람이 대중매체에 미치는 영향력이 곧 시청자나 독자에게 미치는 영향력과 같다고 말할 수는 없기 때문이다.

시청자나 독자는 대중매체가 제시하는 인물들을 각자 자신의 방식대로 수용한다. 같은 프로그램, 같은 기사를 대하더라도 저마다 영향을 받는 정도가 다르다. 그뿐만 아니라 단순히 대중매체가 만들어 낸 물결에 발맞추는 사람보다는 새로운 생각과 참신한 아이디어를 제시하는 사람이 대중에게 더 큰 영향력을 미치는 법이다.

베를린인구발전연구소BIBE가 발표한 순위에서도 적잖은 문제점들이 발견되었다. 해당 기관은 2006년, '미래능력'이라는 것을 기준으로 독일 내 각 도시의 순위를 매겼고, 유명 일간지와 방송사들은 그 결과를 앞다투어 보도했다.

당시 총 439개 도시가 조사 대상이었는데 바덴뷔르템베르크 주의 비버라흐Biberach가 2.66점으로 1위를 차지했다. 2위는 2.72점을 받은 바이에른 주의 에르딩Erding이었다. 미래능력이 가장 뒤처지는 것으로 평가된 도시는 작센안할트 주의 부르겐란트크라이스Burgenlandkreis(4.75점, 438위)와 베른부르크Bernburg(4.77점, 439위)였다. 옌스의 고향인 빌레펠트는 3.25점을 받았고, 내 고향인 쾰른은 3.43점으로 빌레펠트보다 조금 낮은 점수에 만족해야 했다.

그런데 도대체 '미래능력'이란 어떤 능력을 뜻하는 것일까? 미래능력의 뜻조차 잘 모르는 마당에 베를린인구발전연구소는 대체 어떻게 소수점 이하 둘째 자리까지 정확하게 그 능력을 평가할 수 있었을까!

전국에서 가장 인기 있는 교수 순위나 아이를 키우기에 가장 좋은 도시 순위, 국내 대학들의 경쟁력 순위는 도대체 어떻게 탄생하는 것일까? 분명히 온도계의 눈금을 읽는 것처럼 간단한 문제는 아닐 듯한데, 우리는 왜 그런 순위들을 맹신하는 것일까?

예를 들어 UN이 전 세계 182개 국가의 삶의 질을 평가한 뒤 그 순위를 발표할 경우, 우리는 갑자기 노르웨이가 세상에서 가장 살기 좋은 나라라며 호들갑을 떤다. 노르웨이 다음으로 살기 좋은 나라가 호주라는 것도 그 순위 덕분에 알게 된다. 독일은 해당 순위표에서 22위를 차지했다. 영국보다 조금 낮은 순위였다. 하지만 2010년 월드컵에서 독일이 영국을 4 : 1로 대파한 순간만큼은 영국과 독일의 순위가 잠시 자리바꿈을 했을 수도 있다. 그런데 중요한 건 독일이 몇 위를 차지했느냐, 영국을 앞질렀느냐 아니냐가 아니다. 중요한 건 '삶의 질'이 무엇이냐 하는 것이다.

어떤 기준을 활용하면 전 세계 모든 국가의 삶의 질을 객관적으로 평가할 수 있을까? 그 답을 아는 사람은 많지 않다. 거기에 신경을 쓰는 사람도 거의 없다. UN이 그렇다고 했으니 모두 '아멘'을 외칠 뿐이다. 공신력 있는 기관에서 발표한 '객관적 사실'인 만큼 언론도 기회가 있을 때마다 해당 순위를 인용한다.

독일 각 도시의 미래능력 순위는 얼마나 객관적인 잣대에 따라 결정되었을까? 당시 심사위원들은 24개의 '측정 가능한' 지표들을 활용했다고 한다. 도시별로 부채액이나 대학진학자의 수, 가구당 거주자 수, 1인당 GDP, 2020년 대비 인구증가량(혹은 감소량) 등 생활 속 다양한 관점을 두루 고려하여 객관적 기준을 선정했다. 그런 다음 지표별로 점수를 매기고, 분야별 점수를 합산한 뒤 24로 나눈 것이 최종 점수였다. 그렇게 계산한 결과, 비버라흐가 총점 2.66을 얻으면서 1위를 차지했다. 계산상으로는 흠 잡을 데가 전혀 없다. 하지만 내용 면에서도 그만큼 완벽했을까? 당시 채택된 24가지 기준들이 과연 어느 도시에든 적용할 수 있을 만큼 충분히 객관적이었을까?

특성이 서로 다른 도시들을 같은 기준으로 평가할 수는 없다. 예컨대 이민자의 비율이 높은 도시라면 이민자의 실업률이 해당 도시의 주거환경을 평가하는 중요한 잣대로 작용한다. 이민자의 실업률을 통해 사회구성원들의 통합 정도를 판단할 수 있기 때문이다. 하지만 외국인의 비율이 낮은 도시라면 해당 기준은 별 의미가 없다. 예컨대 극우주의자들이 활개를 치고 있는 구동독 지역 몇몇 도시는 외국인의 비율이 매우 낮다. 외국인 실업자의 비율도 당연히 낮을 수밖에 없다. 그런 도시들에도 똑같은 기준을 적용할 경우, 잘못하다가는 네오나치들의 거점 도시들이 '외국인 통합 모범지역'으로 분류될 수도 있다.

대졸자의 수를 기준으로 각 지역의 삶의 질을 평가하는 것도 바람직하지 않다. 지역적 특성이 무시될 위험이 너무 크기 때문이다. 관광산업에 의존하는 도시들의 경우 대졸자의 비율은 매우 낮지만, 그렇다고 그 도시의 미래능력이 낮게 평가될 이유는 전혀 없다. 사회복지와 관련된 사안인 가구당 거주자 수를 점수로 환산한다는 발상 역시 순진하고 단순하기 짝이 없다.

그런데 기준이 모호한 것보다 더 큰 문제는 **순위 결정권자들의 취향과 기호가 기준 선정에 지대한 영향을 미친다는 것이다. 어떤 분야의 어떤 지표를 기준으로 삼느냐에 따라 결과는 달라질 수밖에 없다.** 예컨대 인구문제 분야에서 6개, 환경 분야에서 3개, 관광산업 분야에서 3개의 기준을 선별하고, 여가 활동이나 문화생활 분야에서는 아무런 기준도 채

택하지 않았다면 점수를 매기기도 전에 결과는 이미 어느 정도 결정되어버린다. 순위 작성자들의 기호와 관심사가 순위의 객관성을 해친다. 그러한 세부적인 내용을 알 수 없는 일반 대중의 입장에서는 작성 기관만 보고 해당 순위의 신뢰도를 판단할 수밖에 없다.

앞으로는 부디 순위 작성자들이 그런 특징들을 감안하여 객관성을 드높이는 데 집중하기 바란다!

6. 관심 돌리기 : 정곡을 피해 가는 수치를 제시하라!

2008년, 납세자연합은 "100유로 중 내 손에 돌아오는 건 64유로뿐! 1995년과 비교할 때 세후 소득이 너무 많이 감소했다!"라며 정부를 비판했다. 그러자 우파 성향의 자민당FDP은 기다렸다는 듯 세후 소득의 비율을 높여주겠다며 큰소리를 쳤고, 이로써 납세자연합이 보다 본질적인 문제를 파고드는 사태를 막았다.

당시 임금을 둘러싼 가장 큰 문제는 사실 세후 소득 감소가 아니었다. 각종 세금을 떼고 난 뒤 실제로 손에 쥐는 돈이 줄어든 것도 사실이지만, 그보다는 세전 소득이 줄어들고 있다는 게 더 큰 문제였다. 적어도 '쥐꼬리만한 월급'을 받고 일하는 사람들의 경우, 기본임금이 눈에 띄게 삭감되고 있었다.

세후 소득이 얼마나 줄어들었는지를 살펴보면 당시 자민당이 얼마나 영리하게 대처했는지 더욱 분명하게 알 수 있다.

1995년도에는 100유로 중 근로자가 실제로 손에 쥐는 돈이 65.23유로였다. 2006년도에는 그 돈이 64.41유로로 줄어들었다. 11년 동안 1.3%가 줄어든 것이다. 11년 동안 임금이 매년 0.11%만 인상되었어도 세후 소득을 둘러싼 불만은 제기되지 않았을 것이다.

이런 식의 관심 돌리기 수법을 볼 때마다 대럴 허프의 명언이 떠오른다. "증명하고 싶은 것을 증명할 방법이 없다면 다른 무언가를 증명한 뒤 그 두 가지가 같은 것인 척해버리면 된다. 그러면 두 가지 수치들이 뇌에서 충돌하면서 소음이 발생할 것이고, 그 소음 때문에 어느 누구도 그 둘의 차이를 인지하지 못할 것이다."[15]

7. 체감 통계 : '토이로'를 둘러싼 착각

힘을 지닌 단체만이 대중을 호도하는 것은 아니다. 대중 스스로 착각의 늪에 빠져들 때도 많다. 개인적인 경험이나 기억 혹은 각자 알고 있는 수치들 때문에 착각에 빠진다. 유로화가 도입된 2002년 이래 차츰 불거진 '토이로'[Teuro4] 논쟁이 그 좋은 예이다.

마르크화에서 유로화로 전환한 지 5년째 되던 해인 2006년, 이른바 '토이로 논쟁'이 '야후!클레버'[Yahoo!Clever]를 뜨겁게 달구었다. 야후!클레버는 일종의 인터넷 포럼으로, 다양한 분야의 정보와 지식을 교환하는 소통의 장이다.

당시 많은 독일인은 유로화가 출범된 뒤 물가가 두 배 가까이 뛰었다고 믿었다. 2002년경 누군가가 야후!클레버에 "예전에는 100마르크를 들고 '알디'[Aldi5]에 가면 카트 하나를 가득 채울 수 있었던 것 같아요. 하지만 지금은 50유로를 들고 가봤자 봉투 두 개를 겨우 채울까 말까 하답니다. 다른 누리꾼님들도 저와 똑같은 생각이신가요?"라는 내용의 글을 올렸다. 그러자 또 누군가가 잽싸게 댓글을 달았다. "알디의 카트 사이즈가 조금 더 커졌다고 하던데요?"라는 내용이었다. 하지만 그 댓글에 관심을 두는 이는 많지 않았다. 그로부터 시간이 좀 흐른 뒤 "오래전에 쓴 글이네요. 질문 작성자의 의견도 그 사이에 조금 달라졌을 것 같아요."라는 댓글도 올라왔지만 대세를 뒤엎기에는 역부족이었다. 해당 논쟁에 참가한 이는 총 41명이었는데, 대부분 유로화 때문에 장바구니 물가가 급등했다는 의견이었다. 생필품 물가만 전문적으로 분석하는 기관에서 반대 의견을 수차례 제시했지만 아무도 거기에 귀를 기울이지 않았다. 그런데 현실은 누리꾼들의 의견과는 정반대였다. 그간 슈퍼마켓들 사이에 극심한 가격경쟁이 일어났고, 그 덕분에 생필품 물가가 2001년 수준까지 떨어졌다.

개인별 체감 통계가 빗나갈 위험이 매우 큰 또 다른 분야는 바로 시간이다. 독자들도 아마 "예전에는 이렇지 않았는데……."라는 말을 자주 입에 담을 것이다. 그런데 여기에서 말하는 '예전'은 언제일까? 위 사례에서 처음 질문을 작성한 사람도 '예전'이 정확히 언제인지 밝히지 않았다. 여기에서 말하는 예전이 마르크화가 통용되던 마지막 해인 2001년일 수도 있지만, 그 이전의 어떤 시점일 수도 있다. 그렇게 볼 때 물가가 2배나 뛴 것 같다는 말을 평가하는 것 자체가 불가능해진다. 물가란 본디 시간이 지날수록 내리기보다는 오르게 마련이다. 질문자가 말한 '예전'이 언제인지에 따라 물가가 2배나 뛴 게 화를 낼 일일 수도 있지만 3배로 뛰지 않은 게 다행일 수도 있는 일이다.

2008년, 빌레펠트의 어느 지역 신문에 실린 독자편지도 '체감 착각'과 관련된 것이다. 유로화 때문에 물가가 너무 많이 뛴 것을 불평하는 내용이었는데, 그러면서 1987년 어느 신문에 실린 육류 가격을 예로 들었다. 그 독자는 "지금으로부터 9년 전인 1987년에는 똑같은 돈을 주고 지금보다 훨씬 질이 좋은 고기를 2배나 더 많이 살 수 있었다."고 주장했다. 2008에서 1987을 빼면 21이 되어야 정상인데, 어쩌다가 9년으로 착각했는지는 알 수 없지만, 육류 가격이 많이 뛴 것은 분명한 사실이다. 그런데 육류 가격이 올랐다고 해서 나머지 모든 생필품의 가격도 올랐다고 주장할 수는 없다. 왜냐하면 지난 21년 동안 육류 가격이 다른 어떤 생필품보다 더 많이 올랐기 때문이다. 당장 육류 관련 제품인 유제품만 하더라도 가격이 많이 내려갔지만, 모두 값이 뛴 물건에만 시선을 집중하고 있다.

물건값이 1유로, 10유로 혹은 100유로 등의 경계를 뛰어넘는 시기에 관해서도 많은 사람이 착각하곤 한다. 특정 물건의 가격이 어느 순간 갑자기 1유로대, 10유로대 혹은 100유로를 넘어섰다고 생각하기 쉽지만, 실제로 정확히 통계를 내보면 많은 사람이 생각하는 것보다는 더 오랜 기간에 걸쳐 가격대가 상승하고 있다.

8. 목적에 따라 달라지는 인구수 : ±275%

1900년경, 중국의 어느 지방에서 인구수를 파악한 적이 있다. 두 차례에 걸쳐 인구조사가 이루어졌는데, 첫 번째 조사에서는 인구가 총 2,800만 명인 것으로 나타난 반면, 그로부터 5년 뒤에 실시한 두 번째 조사에서는 1억 500만 명으로 집계되었다. 인구조사 시 으레 발생하는 오차라고 보기에는 두 수치의 차이가 지나치게 컸다. 그 5년 사이에 갑자기 외부인들이 해당 지역으로 대거 몰려든 것도 아니었다.

대릴 허프는 당시 그렇게 큰 오차가 벌어진 이유 역시 명쾌하게 설명해주었다. 첫 번째 조사 때에는 세금 징수와 군사 징집이 목표였던 반면, 두 번째 조사는 대기근이 닥친 뒤 구호물자를 나눠주기 위한 목적으로 실시되었던 것이다![16]

9. 정확한 수치 : 불법노동시장의 '공식적' 규모

확실하지 않은 것을 확실한 것처럼 포장하는 수법에는 여러 가지가 있다. 그중 가장 많이 애용되는 것은 뭐니 뭐니 해도 정확한 것처럼 보이는 수치를 제시하는 것이다. 예를 들어 '2010년, 불법노동시장의 규모가 3,590억 유로에 달했고, 이는 전체 국민경제의 14.65%에 해당한다.'라는 내용의 발표를 접했을 때 모두 어마어마한 수치에 놀라느라 바빠서 기사의 정확성에 대해서는 의심조차 하지 않았다.

사실 불법노동시장의 가장 큰 특징은 은밀함에 있다. 감시의 눈을 피해 몰래몰래 불법으로 일하고 불법으로 돈을 받아간다. 따라서 '불법노동 공식 허가증'을 발급하거나 '불법노동 허가 신청서'를 온라인으로 접수하지 않은 이상 불법노동시장의 규모를 제대로 파악하는 것 자체가 불가능한데, 우리는 대체 뭘 믿고 그 수치들에 고개를 끄덕이는 것일까?

연방통계청에서 공식적으로 발표하는 각종 경제지표 역시 (개인적 경험에 비추어볼 때) 완전히 믿을 만한 것은 못 된다. 연방통계청을 무조건 비난하려는 것은 아니다. 기업의 수가 얼마나 많은지, 피조사자의 수가 얼마나 많은지, 파악해야 할 규모가 얼마나 엄청난지 등을 감안하면 오류는 불가피한 듯하다. 하지만 개중에는 미리 방지할 수 있는 오류들도 적지 않다. 앞서 소개한 불법노동시장에 관한 발표만 해도 그렇다. 그 통계가 공개된 것은 2010년 1월 27일이었는데, 1월 말에 어떻게 그해 전체의 불법노동시장 규모를 파악할 수 있단 말인가!

11 의료보험을 둘러싼 진실

심심하면 한 번씩 국민을 불안에 빠뜨리는 뉴스가 있다. '국민건강보험공단의 지출이 눈덩이처럼 불어나고 있다'는 뉴스가 바로 그것이다. 2008년, 공영방송사인 ARD는 시사 프로그램 〈플루스미누스 PlusMinus〉를 통해 국민건강보험공단의 적자 누적을 대대적으로 다루었고, 〈쾰르너 슈타트안차이거〉도 2007년, '이제 곧 보험공단에서 국민의 건강을 보호하지 못하는 사태가 발생할 것'이라며 재앙의 시나리오를 써 내려갔다.

예전에도 그와 비슷한 사례들이 있었다. 1975년, 〈슈피겔〉지는 의료비를 시한폭탄에 비유하며 국민을 불안에 떨게 했다.[1]

의료비 지출 현황

근심에 쌓여 있을 독자들을 위해 희소식을 하나 준비했다. 위에서 말한 재앙들은 일어나지 않는다는 것이다. 보험공단의 수입과 지출을 꼼꼼히 비교해보면 그 이유를 알 수 있다.

그런데 정치가와 언론인들은 의료비를 둘러싼 진실에는 그다지 관심이 없는 듯하다. 이유도 모르겠고 이해도 안 되지만 모두 의료비를 시한폭탄에 비유하며 이제 곧 뇌관이 터질 것이라는 말만 되풀이한다. 그 정도의 협박이 통하지 않는다 싶으면 자료를 조작해서라도 위기의식을 조장하고야 만다.

이번 장에서는 그 뒤에 숨은 수법들을 낱낱이 파헤치려 한다. 그 과정에서 독자들은 최근 들어 의료비 지출액의 상승폭이 안정세를 보이고 있다는 것을 확인하게 될 것이고, 의료비 폭증으로 인해 위기가 닥칠 가능성이 매우 낮다는 점도 깨닫게 될 것이다.

1975년, 라인란트팔츠 추의 사회보건부 장관이던 하이너 가이슬러는 의료 재정이 파탄 위기에 직면했다며 서독 정치계를 술렁이게 하였다. 이에 발맞춰 〈슈피겔〉은 다음과 같은 기사를 실었다.

1974년, 독일의 의료산업계에 총 500억 마르크의 비용이 지출되었다. (중략) 최근 집계된 결과에 의하면 올해는 그 액수가 600억 마르크에 달할 것으로 예상된다고 한다. 독일 의료산업계는 현재 매출액을 기준으로 전자, 자동차, 화학 업계와 더불어 최고를 기록하고 있다. 가이슬러 장관은 1978년 말이면 의료비 지출액이 무려 1,000억 마르크 수준에 도달할 것이라 경고했다. (중략) 일각에서는 계속 이렇게 가다가는 2000년경부터 서독인들 모두 오로지 의료비를 벌어들이기 위해서 일해야 하는 사태가 발생할지도 모른다는 우려도 제기되고 있다.[2]

다행히 〈슈피겔〉 지의 경고는 현실화되지 않았다. 1978년 말경에는 1,000억 마르크에 도달한다는 예측도 한참을 빗나갔다. 미시시피 강 하류의 길이를 예측할 때 저지른 것과 비슷한 종류의 오류를 저지른 결과였다.

그렇거나 말거나 '도이체방크Deutsche Bank'의 리서치팀은 2006년 4월, 의료보험료를 주제로 또 한 편의 '재난 영화'를 찍기 시작했다. 해당 시나리오의 타당성을 입증하겠다며 연방보건부에서 발간한 자료[3]에 실려 있던 그래프도 하나 제시했다.

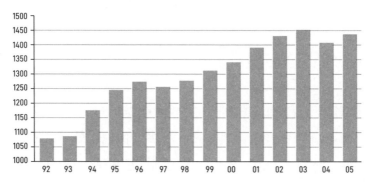

국민건강보험공단은 '돈 잡아먹는 귀신'이다!(단위: 1억 유로)

2006년, 도이체방크 리서치팀이 폭발적 의료비 상승을 경고하며 제시한 그래프.
출처: 연방보건부

의료 재정 관련 기사들의 주장은 매번 똑같다. 지출이 너무 늘어나서 장기적으로는 국민의 건강을 보장해줄 수 없다는 것이다. 그러면서 예컨대 왼쪽과 같은 그래프를 증거랍시며 들이민다.[4]

왼쪽 그래프에서 가장 먼저 눈에 들어오는 수법은 y축을 잘라냈다는 것이다. y축이 만약 0부터 시작한다면 그래프의 모습이 어떻게 달라질까?

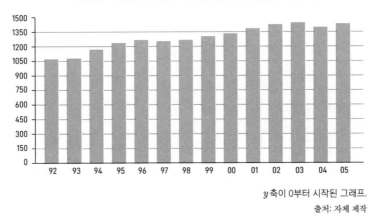

국민건강보험공단은 '돈 잡아먹는 귀신'이다?(단위: 1억 유로)

y축이 0부터 시작된 그래프.
출처: 자체 제작

이렇게만 바꾸어도 위기감은 절반 이하로 줄어든다. 폭발적 증가의 흔적은 어디에서도 찾을 수 없다. 1994년을 가리키는 막대가 앞의 두 막대보다 눈에 띄게 더 높기는 하다. 하지만 그것은 갑자기 의료비 지출액이 폭증한 탓이 아니라 1992년에 제정된 보건구조법 Gesundheitsstrukturgesetz, GSG 때문이다. 이 법 덕분에 의료비 지출액이 약 2년 동안 동결되었지만 3년째부터는 보건구조법이 제대로 효과를 발휘

하지 못했다.[5]

그런데 위 그래프 속 수치들은 물가상승률이 반영되었다. 실질 지출액이 아니라 명목 지출액을 기준으로 작성된 그래프이다. 앞서도 몇 차례 강조했지만 재화나 용역의 가격은 시간이 지날수록 대체로 오르게 마련이고, 거기에 따른 부담은 국민 전체가 부담해야 한다. 물가인상분 전체를 의료보험 분야에만 떠넘길 수는 없다. 그런 의미에서 실질 지출액을 기준으로 제작된 그래프도 확인해볼 필요가 있다.

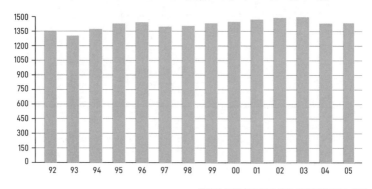

국민건강보험공단의 총 지출액(단위: 1억 유로, 2005년도 물가 기준)

물가상승률이 반영된 실질 지출액의 변동 추이

출처:연방보건부, 연방통계청

위 그래프를 보면 의료 분야의 지출이 폭발적으로 늘어나고 있다는 일각의 주장은 더욱 납득이 되지 않는다. 같은 기간에 민간소비지출 역시 이와 비슷한 수준으로 늘어났는데 왜 거기에 대해서는 우려의 목소리를 내지 않는 것일까?

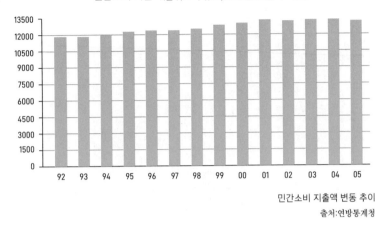

민간소비 지출액(단위: 1억 유로, 2005년도 물가 기준)

민간소비 지출액 변동 추이

출처:연방통계청

위 그래프에서 볼 수 있듯 민간소비지출액도 해마다 꾸준히 늘어났다. 그 이유는 무엇이었을까? 특정 소비재들의 가격이 급등한 것일까? 혹은 그 뒤에 우리가 모르는 어떤 배경변수가 숨어 있는 것일까?

그렇다! 실제로 민간소비지출이 늘어난 데는 GDP라는 배경변수의 공이 컸다. 1992년부터 2005년 사이, 독일의 실질 GDP는 18%나 증가했다. 쉽게 말해 국민이 평균 18%가량 더 부유해졌다.[6] 사실 늘어난 수입을 몽땅 건강을 위해 투자했다고 해도 이상할 게 없다. 건강보다 중요한 것은 없지 않은가! 의료비 지출액이 GDP보다 더 큰 폭으로 늘어났다 해도 전혀 이상할 게 없다. 원래 생활 수준이 높아질수록 의식주보다는 교육이나 여행, 문화생활 그리고 무엇보다 건강에 더 많은 돈을 투자하게 마련이기 때문이다. 그런 의미에서 의료비 지출액이 GDP에서 차지하는 비율도 한 번 살펴보자.

GDP 대비 의료비 지출액(단위: %)

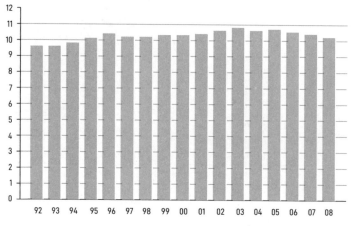

GDP에서 의료비가 차지하는 비율

출처:연방통계청

　독자들에게 가급적 최근의 상황을 알려주기 위해 이번 그래프에서는 대상 기간을 2008년까지로 연장했는데, 보시다시피 2003년까지는 의료비 지출액의 비중이 조금씩 늘어나다가 그 이후부터는 점차 줄어들고 있다. 이로써 의료비 지출이 폭발적으로 늘어나고 있다는 일부 정치가들의 주장이 새빨간 거짓말이라는 게 증명되었다.

　물론 그 새빨간 거짓말을 폭로한 정치가도 있었다. 대표적 인물로 전직 보건부 장관 호르스트 제호퍼와 하원 부의장을 지낸 레나테 슈미트를 꼽을 수 있는데, 두 사람은 각자 자신의 임기 중에 의료비 지출액을 둘러싼 진실을 폭로했다. 경제협력개발기구OECD도 2008년 초, 독일 국민 1인당 의료비 지출액이 1995년부터 2005년 사이에 연평균 1.8%밖에 상승하지 않았다는 점을 지적한 바 있다. 나머지 29개

회원국의 평균 상승률인 4%(실질 증가율)를 훨씬 밑도는 수준이었다.[7]

그런데 국민건강보험공단에서는 연평균 지출액이 1.8%밖에 증가하지 않았음에도 왜 자꾸 앓는 소리를 해대는 것일까? 왜 모두 그 장단에 발맞추어 위기론만 제시하고 있을까?

그 답은 아마도 제2장에 나왔던 음양이론에서 찾을 수 있을 듯하다. 분야를 막론하고 모든 살림살이는 두 가지 요소로 구성된다. 수입(음)과 지출(양)이 바로 그것이다. 하지만 언론이나 정치가들은 모두 양(지출)에 대해서만 이야기한다. 보험공단의 수입 공개를 결사적으로 반대하는 검은 세력이 존재하는 것은 아닐까 하는 의심마저 들 정도이다.

우리 모두 알고 있듯 국가의 재정이든 가계의 재정이든 살림살이에 구멍이 나는 이유는 둘 중 하나이다. 수입에 비해 돈을 너무 펑펑 썼거나 허리띠를 졸라맸음에도 들어오는 돈이 너무 적은 것이다. 국민건강

국민건강보험공단의 수입과 지출

국민 1인당 GDP, 피보험자 1인당 보험금 지급액과 보험료 납입액을 비교한 그래프[8]

출처: 통합서비스노조

보험공단이 적자를 면치 못하는 원인은 둘 중 어디에 있을까?

반쯤 뚝 잘라 1992년 이후부터의 추이를 살펴보면, 3개의 선 중 2 개는 비슷하게 뻗어 나간 반면 1개는 상승폭이 상대적으로 매우 낮다 는 것을 알 수 있다. 즉 피보험자 1인당 보험료 납입액이 나머지 2개 에 비해 그다지 늘어나지 않았다는 뜻이다. 피보험자 1인당 보험금 지 급액의 상승률도 비록 소폭이지만 GDP 상승률보다는 낮다. 이 모든 상황을 종합하면 결국 의료비에 관한 문제는 지출이 아니라 수입에 있다는 것을 알 수 있다.

말이 나온 김에 보험공단의 수입이 줄어든 정황도 살펴보자. 1995 년 이후 일반 근로자들의 임금은 GDP보다 느린 속도로 상승했다(일 부 직종의 임금은 물가상승률을 고려할 경우 오히려 줄어들었다!). 이에 따라 법정 의료보험 가입자들이 내야 할 납입액도 거의 오르지 않았다. 그 와 동시에 비정규직 종사자나 겨우 입에 풀칠만 하는 자영업자, 실업 급여에 의존해서 살아가는 이들은 꾸준히 늘어났다. 의료보험료를 아 예 납부하지 않는 이들이 늘어난 것이다. 물론 수입이 증가한 사람도 있지만 고소득자들은 소득이 일정 수준을 초과하는 순간부터 민영 보 험사로 갈아탔다. 즉 국민건강보험공단 입장에서 보자면 그때까지 최 고액을 납부하던 고객들이 이탈해버린 것이고, 그러니 수입이 줄어들 수밖에 없었던 것이다.

상황이 이렇다면 문제 해결 방식도 달라져야 한다. 진료비를 인상하 고, 환자 본인 부담금을 올리고, 약값을 부풀리고, 간호사들의 월급을 깎는 것으로는 문제를 근본적으로 해결할 수 없다. 그보다는 국민개보 험제도를 도입하거나 법정 의료보험 가입 상한선을 상향 조정하는 등의 정치적 대안이 더 시급하다.

의료 재정과 고령화 사회의 상관관계

의료비 지출액이 눈덩이처럼 불어나고 있다는 주장 못지않게 뉴스에 자주 등장하는 말이 있다. 고령 인구가 늘어날수록 의료 재정이 궁핍해진다는 것이다. 그 말은 과연 진실일까? 그 뒤에 또 다른 진실이 숨어 있는 것은 아닐까? 지금부터 우리는 독자들과 함께 둘 중 어느 편이 더 진실에 가까운지를 파헤쳐보고자 한다. 미리 경고하건대, 이 문제는 절대 간단하지 않다. 해당 속임수에 동적인 아이디어와 정적인 아이디어가 교묘하게 결합해 있기 때문이다.

'세로분석과 가로분석을 불법적으로 혼합한 속임수'라고도 불리는 이 수법은 전문가들조차 혀를 내두를 정도라 한다. 하지만 언제나 그렇듯 미리 겁낼 필요는 없다. '전문가도 속아 넘어간다는 데 나 같은 사람은 백발백중 속아 넘어가지 않을까?'라며 염려할 필요도 없다. 계속 읽어나가다 보면 그 수법이 정확히 어떤 오류를 내포하고 있는지 깨닫게 될 것이다. 나아가 다른 어떤 곳에서 그런 수법을 만나더라도 트릭을 꿰뚫어볼 수 있는 능력을 갖추게 될 것이다.

많은 사람이 '고령화 사회=국민건강보험공단의 지출액 증가'라고 믿고 있다. 노인들 때문에 결국 의료보험공단이 파산할 것이라 걱정하는 이들도 적지 않다. 그렇게 생각하는 이유는 첫째, 노인들은 젊은 사람보다 자주 병원에 가고, 둘째로는 간병비 지출액이 엄청나게 늘어날 것이기 때문이다. 그중 두 번째 항목부터 살펴보겠다.

베른트 라펠휘셴이라는 사회학자가 있다. 자타 공인 노인 문제 전문가로, TV에도 자주 출연하고 신문기자들도 라펠휘셴의 말을 자주 인용한다. 라펠휘셴의 주장에 따르면 노인들을 돌보는 데 드는 사회비용이 4배 이상 증가할 것이라고 한다. 2007년 7월 28일자 〈포쿠스 온라인〉에 그 내용이 게재되었고, 나머지 신문사의 편집장들도 행여 뒤질세라 앞다투어 해당 기사를 보도했다.

현재 기준으로 85세 이상 노인 중 간병인의 도움이 필요한 이는 전체의 절반쯤이다. 그런데 연방통계청의 발표에 따르면 2050년에는 85세 이상 인구의 비중이 지금의 4배에 달할 것이라고 한다. 그러니 2050년에는 지금보다 간병보험에 들어가는 돈이 4배쯤 늘어난다는 것이다.[9] 그와 동시에 언론사들은 청년층이 감소하고 있다는 사실도 강조한다. 간병 비용을 댈 사람도 줄어들고 있고, 그와 동시에 간병을 할 사람도 줄어들고 있다는 것이다. 그런 정황들을 감안하면 고령화로 인한 위기는 필연처럼 느껴진다. 노후를 대비해 따로 민영 보험에 가입한 사람도 있건만 사회 문제 전문가들은 그 부분에 대해서는 거의 언급하지 않는다. 전문가들을 무조건 비난할 수는 없다. 고령화로 인한 문제에서 민영 의료보험이 해소할 수 있는 부분이 그리 크지 않기 때문이다.

그렇다 하더라도 연방통계청이 발표한 자료에는 문제가 적지 않다. 우선 '85세 이상 인구의 증가' 부분에는 동적인 계산법을 적용했다. 2050년쯤이면 기대수명이 지금보다 7년 정도 늘어날 것이라 보았다. 반면에 '간병비 증가율' 분야에서는 정적인 계산법을 활용했다. 수명이 길어지든 말든 85세 이상이면 무조건 간병인의 도움을 받아야 한다고 가정했다. 그 두 가지를 종합하면 우리 모두 인생 말미에 최소한 7년 동안은 간병인 신세를 져야 한다는 뜻이 된다. 물론 나이가 들면서 운신이 어려워져 누군가의 도움에 의존해야 하는 이들이 늘어날 수는 있다. 하지만 모두 그렇게 된다고 볼 수는 없다. 평균 수명이 7년 늘어난다는 것은 결국 전반적으로 건강 상태가 좋아진다는 것인데, 그 부분은 전혀 감안하지 않고 단순히 수치로만 결론을 내버린 것이다.

연방통계청의 계산법이 틀렸다는 것은 지금 당장 거리로 나가 60대 이상 노인들을 관찰해도 쉽게 알 수 있다. 요즘 60대는 예전의 60대보다 훨씬 건강하다. 그분들 스스로도 아마 자신들이 어린 시절에 보았던 할머니 할아버지보다는 자신들이 훨씬 젊다고 느끼고 있을 것이다. 의사들도 지금 60대의 건강 상태가 30년 전쯤의 50대에 견줄 수 있다고 말한다. 막스플랑크연구소 소속의 어느 인구 문제 전문가도 "1991년부터 2003년 사이, 독일인의 기대수명이 높아진 것은 무엇보다 건강 상태가 개선된 덕분이다"라고 주장했다.[10]

만약 연방통계청의 주장대로 2050년쯤 평균 수명이 지금보다 7년가량 늘어난다면 간병비 지출액은 얼마나 더 늘어날까? 연방통계청의 말대로 4배가 늘어날까? 85세부터가 아니라 86세부터 간병비를 지원받기 시작해도 간병비 지출액이 4배까지 늘어날까? 이 질문들과 관련된 도표 하나를 만들어보았다.

간병비 수급 개시 연령과 간병비 증가율의 상관관계
(2050년까지 수명이 7년 연장된다는 것을 전제로 함)

간병비 수급 개시 연령	2005년 대비 간병비 증가율
85세	4.2배
86세	3.6배
87세	3.0배
88세	2.5배
89세	2.0배
90세	1.6배
91세	1.3배
92세	1.0배

출처: 제11차 인구예측보고서(2006년 11월 현재)를 바탕으로 자체 제작.

위 도표에서 볼 수 있듯 실제로 수명이 7년 연장되고 85세 이상 인구가 모두 간병인의 도움이 필요하다면 간병비 지출이 4배가량 늘어난다. 연방통계청의 주장이 옳았다. 하지만 그중 절반이 85세가 아니라 89세부터 지원받을 경우, 간병비 증가율은 절반으로 줄어든다(2.0배). 모두가 92세까지 간병인 없이 정정하게 살아간다고 가정할 경우에는 간병비 지출액이 지금과 같은 수준을 유지한다는 결론이 나온다.[11]

92세까지 모두 간병인의 도움 없이 살아간다는 가정이 터무니없다고 비판하는 이들도 있겠지만, 의술의 발달 속도를 감안하면 완전히 비현실적인 가정은 아니다. 생애를 통틀어 병원 신세를 져야 하는 기간이 점점 짧아질 것이라 보는 의학자들도 적지 않다. 부유층, 즉 건강 상태가 매우 양호한 이들을 대상으로 한 진료 경험에서 나온 주장이니 국민 전체가 그렇게 될 것이라고 말할 수는 없지만, 그렇다 해도 2050년까지 간병비가 4배나 증가한다는 주장은 이해가 되지 않는다. 2050년까지 전 국민의 삶이 개선되지 않는 한, 평균 수명이 7년이나 연장되지는 않을 테고, 그렇다면 간병비가 4배 늘어난다는 라펠휘센의 주장도 무용지물이 되고 말 테니 말이다.

다음으로 첫 번째 항목, 즉 노인들이 젊은 사람보다 병원에 더 자주 간다는 주장에 대해 살펴보자. 이 부분에서도 통계 작성자들은 아마도 노인들의 병원 방문 횟수에 대해서는 정적인 기준을 적용하고, 전체 국민 중 노인들의 비중을 따질 때에는 동적인 기준을 적용했을 것이다.

노인들이 젊은 사람들에 비해 병원을 더 자주 찾는 것은 사실이다. 하지만 나이가 많다고 해서 무조건 병원을 제 집 드나들듯 하는 것은 아니다. 심지어 병원 방문 횟수와 나이 사이에는 아무런 상관관계가 없다고 보는 이들도 있다. 통원 횟수 혹은 입원일수가 가장 높은 이들은 죽음을 앞둔 환자들이며, 개중에는 젊은 시한부 환자들도 많다. 그러니 노인들이 의료비 지출액의 대부분을 차지한다는 주장은 옳지 않다.[12]

한편, 세계적으로 권위 있는 막스플랑크연구소 소속의 어느 연구원도 2010년 간병비와 고령화의 상관관계를 주제로 한 논문을 발표하면서 중요한 실수를 저질렀다. 2050년도를 기준으로 한 통계를 내면서 65세 이상을 고령자로 정의해버린 것이다.

고령자의 기준을 비롯해 세상 모든 기준은 세월이 흐름에 따라 변하게 마련이다. 지금은 모두 옳다고 믿는 기준이 몇 년 뒤 혹은 몇십 년 뒤에도 유효할지는 의문이다. 그런 동적인 함정들 뒤에는 어떤 식의 악의적 조작이 숨어 있지 않지만, 눈 깜짝할 사이에 진실을 호도해버린다.

12 연금보험을 둘러싼 진실

　금융업체들의 광고가 말장난과 속임수로 가득하다는 것쯤은 이제 비밀도 아니다. 업체들 입장에서는 어찌 보면 당연한 일이다. 팔아야 할 상품의 수익성은 먼 미래에나 결정나는데 이윤은 지금 당장 내야 하니 말이다. 민영 연금보험사들도 그러한 처지에 놓여 있다. 민영 연금보험사들은 고객이 매달 납입하는 보험료로 보험설계사에게 수당을 지급하고 각종 경비를 충당한다. 그런 다음 남는 금액을 적절히 운용하여 새로운 수익을 창출해 내는데, 이런저런 항목을 다 빼고 나면 투자할 수 있는 자금은 그리 많지 않다. 물론 보험 가입을 권유할 때 고객에게 그런 부분까지 안내해주는 보험사는 거의 없다.

슈티프퉁 바렌테스트의 민영 연금보험 평가 결과

통계나 수치를 조작하는 이들에게 금융시장은 자신들의 기량을 유감없이 발휘할 수 있는 꿈의 무대이다. 조작할 범위도 넓고 조작에 따른 효과도 그만큼 크기 때문이다. 그러니 소비자 입장에서는 더욱 유의해야 한다. 최대한 중립적인 정보를 바탕으로 어떤 상품을 구매할지 결정해야 한다. 문제는 수백억 규모의 시장이다 보니 중립적인 정보를 제공해주는 이가 거의 없다는 것이다.

그럼에도 나는 '슈티프퉁 바렌테스트Stiftung Warentest*'의 중립성에 큰 기대를 걸었고, '리스터 연금RiesterRente**'에 관한 특별호를 발행하자고 제안했다. 슈티프퉁 바렌테스트 측은 이 제안을 흔쾌히 받아들였다.

하지만 결과물을 보는 순간 내 기대는 분노로 바뀌고 말았다. 당시 슈티프퉁 바렌테스트에서 연금펀드 상품들에 대해 어떤 기사를 실었는지 직접 확인해보라.

건강한 노후연금을 위한 주식투자

- 리스터 연금과 연계된 상품 중 최고의 수익률을 자랑하는 것은 연금펀드 상품들이다!

---

*독일 최고의 소비자 단체의 이름이자 각종 제품의 테스트 결과를 발표하는 잡지의 이름. 독일판 '컨슈머 리포트'라 할 수 있다.
**개인연금(민영 연금보험) 활성화를 위해 도입된 연금제도. 노동부 장관 발터 리스터가 제안했다 하여 '리스터 연금'으로 불린다. 개인연금에 가입하는 이들에게 정부보조금(매년 1인당 200유로, 자녀 1명당 200유로 추가 지급)과 세금혜택을 부여해준다는 내용으로, 2002년부터 시행 중이다.

리스터 연금과 연계된 상품들이 수익성이 없다고 주장하는 이들이 적지 않다. 하지만 그들 역시 연금펀드 상품들을 보면 생각이 달라질 것이다. 연금펀드 상품은 매달 100유로씩 35년 동안 납입할 경우 만기가 되면 총 271,306유로가 쌓인다(연수익률을 9%로 책정할 경우). 즉 현재 32세라면 35년 뒤 271,306유로라는 액수를 적립한 상태에서 매달 일정액의 연금을 수령하게 된다. 슈티프퉁 바렌테스트가 2002년 7월 1일부터 몇 개의 연금펀드 상품들을 관찰한 결과, 그중 몇몇 상품은 무려 9%의 수익률을 기록했다!

참고로, 기사를 계속 읽어 내려가면 상품들에 대해 최종 평가를 내린 시점이 2007년 9월 1일이라고 나와 있다.[1] 약 5년 남짓 상품들을 관찰한 뒤 그 결과를 소비자에게 공개한 것이다. 이 기사를 읽은 독자들은 "바로 이거야!" 하고 외쳤을 것이다. '한 달에 100유로만 납입하면 35년 뒤에 저만큼 많은 돈이 쌓인다고? 이런 기회를 놓칠 순 없어!'라고 생각했을 것이다.

위 기사대로라면 지금 32세인 사람이 35년 뒤에 271,306유로의 잔액을 기록하기 위해 해야 할 일은 단 두 가지밖에 없다. 첫 번째는 심사자들이 추천하는 리스터 연금펀드 상품에 가입하는 것이고, 두 번째는 매달 100유로를 납부하는 것이다. 그렇게만 하면 35년 뒤 내 통장에 271,306유로라는 숫자가 찍힌다. 1의 자리까지 정확하게 명시된 수치를 보면서 '혹시나' 하는 의혹을 품는 이는 거의 없다. 의혹은커녕 모두 연금복권에 당첨되기라도 한 것처럼 행복감에 들떴을 것이다.

다시 한 번 강조하건대 위 기사는 연금보험사의 홍보용 전단에 실린 내용이 아니라 독일 최대의 소비자 단체에서 발행하는 '중립적' 잡지에 실린 내용이다. 그런데 첫 문단에서만 벌써 다섯 가지 중대한 오류가 발견된다. 그것이 오류인지 거짓말인지는 독자들의 판단에 맡기겠다. 우선은 오류라고 해두자. 그 다섯 가지 오류는 다음과 같다.

1. 5년 동안의 관측값을 35년에 그대로 적용하고 있다(부적절한 추세외삽법).
2. 장기저축에서 9%라는 수익률은 너무나도 비현실적이다.
3. 과거 최고의 수익률을 기록한 주식이 앞으로도 최고의 수익률을 기록하리라는 보장은 없다.
4. 극도의 호황기에 나타난 추세를 기준으로 미래를 예측했다.
5. 명목가치를 실질가치인 것처럼 제시했다.

연금펀드 상품에도 주식형, 채권형, 혼합형 등 여러 가지 종류가 있지만, 여기에서는 주식형 상품에만 초점을 맞추겠다. 슈티프통 바렌테스트가 리스터 연금과 관련된 특별호에서 주식투자비율이 높을수록 더 큰 수익률을 보장한다고 평가했기 때문이다.[2]

1. 부적절한 추세외삽법trendextrapolation

장기간에 대한 예측이 얼마나 위험한지는 제8장에서 이미 밝힌 바 있다. 내 수업을 듣는 학생 중에도 장기적 예측이 왜 정확성이 떨어지는지 이해할 수 없다는 이들이 적지 않았는데, 그때마다 이렇게 말해주었다.

"여러분은 대략 스무 살부터 스물다섯 살 때까지 대학을 다닙니다. 그 5년 동안 내가 여러분을 캠퍼스에서 관찰하게 되겠지요. 그런 다음 학위를 받죠. 만약 여러분의 학위수여식 날, 여러분이 60세에 정확히 어떤 모습으로 무슨 일을 하며 살고 있을지 내가 예언한다면 여러분은 그 말을 믿을 건가요?"

그러면 학생들은 킥킥거리기 시작한다. 적어도 그 학생들 입장에서 60세라는 나이는 아득하게만 느껴질 테니 웃음만 나오는 게 당연하다.

만약 슈티프퉁 바렌테스트가 1970년대에 전화기나 컴퓨터를 잘 관찰한 뒤 그로부터 40년 뒤의 상황을 예측했다면 어떤 결과가 나왔을까? 혹은 독일우편국 같은 서비스업체를 1970년부터 1975년까지 5년 동안 관찰한 뒤 2010년에는 그 업체가 어떤 위치에 놓여 있을 것이라는 걸 예측했다면, 과연 몇 퍼센트나 맞아떨어졌을까?

1970년대는 빌리 브란트 총리가 동구권을 대상으로 동방외교를 펼치던 시절이다. 그 당시만 해도 컴퓨터는 오늘날과는 비교할 수 없을 만큼 덩치가 컸고, 지금과는 달리 천공카드punched card를 저장 매체로 활용했다. 휴대전화나 인터넷은 아직 등장하지도 않았다. 학위 논문을 쓸 때 참고할 수 있는 자료라고는 종이에 적힌 정보들밖에 없었다. 워드프로세서 대신 타자기를 사용했고, 내용을 수정할 때에는 가위나 풀 혹은 수정액을 이용했다.

그 당시 사람들이 2010년에 대해 대체 무엇을 알고 있었을까? 앞으로 40년 뒤에 2010년이라는 연도를 맞이할 거라는 것 말고는 제대로 예측할 수 있는 게 거의 없었을 것이다. 혹자는 커뮤니케이션이나 IT 분야는 지난 40년 동안 가장 눈부시게 발전했는데, 그 분야를 어떻게 주식시장과 같은 선상에 두고 비교할 수 있겠느냐고 하겠지만, 금융시장과 세계경제에 가장 큰 변혁을 몰고 온 것이 바로 그 두 분야였다.

물론 장기간을 대상으로 한 예측이라 해서 늘 빗나가는 것은 아니다. 장기적 예측이 반드시 필요한 분야도 있다. 하지만 아무리 양보해도 35년 뒤의 누적액이 정확히 271, 306유로가 될 것이라는 예측은 납득이 가지 않는다. 금융시장에 그 정도의 정확성은 존재하지 않는다. 과거에도 없었고, 앞으로도 없을 것이다.[3]

2. 9%라는 비현실적인 수익률

금융위기 이전에도 장기투자자본의 이율이 그렇게 높게 나온 적은 없었다. 주택담보대출의 이자율도 5% 미만이었다. 그러니 더 큰 수익을 얻고 싶은 투자자들은 결국 위험부담이 더 큰 시장으로 눈길을 돌려야 했다. 연금펀드가 무려 35년 동안 꾸준히 9%의 수익을 낸다는 계산이 도대체 어디에서 나왔는지 모르겠다. 금융전문가들은 아마도 그 기사를 접하는 순간 코웃음을 쳤을 것이다.

위 기사에서 이율을 4%로 수정할 경우(사실 4%도 매우 낙관적인 수치이다) 최종 액은 약 270,000유로가 아니라 90,000유로로 줄어든다. "바로 이거야!"를 외친 독자들의 수도 물론 거기에 비례해 줄어들었을 것이다. 거기에서 한 걸음 더 나아가 이율을 2.25%로 잡을 경우(참고로 리스터 연금과 연계된 상품들이 보장하는 평균 이율은 2.25%이다) 최종액은 다시금 64,000유로로 줄어든다. 거기에서 각종 경비와 수수료마저 제하고 나면 아마 실제 납입액(42,000유로)을 살짝 웃도는 금액밖에 남지 않을 것이다.[4]

3. 수익률이 유지된다는 환상

지난 5년간 가장 높은 상승률을 기록한 주식 10개를 파악하기는 쉽다. 하지만 그 주식들이 앞으로 35년 동안에도 지난 5년과 똑같은 상승률을 기록한다는 보장은 어디에도 없다. 그런 보장만 있다면 증권분석가들 모두 떼부자가 되어 있어야 하겠지만 현실은 그렇지 않다.

슈티프퉁 바렌테스트의 상품평가자들은 순진하게도 그 비현실적인 확률에 기대를 걸었다. 지난 5년 동안 최고의 성적을 기록한 주식들을 매입한다면 그 주식들이 앞으로 35년 동안 과거와 똑같은 수익률을 낼 것이라 계산한 것이다. 그런데 평가 대상 보험사 중에는 취약한 주식을 매입한 업체들도 있었고, 그 업체들은 2%의 수익밖에 올리지 못했다. 그런 사실을 뻔히 보면서도 평가자들은 9%라는 환상을 떨치지 못한 것이다.

사실, 주가가 장차 내려갈지 오를지를 예측하는 것만큼 어려운 일도 없다. 따라서 증시의 추세를 보고 주식형 펀드 상품의 수익성을 판단할 수도 없다. 굳이 판단하고 싶다면 최고의 수익률을 낸 주식이 아니라 평균 수익을 낸 주식들을 기준으로 삼아야 한다. 그래야 다소나마 확실성이 보장된다.

4. 2003~2007년의 경제호황

슈티프퉁 바렌테스트가 연금저축펀드 상품들을 관찰한 기간은 2002년부터 2007년까지였다. 그중 2003~2007년은 근래 들어 보기 드문 경제호황기였다. 예컨대 DAX 지수는 2000년도에 8000선이 무너졌고, 이른바 '닷컴 거품'dotcom bubble을 거치면서 2003년 3월에는

독일주가지수(DAX) 변동 추이

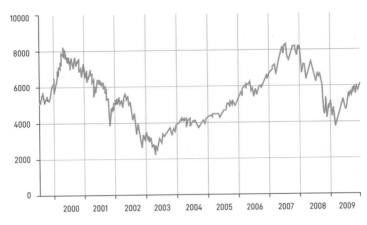

1999년 중반부터 2009년 말까지 DAX 지수의 변동 상황을 나타낸 그래프.

출처: 독일증권거래소

2203까지 곤두박질쳤다. 하지만 그 이후 급속도로 회복되더니 2007년 7월, 그러니까 연금펀드 상품의 평가가 종료되기 한 달 반 전에는 8106을 기록하며 사상 최고치를 경신했다. 2003년에 증시로 흘러들어간 자본이 많은 수익을 낸 게 당연하다. 오히려 9%의 수익밖에 내지 못한 게 이상할 정도이다.

상품평가자들은 유례없는 일시적 호황을 기준으로 다가올 35년을 예측했다. 이는 마치 먼 길을 도보로 여행하는 방랑자가 햇빛이 비치자마자 우산을 내동댕이치는 것과 같다. 앞으로 다시는 비가 내리지 않을 거라 믿으면서 말이다.

하지만 해당 기사의 잉크가 채 마르기도 전 독일 증시에는 먹구름이 잔뜩 끼었고, 결국 그 기사는 읽을 가치조차 없는 폐지로 전락하고 말았다.

5. 명목가치와 실질가치에 대한 혼동

100유로 혹은 270,000유로 같은 특정 액수를 접하는 순간 우리는 습관적으로 현재 물가에 비추어 해당 금액을 평가한다. 물가는 예나 지금이나 꾸준히 오르고 있고, 27만 유로가 지닌 구매력이 35년 뒤에는 분명히 지금보다 훨씬 줄어든다는 것을 알면서도 말이다.[5] 1975년부터 2010년까지의 물가상승률을 기준으로 환산하면 그 당시 270,000유로는 지금의 122,000유로밖에 되지 않는다. 공정한 상품 평가자라면 그런 부분도 지적해야 마땅하건만 슈티프통 바렌테스트의 기사 어디에도 그런 말이 없었다. 혹시나 깨알 같은 글씨로 적어두었을지 몰라서 눈에 불을 켜고 찾아봤지만 흔적조차 찾을 수 없었다.[6]

자, 이제 맨 처음에 나왔던 기사를 다시 한 번 읽어보기 바란다. 그게 과연 오류일까, 거짓말일까? 그 뒤에 우둔함이 숨어 있을까, 악의가 똬리를 틀고 있을까? 판단은 독자들의 몫이다.

참고로 슈티프통 바렌테스트 측에서도 금융위기가 닥친 이후부터는 펀드형 연금상품의 평가에 보다 신중한 태도를 보였다. 예컨대 연간 수익률을 3.6%로 책정한 것이 그 증거이다. 그 정도 수준이면 어느 정도 현실적이라 할 수 있다.[7]

그런데 독자들은 기사를 처음 접하는 순간 과연 몇 가지 속임수를 간파했을까? 앞서 백분율의 함정이나 장기적 예측의 위험성에 대해 공부했으니 아래쪽의 설명들을 읽기 전에 두세 가지 정도는 이미 알아차렸을 듯하다.

나머지 수법들을 미처 간파하지 못한 것은 아마도 배경지식이 부족해서였을 것이다. 예컨대 장기적 자본투자에서 얼마만큼의 수익을 기대할 수 있는지를 대략 알고 있어야 2번에 소개한 함정이 눈에 들어올 테고, 2003~2007년이 증시의 호황기였다는 점을 알고 있어야 4번의 오류를 깨달을 수 있는데, 그런 점이 미흡했을 것이다.

그렇다! 최근 상황에 관한 배경지식은 통계의 함정을 피해 갈 수 있는 수단이 되어준다. 개인연금보험만 하더라도 배경지식이 없으면 깜박 속아 넘어갈 수밖에 없다는 것을 위에서 직접 확인했다.

지금까지 몇 년 동안 언론에서는 개인연금보험의 장점들만 강조해왔다. 그런데 알고 보니 그 뒤에 엄청난 트릭이 숨어 있었다.[8] 앞으로 또 어떤 속임수가 우리를 기다리고 있을지 모른다. 더 탄탄한 지식으로 무장하여 그 모든 꾐을 피해 가자!

13 실업급여를 둘러싼 진실

18~19세기에는 가난이 죄였다. 자기 자신에 대한 죄인 동시에 사회 전체를 위협하는 요소로 간주하였다. 영국과 독일 북부에서는 거지, 부랑자, 매춘부, 주정뱅이, 고아들을 노역장에 감금하기도 했다. 그들은 감금된 상황에서 최소한의 식량으로 연명하면서 강제노동에 시달렸다.

찰스 디킨스의 소설 《올리버 트위스트》도 엄마 잃은 어린 소년에 관한 이야기였다. 주인공 올리버는 가난한 엄마가 자신을 낳다가 세상을 떠나는 바람에 온갖 수모와 고통을 감내해야 했다.

실업급여 수급자를 공격하는 우리 사회

요즘 빈곤층이 겪는 고통을 19세기 빈민들이 처했던 상황과 비교할 수는 없다. 적어도 독일을 비롯한 유럽의 경우, 빈곤층의 상황[1]이 그때보다는 개선되었다.

하지만 극빈층에 대한 우리 사회의 공격은 그 어느 때보다 강해졌다. 모두 국가가 빈곤층에게 너무 많은 지원을 해주고 있고, 그 때문에 가난한 이들이 일을 안 해도 살아갈 수 있게 되었다며 비판하고 있다.[2] 실업급여를 한 푼이라도 올려주면 빈곤층은 더욱 일해서 먹고 살 생각을 하지 않게 될 거라는 이들도 많다. 그런 가운데 2010년, 연방헌법재판소는 실업급여 지급액을 조정하라는 결정을 내렸고, 그러자 모두 걱정 어린 목소리들을 내놓았다. 빈곤층에게 장차 5유로 혹은 10유로가 더 지급될 터인데, 어떻게 하면 가난한 이들이 그 돈으로 더 많은 담배나 술을 구입하는 상황을 막을 수 있겠느냐는 것이었다. 그런 의문들 뒤에는 빈곤층을 게을러서 가난한 사람, 되는 대로 막사는 사람, 나아가 사회의 암적인 존재쯤으로 여기는 시각이 깔려 있었다.

2010년 1월, 헤센 주의 총리 롤란트 코흐는 실업급여 수급자들을 '좀 더 강하게 다뤄야 할 필요가 있다'고 주장했다.[3] 실업급여에 의존하는 대신 취업 전선에 뛰어들라는 강력한 요구였다. 같은 해 2월, 외무부 장관 귀도 베스터벨레도 "두 자녀를 둔 식당종업원의 월급이 실업자들에게 매달 지급되는 실업급여보다 109유로밖에 더 높지 않다."며 날을 세웠다.[4] 나아가 실업자들이 편히 먹고사는 행태를 보면 19세기 초반의 타락주의마저 연상된다며 "일하는 사람은 일하지 않는 사람보다 더 많은 돈을 벌어야 마땅하다"고 목청을 높였다.

틀린 말은 아니다. 일하는 사람이 당연히 더 많이 벌어야 한다. 109 유로라는 수치도 아마 근거 없는 주장은 아니었을 것이다. 그런데 **만약 정말로 식당종업원이 매달 손에 쥐는 돈이 실업급여보다 109유로밖에 더 많지 않다면 그 말은 곧 이 땅의 수많은 식당종업원이 착취당하고 있다는 뜻이 된다.** 실업급여는 연방헌법재판소가 정한 최소금액, 즉 자유사회 안에서 인간다운 삶을 영위하는 데 반드시 필요한 금액을 기준으로 책정되었다.[5] 그러니 월급이 그보다 낮다는 말은 비인간적인 삶을 강요당하고 있다는 뜻이다. 없어서는 안 될 중요한 업무를 수행하고 있는 이들에게 우리 사회가 인간 이하의 대접을 하고 있다는 뜻이기도 하다. 따라서 연방정부나 의회는 식당종업원들이 보다 인간적인 삶을 누릴 수 있도록 최저임금을 좀 더 높게 책정해야 한다. 나아가 그 최저임금의 액수는 베스터벨레도 말했듯 실업급여보다는 높아야 한다.

그런데 베스터벨레는 실업급여 수급자들을 비난하는 과정에서 두 가지 속임수를 활용했다. 동전의 뒷면은 가린 채 앞면만 보여주는 수법 그리고 원인과 결과를 혼동하게 하는 수법이 바로 그것이다.

첫째, 베스터벨레는 실업급여가 최저임금보다 높다는 점만 강조했을 뿐, 식당종업원의 임금이 너무 낮다는 부분에 대해서는 함구했다. 즉 최저임금을 상향 조정할 경우 수많은 실업자에게 취업동기가 부여된다는 점을 뻔히 알면서도 모르는 체한 것이다.

두 번째 트릭은 인과관계에 관한 것이다. 베스터벨레는 실업급여가 임금보다 더 빠른 속도로 상승하는 바람에 실업급여가 최저임금보다 더 높아졌다고 주장했는데, 두 사건의 순서가 뒤바뀌었다. 실제로는 1990부터 2010년까지 최저임금을 받고 일하는 이들의 비율이 급격히 증가하면서 최저임금의 수준이 오히려 낮아졌으며[6], 그로 인해 결국 일부 노동자들이 실업급여보다 더 낮은 보수를 받게 된 것이다. 이 상황에서 만약 연방의회가 최저임금을 상향 조정하는 대신 베스터벨레의 주장을 받아들여 실업급여 수준을 지금보다 낮춘다면(다행스럽게도 연방헌법재판소에서 그런 결정은 내릴 수 없게 미리 못 박아두었다) 결국 최저임금 노동자들이 대거 실업자로 전락하는 사태만 벌어질 것이다.

베스터벨레의 또 다른 거짓말은 각종 국가보조금 부분을 누락시킨 것이다. 사실 저임금 노동자라 하더라도 정규직일 경우에는 국가로부터 각종 보조금을 지원받는데, 베스터벨레는 그 부분을 일부러 외면했다. 그러면서 나름대로 정당한 이유를 제시했다. 해당 보조금들은 신청을 해야 지급받는 형식인데, 신청자격을 가진 사람 중 실제 수혜자가 적으니 그 부분을 제외시켜야 마땅하다는 것이다. 그러자 2010년 3월, 한 복지단체에서 196가지 사례를 들면서 주거보조금과 추가자녀수당을 합칠 경우 저임금 근로자의 수입이 실업급여 수급자보다 훨씬 더 많다는 사실을 입증했다. 거기에다 국가가 보전해주는 임금보조금까지 더하면 저임금 근로자의 수입은 훨씬 더 높아진다.[7]

2010년 1월 24일, 〈프랑크푸르터 알게마이네〉 일요판은 실업급여 수급자와 관련된 특집 기사 두 개를 실었다. 주요 공략 대상은 홀로 자녀를 키우는 싱글맘들이었다.

기사는 사회철학자 볼프강 케르스팅, 뮌헨에 소재한 IFO 경제연구소 소장 한스 베르너 진, 경제학자 클라우스 슈라더 등의 말을 인용하면서 논지를 펼쳐 나갔는데, 핵심 주제는 정부가 너무 많은 양육비를 보조해준 덕분에 무직인 싱글맘들은 취업할 생각도, 재혼할 생각도 전혀 하지 않는다는 것이었다.[8] 한스 베르너 진은 국가가 싱글맘들에게 매달 위자료를 지급하고 있다고 주장했고, 볼프강 케르스팅은 한 걸음 더 나아가 독일 정부가 가족 해체를 주장하던 전체주의 정권을 닮아가고 있다며 비판했다. 민주적 절차에 따라 선출된 국민의 대표들이 어려운 처지에 놓여 있는 여성들에게 제시한 한 줄기 빛을 전체주의적 압제와 비교하다니 비약도 그런 비약이 없었다.

해당 기사들은 또 국가가 싱글맘들에게 1인당 445,000유로를 지원하고 있다고 주장했다. 신문 제1면에 큰 글씨로 그렇게 적혀 있었다. 그 아래에는 작은 글씨로 '경제학자들의 추산에 따르면 두 명의 자녀를 둔 싱글맘이 50세가 될 때까지 계속 무직 상태를 고수할 경우, 해당 여성을 위해 납세자들이 부담해야 할 액수는 총 445,000유로에 달한다'라고 적혀 있었다. 새빨간 거짓말이었다.

그 주장이 거짓말인 것을 밝히기 위해 우리는 수소문 끝에 기사에 실린 경제학자 중 한 명과 접촉했다. 우타 마이어 그래베라는 사회학자였는데, 그녀에게서 들은 얘기는 기사 내용과는 상당히 차이가 있었다. 마이어 그래베의 계산 결과는 싱글맘이 아니라 싱글맘 밑에서 성장한 자녀에 관한 계산 결과였다! 예컨대 싱글맘 밑에서 힘든 성장기를 보낸 어느 소녀가 학교도 제대로 못 다니고, 직업교육도 못 받고, 결혼도 못 하고, 젊은 나이에 당뇨병 같은 만성 질환을 앓게 되고, 거기에다 정신적 질환까지 더해지고, 결국 미혼모가 된다는 시나리오 하에 계산한 것이다. 마이어 그래베의 주장은 그 소녀가 그 모든 비극을 실제로 겪을 경우, 소녀가 50세가 될 때까지 국가로부터 총 445,000 유로를 지원받게 된다는 것이다.

그런데 〈프랑크푸르터 알게마이네〉 일요판은 그런 극단적인 상황을 싱글맘 모두에게 적용해버렸다. 심지어 해당 기사에는 활짝 웃고 있는 어느 여인의 사진도 첨부되어 있었고, 그 밑에는 "제 인생이 실패했다고요? 절대 그렇지 않답니다! 싱글맘처럼 성공한 사람도 없거든요!"라고 적혀 있었다! 즉 〈프랑크푸르터 알게마이네〉 일요판은 마치 모든 싱글맘이 성실한 납세자들에게 445,000유로의 빚을 지고 있는 것처럼 현실을 조작한 것이다.

마이어 그래베가 그런 식으로 계산한 의도 또한 〈프랑크푸르터 알게마이네〉 일요판의 의도와는 완전히 달랐다. 마이어 그래베의 의도는 극단적인 경우를 계산해봄으로써 싱글맘의 자녀를 조기에 지원하고, 나아가 그 자녀가 나중에 커서 다시 부모가 되었을 때 적절한 금액의 부모수당과 보육시설을 마련해주는 것이 결국 국가 경제에도 도움이 된다는 것을 증명하는 것이었다. 마이어 그래베는 그렇게 지원해줄 경우, 국가는 해당 소녀가 50세가 되었을 때 '투자금'의 세 배에 달하는 금액을 회수할 수 있다고 주장했다.

〈프랑크푸르터 알게마이네〉 일요판과 베스터벨레 장관 그리고 헤센 주 총리 롤란트 코흐가 내세운 요지는 하나였다. 이 땅에는 너무나도 많은 게으름뱅이가 살고 있고, 그들이 피땀 흘려 일하는 성실한 납세자의 고혈을 빨아먹고 있다는 것이다. 그런데 독일경제연구소DIW 소속의 노동시장 전문가들은 그것과는 완전히 다른 의견을 내놓았다. 실업급여 수급자 중 90%가 기회만 주어진다면 언제라도 기꺼이 취직할

의사가 있다는 것이었다.[9]

사실 〈프랑크푸르터 알게마이네〉 일요판이나 베스터벨레 혹은 코흐의 '저격' 대상은 빈곤층이 아니었다. 그들의 공격 대상은 싱글맘이 아니라 빈곤층을 위해 목소리를 높이는 이들, 즉 친서민 성향의 노조나 정치학자, 복지단체, 헌법재판소 재판관들이었다. 실업급여를 신청하러 온 이들에게 미소를 띠는 공무원도 어쩌면 거기에 포함될지 모를 일이다!

빈곤층을 악의적으로 모함하는 정치가나 가난한 이들을 공격 대상으로 삼는 신문 기사들이 목적하는 바는 뻔하다. 경제적 상황을 불문하고 인권은 존중되어야 한다는 인식, 가진 것이 많은 이들이 연대의식을 발휘해 어려운 이들을 도와야 한다는 여론, 인권 수호와 연대의식이야말로 민주주의의 필수 요소라는 주장에 반기를 들고 싶은 것이다.

어쩌면 그 뒤에 또 다른 음흉한 의도가 숨어 있을 수도 있다. 최근 들어 저임금 노동자들의 월급은 끝을 모르는 듯 계속 낮아지고 있고[10], 중간층의 소득은 겨우 현상유지만 하고 있으며, 연금과 각종 사회부조도 삭감되고 있고, 독일, 오스트리아, 스위스 등에서는 일자리가 꾸준히 줄어들고 있다. 그런데 그 와중에 초부유층의 소득은 몇 년째 계속 늘어나고 있다. 2007년, 독일경제연구소도 실질적으로 부유층의 소득만 늘어나면서 소득불균형이 점점 심해지고 있다는 점을 지적한 바 있다. 이런 식의 정보들이 세간에 흘러다닐수록 부유층과 부유층의 이익을 대변하는 이들의 우려는 커진다.[11] 중산층이 '내 연봉은 계속 같은 수준에서 맴돌고 있는데 부자들은 왜 점점 더 많은 돈을 갖게 되지? 그렇게 부자들이 점점 더 큰 부자가 되면 결국 나도 빈곤층으로 전락하는 것은 아닐까?'라며 행여나 자신들을 공격할까 걱정한다. 그런 걱정을 잠재우기 위해 고안된 방법이 바로 중산층의 관심을 부유층이 아니라 빈곤층에게 돌리는 것이다.

그런데 빈곤층이 이렇듯 뿌리 뽑아야 할 사회악으로 취급되고 있는 반면 저임금 일자리들은 왜 확대해야 할 대상으로 간주하고 있을까? 전직 총리인 슈뢰더도 저임금 일자리를 대폭 확대하기 위해 무한한 노력을 기울였는데, 그 이유가 무엇일까? 그런 질문을 할 때마다 되돌아오는 답변은 예나 지금이나 똑같다.

- 저임금 일자리는 장기실업자가 '일용할 양식'을 위해 다시금 행동할 수 있는 기회이기 때문이다(1999년 2월, 실제로 슈뢰더가 한 말이다)[12].
- 저임금 일자리가 노동시장 및 독일 기업의 유연성을 드높이기 때문이다.
- 독일의 수출산업이 세계시장에서 경쟁력을 유지하기 위해서라도 저임금 일자리는 반드시 필요하기 때문이다(이와 관련해 슈뢰더 총리는 2005년에 개최된 '다보스 세계경제포럼'에서 독일이 유럽에서 저임금 일자리를 가장 많이 확충했다며 자랑하기도 했다)[13].

저임금 일자리에 관한 이야기는 책 한 권을 할애해도 모두 다루지 못할 만큼 매우 민감하고도 복잡하다.[14] 따라서 여기에서는 위 세 가지 주장에 대해 6개의 의문만 제기해보겠다.

1. 슈뢰더 총리는 실업자들에게 취업을 알선함으로써 국가보조금에 의존하지 않고 독립적으로 살아갈 수 있는 환경을 만들겠다고 약속했다. 그런데 2009년 9월 현재, 실업급여보다 낮은 임금을 받으며

일하고 있고, 그 때문에 임금보전 차원에서 국가보조금을 받아야 하는 이들이 130만에 달한다.[15] 즉 경제활동을 하고 있음에도 국가 보조금을 받고 있는 이들이 실업급여 수급자의 1/4에 달하고, 그들이 매년 국가로부터 받아가는 보상금이 연간 930억 유로에 달한다.

2. 현 정부는 '하르츠 IV^{Hartz IV}' 도입 이후 저임금 근로자들에게 500억 유로에 가까운 보조금을 지급해왔다. 그렇게 많은 돈을 기업에 지원하면서 어떻게 일자리도 창출하고 보조금도 줄여나가겠다는 것인지 이해가 되지 않는다. 게다가 국가로부터 보조금을 받는 기업들은 그 돈으로 제대로 된 일자리를 마련하기보다는 비정규직 채용에 더 집중하고 있다.

3. 저임금 근로자의 80%가 직업교육 과정을 수료한 사람이거나 학사 학위 소지자이다. 그러다 보니 대학을 나오지 않았거나 직업교육을 받지 못한 장기실업자들의 등용문은 더욱 좁아졌다.[16] 그뿐만 아니라 저임금 근로자 대부분이 실업자 신분에서 벗어난 이들이 아니라 그보다 더 높은 임금을 받다가 저임금 근로자로 전락한 이들이다.[17] 그렇게 볼 때 저임금 일자리는 신분상승의 기회라기보다는 오히려 신분하락의 온상에 가깝다고 할 수 있다.

4. 수출산업의 경쟁력 때문에라도 저임금 일자리를 확충해야 한다고 했는데, 그렇다면 대체 왜 저임금 일자리의 대부분이 서비스 분야에 집중해 있는 것일까? 숙박업계, 청소대행업체, 미용업계가 도대체 수출과 무슨 관계가 있다는 것일까? 수출 집약적인 자동차, 공작기계, 화학 관련 업계의 평균 연봉은 왜 자꾸만 높아지고 있는 것일까?

결국 연봉과 수출실적은 아무런 상관이 없다는 뜻 아닐까!

5. 모두 근로자들의 임금이 동결되거나 인하되면 기업의 유연성이 높아지는 것처럼 주장하는데, 혹시 유연성이 아니라 이윤이 더 높아지는 것은 아닐까? 그것이 결국 부자들의 배만 더 불리는 결과로 이어지는 것은 아닐까? 어쩌면 슈뢰더나 베스터벨레는 음양이 조화를 이루어야 세상이 제대로 돌아간다는 이론에 강력히 반대하고 있는 것은 아닐까? 그게 아니라면 왜 저임금 일자리를 확충할 때 부자들이 더 큰 부자가 된다는 말은 쏙 빼고 기업이 유연해진다는 말만 했을까!

6. 독일이 수출국이라는 주장도 거짓말이다. 사회철학자 프리트헬름 헹스바스는 2010년 7월, 우리 모두 믿고 있는 것과는 달리 독일 국민(정확히 말해 독일의 근로자들)이 외국에서 판매한 재화와 용역보다 독일 소비자들(그중 대부분이 부유층)이 외국에서 구입한 재화와 용역이 훨씬 더 많다고 지적했다.[18]

2009년 9월, 피츠버그에서 개최된 G20 정상회담에서 각국 수뇌부는 국가 간 경제 불균형을 해소하기 위한 대책을 논의했다. 그 자리에서 미국은 독일 정부에 임금 인상을 통해 내수를 진작할 것을 강력히 요구했다.[19]

그런데 과연 단순히 임금을 올리는 것만으로 내수가 진작되고, 그것만으로 모든 문제를 해결할 수 있을지는 상당히 의문스럽다.

우리는 왜 숫자를 맹신하는가?

혹시나 잊고 있을 독자들을 위해 다시 한 번 말하자면, 이 책은 게르트 보스바흐와 옌스 위르겐 코르프가 공동으로 저술한 것이다. 지금까지는 게르트 보스바흐가 화자 입장에서 이야기를 풀어나갔는데, 이번 장에서는 옌스 위르겐 코르프에게 마이크를 넘길까 한다.

지금부터는 옌스가 진행자 입장에서 가상 토론을 이끌어 나갈 것이다. 가상 토론인 만큼 등장인물은 모두 허구이다. 이미 고인이 된 역사 속 인물도 등장할 예정이다. 그러면 위 사항들을 모두 유념했다는 전제하에 숫자와 통계를 둘러싼 토론을 시작해보겠다.

옌스   게르트 씨는 원래 수학자인 걸로 알고 있는데요. 통계학도 따지고 보면 수학의 한 분야라고 할 수 있겠죠? 우선은 수학에 대한 게르트 씨의 생각부터 듣고 싶군요. 수학은 무엇이고, 또 수학의 핵심은 무엇이라고 생각하시나요?

게르트   수학은 여러 방면에서 유용하게 활용할 수 있는 일종의 보조도구입니다. 이를테면 우리를 둘러싼 물리적 세계 중 측정할 수 있는 것들을 규명하고 평가할 때, 자연현상을 학술적으로 설명할 때, 각종 기기나 소프트웨

어를 고안할 때, 상거래를 진행할 때, 제한된 자원을 효율적으로 관리하고 싶을 때, 경제를 파악하고 싶을 때 우리는 누구나 자신도 모르게 수학에 의존하게 되는 거죠. 잘 아시겠지만, 요즘은 정치적으로나 사회적으로나 모든 상황이 급변하고 있지 않습니까? 그런 상황들을 진단할 때에도 덧셈이나 백분율 등 다양한 수학적 도구가 반드시 필요하답니다.

옌스   그렇습니다. 게르트 씨 말씀대로 생활 모든 분야에서 우리는 숫자에 의존해서 살아가고 있습니다. 개중에는 숫자를 맹신하는 이들도 적지 않죠. 2009년 7월, 누리꾼들 사이에서도 '우리는 왜 그토록 숫자를 맹신할까?'라는 주제로 열띤 토론이 진행된 적이 있다고 합니다. 그중 '스크랍츠'Scrabz라는 닉네임을 쓰는 누리꾼의 답변이 매우 인상적이었는데요. 이 자리에 특별히 스크랍츠 씨를 초청했습니다. 모두 박수로 맞이해주시기 바랍니다. (박수) 스크랍츠 씨는 통계에 대해 어떻게 생각하시나요?

스크랍츠   저는 학자라면 누구나 수치에 기반을 두고 연구를 진행해야 한다고 생각합니다. 그 수치들을 근거로 해서 주제에 맞는 통계도 제시해야 하고요. 그러니까 제 말은 연구 결과나 논문을 발표할 때 반드시 수치와 통계를 기준으로 삼아야 한다는 겁니다. 물론 오차범위도 공개해야 하고, 자기비판이 따른다면 더욱 좋겠죠. 실제로 많은 학자가 그렇게 하고 있습니다. 문제는 단 몇 개의 표본만 조사한 뒤 결론을 내리는 이들이 많다는 겁니다. 물론 그 심정은 충분히 이해합니다. 몇 번 실험해봤더니 매번 똑같은 결론이 나오면 당장 나라도 '그래, 이게 정답이야!'라는 마음이 들 것 같거든요. 아, 질문이 이게 아니었죠? 통계의 정의에 대해 물어보셨나요? 저는 통계란 주어진 데이터들에서 특정 명제를 이끌어내는 과정이라 생각합니다. 그러니 학술 연구에서 통계, 즉 수치가 빠질 수는 없겠죠. 그 수치들은 어떤 명제를 확실히 입증하는 도구입니다. 확실한 입증까지는 안 된다 하더라도 최소한 자신의 주장이 틀리지는 않았다는 것을 뒷받침해줄 증거는 될 수 있겠죠.

엔스   그렇군요. 의견 잘 들었습니다. 이번에는 다시 게르트 씨께 질문을 드려볼게요. 혹시 숫자가 단순한 도구 이상의 의미를 갖는 경우가 있나요? 그러니까 제 말은 숫자가 부수적 도구가 아니라 그 자체로 목적이 되는 경우가 있느냐는 겁니다.

게르트   예, 있습니다. 하지만 숫자 자체가 스스로 목적이 되는 경우는 거의 없습니다. 숫자를 도구가 아닌 목적으로 승격시키는 건 숫자를 다루고 접하는 사람들입니다. 로또를 예로 들어볼까요? 매주 토요일 저녁이면 수백만 로또 구매자들이 넋을 잃고 TV만 바라봅니다. 그런데 방송의 내용이 뭡니까? 숫자가 적힌 동그란 공을 굴리고 돌리는 게 전부죠. 주식 분야도 숫자를 중시하기로는 둘째가라면 서러워합니다. 모두 부러워할 만큼 고액의 연봉을 받는 증권전문가들이 하루 종일 뭘 하는지 아십니까? 모니터만 쳐다보고 있습니다! 수많은 숫자가 파도처럼 밀려오는 화면을 두 눈 부릅뜨고 쳐다보죠. 아, 물론 가끔 전화통을 붙들고 있기도 합니다. 통화 상대에게 수많은 숫자를 불러주기 위해서 말이죠. 전철역마다 설치된 화면은 또 어떻습니까? '적도를 완전히 한 바퀴 도는 데는 2억 5백만 마리의 지렁이가 필요하다', '아르헨티나에서 1년 동안 재배한 양귀비에서 채취한 씨앗으로 포피 시드 베이글poppy seed bagel 3억 3천7백만 개를 만들 수 있다'같은 시답잖은 내용뿐인데, 다들 뚫어져라 화면을 들여다보고 있잖아요.[1]

엔스   네, 그렇군요……. 앗, 그런데 이 팡파르 소리는 어디서 들려오는 거죠? 아, 재연배우들이 연극을 하고 있네요. 화면을 보니 국왕이 지금 막 식사를 시작한 것 같습니다. 그 주변에 대신들이 둘러서 있고요. 잠시 토론을 중단하고 VCR 화면을 보도록 하겠습니다.

국왕　　오늘은 분위기가 왜 이렇지? 왜 이성적 토론이 벌어지지 않는 건가? 머리로 들어가는 양식이 이토록 없을진대 어찌 입으로 들어가는 양식이 맞날 수 있겠는가! 궁정학자 레안더여, 어찌하여 오늘은 이리도 말이 없는가? (중략) 태양과 지구의 거라카 얼마나 되지?

레안더　　20만하고도 75와 $\frac{1}{4}$ 마일인 것으로 알고 있사옵니다. 15도 각도에서 계산했을 때 말입니다.

국왕　　그렇다면 주변 행성들이 회전하는 궤도의 거리는 총 얼마인가?

레안더　　각 행성의 회전거리를 모두 합하면 1조 마일 이상 되는 것으로 알고 있습니다.

국왕　　1조 마일이라……! (중략) 내가 세상에서 제일 좋아하는 게 바로 큰 숫자들이라네. 백만이나 1조 같은 숫자들 말일세. 그 숫자들을 듣는 순간 머리가 빠르게 돌아가거든. 그런데 1조는 솔직히 내가 감당하기에는 조금 큰 숫자 같군.

레안더　　아뢰옵기 황공하오나 전하, 숫자가 커지는 만큼 인간의 머리도 성장한답니다.

옌스　　자, 여기까지입니다. 모두들 재미있게 보셨나요? 참고로 방금 보신 장면은 《장화 신은 고양이》 제2막 4장에 나오는 장면입니다. 1797년, 독일의 문인 루트비히 티크가 쓴 동화극의 한 장면이죠. 그런데 "숫자가 커지는 만큼 인간의 머리도 성장한다"는 레안더의 말은 무슨 의미일까요? 여기에 대해서 답변해주실 분이 있나요? 아, 네. 심리학자이신 주잔네 씨께 발언

권을 드리겠습니다.

주잔네   그 질문에 대답하기 위해 손을 든 건 아닙니다만, 꼭 하고 싶은 말이 있습니다. 엄청난 수치를 입에 올리는 이들은 자신도 그 숫자들만큼 엄청난 인물이 된다고 착각한다는 것이죠. 그런데 혹시 이거 아세요? 아이들이 즐겨 부르는 동요 중에 밤하늘에 별이 몇 개인지를 묻는 내용이 있어요. 그 질문에 대한 대답이 아마 제 의견을 대변할 것 같아요.

"신만이 그 숫자를 셀 수 있지."

옌스   그래요. 기업 대표들이나 각 분야의 교수님들 혹은 재무차관이 발표하는 숫자들만 해도 우리가 감당하기 어려울 정도로 엄청나죠.

주잔네   잘 지적하셨어요. 적어도 그런 엄청난 수치들을 언급하는 순간만큼은 자신이 마치 전지전능한 존재, 신적인 존재가 된 것 같은 착각에 빠질 거예요.

옌스   그렇다면 그 수치들을 맹신하는 일반 대중은 모두 '광신도'라는 뜻인가요?

주잔네   신에 대한 믿음이 바탕에 깔려 있을 수는 있겠죠. 여기에서 말하는 신이 비록 잡신이라도 말이에요. 그러니까 제 말은 우리 모두 무언가를 알고 싶어 하고 믿고 싶어 한다는 뜻입니다. 마피아가 연간 얼마나 많은 돈을 벌어들이고 있는지, 내가 도둑맞은 자전거가 어디에서 얼마에 팔렸는지 모두 알고 싶어 하잖아요? 그 상황에서 누군가가 그런 수치들을 발표하면 모두 "와, 그렇구나!"라고 말합니다. 무조건 그냥 믿어버리는 거예요. 그때 만약 다른 누군가가 "죄송한데요, 마피아가 얼마를 버는지 어떻게 아셨나요? 잠입이라도 하셨나요?", "미안하지만, 제가 도둑맞은 자전거가 정확히 누구에게 얼마에 팔렸는지 어떻게 조사하셨나요?"라고 물어보면 분위기를 망친다고 오히려 손가락질만 받기 십상이랍니다!

엔스　　　　네, 어느 정도 일리 있는 주장 같습니다. 하지만 숫자라는 게 본디 감정이 전혀 배제된 게 아니던가요? 적어도 저는 숫자가 어디까지나 철저한 이성과 계산에 근거한 무엇이라고 알고 있습니다. 그 부분에 대해서 전 세계 적으로 이름난 두 학자의 의견을 들어보기로 하죠.

레오나르도 다 빈치　수학적 근거가 없다면 인간이 하는 연구 중 그 어떤 것도 진정한 연구라 할 수 없습니다!

요하네스 케플러　　진정한 깨달음은 '양quantum'의 개념이 동반될 때 비로소 얻을 수 있습니다.[2]

엔스　　　　네, 중세를 대표하는 저명한 학자들도 역시나 숫자의 중요성을 강조하고 있군요. 중세 얘기가 나왔으니 말인데, 원래 '중세' 하면 '철학'이 떠오르지 않나요? 그런 의미에서 철학과 수학 혹은 철학과 숫자와의 관계에 대해서도 의견을 들어보고 싶은데요. 철학사 분야의 권위자이신 프랑크 씨께 의견을 물어보기로 하죠.

프랑크　　　수학과 철학은 떼려야 뗄 수 없는 관계에 놓여 있습니다. 당장 피타고라스나 데카르트 혹은 라이프니츠만 봐도 그렇죠. 모두 수학자 '혹은' 철학자로 알고 있지만 알고 보면 세 사람 다 수학자 '겸' 철학자였거든요. 한스 요아힘 슈퇴리히도 자신의 저서 《세계 철학사Kleine Weltgeschichte der Philophie》(이룸 출간)에서 그렇게 말했죠. 피타고라스가 숫자 속에서 세계의 비밀과 구조를 발견했다고 말입니다. 또 슈퇴리히는 모든 기본 숫자들, 그러니까 1부터 10까지의 숫자들은 모두 각자 고유한 힘과 의미를 지니고 있다고도 주장했습니다. 그중에서도 10은 특히 더 광범위한 힘을 지니고 있다고 말했죠. 다시 말해 숫자들의 관계 혹은 그 속에 담긴 질서 속에서 우리를 둘러싼 세계가 비로소 조화를 이룬다는 겁니다. 슈퇴리히는 음악과 숫자를 평행선에 놓고 비교하기도 했습니다. 움직이는 물체들은 모두 소리를 내게 마련인데, 그 음량이 움직임의 속도에 따라 달라진다는 주장이었어요. 그는 '행성의 소리'라는 개념도 소개했어요. 행성들은 모두 일정한 속도에 따라 움직이고 있으니 그 속도에 따라 일정한 음량이 발생한다는 뜻으로 말이죠.

엔스　　　재미있는 이론이네요. 결국 숫자가 조화로운 세계, 즉 낙원을 약속한다는 이론이잖아요? 모르긴 해도 '행성의 소리'도 아마 불협화음이 아니라 협화음이겠죠? 토론 시간이 제한되어 있으니 아쉽지만 그 주제에 대한 얘기는 이쯤에서 접고, 이번 토론에서 가장 중요한 주제인 '우리는 왜 숫자를 맹신하는가?'에 대해 다시금 얘기해봐야 할 듯합니다. 이번에 의견을 제시하실 분은 인터넷 지식포럼에서 활발하게 활동하는 페터 씨입니다. 페터 씨는 어떤 의견을 갖고 계신지 함께 경청해볼까요?

페터　　　숫자는 일상생활에서 우리가 의심 없이 확실하게 믿을 수 있는 무엇입니다. 사실 기초적인 연산에서는 언제나 답이 하나뿐이지만, 인간의 삶이 어디 기초적인 것만으로 이루어져 있나요? 매일 수많은 결정을 내려야 하는데, 그중 어느 것이 정답인지는 누구도 미리 알 수 없습니다. '때늦은 후회'라는 표현이 있는 것도 아마 그 때문이겠죠. 심지어 시간이 지난 다음에도 어떤 결정이 옳은 결정이었는지 판단할 수 없는 때도 많습니다. 그럴 때 판단의 기준이 되는 게 바로 수치입니다. 결정을 내리기 전이든 그 이후든 수치로 비교해보면 간단히 답이 나오거든요. 약간 다른 얘기지만, 법조계에서도 숫자가 큰 의미를 지닌다고 알고 있습니다. 어떤 법률을 만들때 '몇 조', '몇 항'이라는 식으로 번호를 붙이잖아요? 예외적인 경우도 있겠지만, 대부분은 1조가 2조보다 중요하고, 1항이 2항보다 중요하다고 알고 있습니다.

엔스   수많은 경우에 숫자가 결정의 잣대가 된다는 점에 대해서는 별다른 이견이 없을 듯합니다. 그릇된 수치를 고르는 순간 '낙원으로 가는 입장권'을 놓칠 수도 있겠죠. 그런데 여기에서 중요한 질문을 하나 제기하고 싶습니다. 따지고 보면 수치가 그 자체로 중요할 때보다는 결국 시간 혹은 돈을 의미하기 때문에 중요할 때가 더 많은 것이 아닐까요? 그 부분에 대해서 궁금해하시는 분들이 많을 것 같은데, 두 분의 의견을 차례로 들어볼까 합니다. 먼저 관련 분야의 '파워블로거'이신 소냐 씨의 의견부터 듣고, 곧이어 심리학자 주잔네 씨의 의견을 듣겠습니다.

소냐   우리에게 주어진 시간은 정해져 있습니다. 하루에 24시간, 1,440분, 86,400초죠. 매달 주어지는 시간이 짧게는 28일, 길게는 31일로 달라지기는 하지만, 모두에게 주어진 조건은 같습니다. 또한 누구나 월급이 정확히 그달의 몇 번째 날에 자신의 통장에 입금되는지 잘 알고 있습니다. 집세나 전기요금, 가스요금 등이 정확히 언제 통장에서 빠져나가는지도 대부분 훤히 꿰뚫고 있죠. 제 말은 그만큼 숫자가 돈이나 시간과 밀접한 연관을 지니고 있다는 겁니다.

주잔네   숫자가 새겨져 있지 않은 동전이나 지폐를 본 적이 있으신가요? 그래요. 모두 알고 있듯 돈과 숫자는 떼려야 뗄 수 없는 관계에 놓여 있어요. 참고로, '돈이 전부다', '결국 세상을 지배하는 것은 돈이다'라는 생각을 하는 사람도 매우 많답니다. 돈을 신처럼 떠받드는 사람도 적지 않다는 거예요.

엔스   어느 정도는 동의하지만, 역사를 되돌아보면 우리 조상이 늘 돈을 우상처럼 숭배한 것은 아니었습니다. 백만장자나 억만장자를 떠받들던 시절도 있지만 부자라는 이유로 오히려 손가락질을 받아야 했던 시절도 있습니다. 사상 초유의 인플레이션이 일어난 대공황 시기는 어땠습니까? 그 당시 노동자들은 예를 들어 1923년 어느 날 오후에 그날 새벽부터 일한 대가로 지급받은 보수가 다음 날 아침이면 휴짓조각보다 못한 것을 깨닫고 절망에 빠져야 했습니다. 지나친 과장이나 비현실적인 비교는 이쯤에서 접겠습니다. 그래요. 숫자는 그 어떤 것보다 합리적이고 이성적입니다. 거기에 반론을 제기하는 분들은 많지 않을 겁니다. 그렇다면 다시 한 번 철학계의 입장이 듣고 싶어집니다. 철학만큼 이성을 강조하는 분야도 없으니까 말입니다. 그런 의미에서 해당 분야의 전문가이신 프랑크 씨께 다시 한 번 마이크를 넘기겠습니다.

프랑크   다시 한 번 슈퇴리히의 말을 인용할게요. 슈퇴리히는 바로크 시대의 도래와 더불어 이성이 승리의 행진을 거듭했다고 주장했습니다. 그 과정에서 일등공신은 물론 수학이었습니다. 수학은 국경이나 개인적 특성을 넘어서는, 누구나 접근 가능하고 납득할 수 있는 학문이니 말입니다.

옌스   누구나 납득할 수 있다는 말에는 솔직히 동의하기 어렵습니다만……?

프랑크   적어도 데카르트와 라이프니츠 그리고 파스칼은 그렇게 믿었어요. 1650년경에는 말이죠. 약간 다른 얘기지만, 바흐의 작품에도 수학의 입김이 상당히 작용했답니다. 뭐, 바흐는 그렇다 치고 데카르트는 철학을 '범우주적 수학'으로 승화시키고 싶어 했습니다. 기초적이고 단순한 사실들에 엄격한 연역적 잣대를 적용함으로써 새로운 학문 영역을 구축하고 싶었던 거죠. 그 과정에서 데카르트는 아우구스티누스가 그랬듯 모든 것을 의심합니다. 아우구스티누스가 "나는 분명히 의심하고 있다. 그렇다면 진리는 어디에 있는가?" 하고 스스로에게 물어봤다면, 데카르트는 "확실한 것은 도대체 무엇인가?"라는 의문을 제기했고, 결국 수학을 바탕으로 "나는 생각한다, 고로 존재한다"cogito ergo sum라는 결론에 도달했습니다. 다시 말해 수학적 사유를 통해 깨달은 진리는 믿을 수 있는 것, 확실한 것으로 간주했다는 겁니다. 라이프니츠도 수학을 바탕으로 자신의 이론을 전개해 나갔습니다. '운동'이라는 주제를 연구하는 과정에서 운동이란 결국 주변 물체들과 해당 물체의 상관관계를 의미하는데, 그 상관관계를 측정할 수 있는 게 숫자라고 본 것이죠. 그 과정에서 라이프니츠는 수학적 공간이란 연속적 공간으로, 무한 구분이 가능하다고 봤어요.

음, 얘기가 조금 어려운 쪽으로 흘러갔나요? 어쨌든 시간이나 공간 개념이 수학적 깨달음 덕분에 더 명확하게 정의된 것만큼은 분명한 사실입니다. 시간과 공간을 측정 가능한 것, 촉감을 통해 측량할 수 있는 것, 다시 말해 수학적으로 측정할 수 있는 것으로 간주하기 시작하면서 시간과 공간의 개념이 더 발달하였다는 겁니다.

옌스   잠깐만요! 그러니까 결국 측정할 수 있는 것은 모두 존재하고, 반대로 존재하는 것은 모두 측정 가능하다는 말씀이시죠?

프랑크   시간이나 공간에 관한 얘기라면, 다시 말해 일상생활에서 우리가 접할 수 있는 분야에 관한 질문이라면 네, 그렇습니다!

옌스   과연 그럴까요? 그러면 예컨대 A를 측정한다는 게 실수로 B를 측정해버린 경우에는 상황이 어떻게 정리되나요? 생물학 실험 분야에서도 그런 일이 있었다고 합니다. 어떤 세포나 조직의 특성을 측정하기 위해 프레파라트를 제작하는 과정에서 부차적 인공물인 '아티팩트'artifact, 즉 정상적 상태에서는 존재할 수 없는 파괴된 부산물이 나올 수도 있거든요. 아, '베르너'라는 닉네임을 쓰시는 분께서 인터넷에 긴 글을 올려주셨네요. 지금 막 논의하고 있는 내용과 큰 관련이 있는지는 잘 모르겠습니다만, 소중한 의견인 만큼 제가 낭독해드리겠습니다.

베르너 (옌스가 낭독) '문제는 측정 대상을 어떻게 선별하는가 하는 겁니다. 나아가 무엇을 측정하고 무엇을 측정하지 않을지를 결정하는 과정이 중요합니다. 그런데 그 선별 과정에는 오랜 세월에 걸쳐 전해 내려온 가치관과 사고방식 그리고 전통이 반영됩니다. 그렇기 때문에 모두 아예 의심할 생각조차 하지 않죠. 결국 그러면서 우리 자신을 알게 모르게 조작하고 있는 거예요'라고 쓰셨네요.

옌스 저는 전통적 가치관과 사고방식에 대해 아무도 의심하지 않는다는 베르너 씨의 의견에 동의하지 않습니다. 그 부분만 전문적으로 연구하는 학자들도 매우 많으니까요. 역사학자, 사회학자, 정치학자, 인문학자들이 하는 일이 바로 그런 것 아닙니까? 각 분야의 학자들 사이에 의견교환만 활발하게 이루어졌어도, 혹은 엔지니어와 역사학자가 서로의 의견에 귀만 기울였더라도 우리 사회는 지금보다 훨씬 더 발전했겠지만, 아쉽게도 현실은 그와 정반대입니다.

2006년, 어느 문화사학자가 현대 물리학 이론의 발달 과정을 그 이론들을 내놓은 이들의 세계관에 비추어서 조명해보겠다고 발표했는데, 당시 물리학자 중 한 명이 "우리는 그따위 연구를 절대 학문으로 인정할 수 없다!"고 말했다는 일화도 있답니다. 또 영문학자 디트리히 슈바니츠는 뭐라고 말했는지 아십니까? 슈바니츠가 《교양. 사람이 알아야 할 모든 것》의 저자라는 사실은 모두 알고 계시죠? 그런데 그 책에는 '사람이 알아서는 안 되는 것'이라는 제목의 챕터도 포함되어 있었어요. 거기에서 슈바니츠는 '학교에서는 자연과학 분야의 지식을 가르친다. 하지만 그 지식은 자연을 이해할 때에는 조금 도움이 될지 몰라도 문화를 이해하는 데는 거의 도움이 되지 않는다. 이에 따라 렘브란트가 누군지 모르는 사람은 예나 지금이나 '어떻게 그럴 수 있느냐?'는 비난을 받지만 (중략) 열역학 제2법칙을 모른다고 해서 무식한 사람 취급을 받지는 않는다'[3]라고 했답니다.

사실 인문학과 자연과학 사이의 갈등에 대해서는 아무리 길게 토론해도 결론이 나지 않을 겁니다. 영국 출신의 저명한 과학자이자 저술가인 찰스 퍼시 스노는 '두 문화 사이의 형언할 수 없는 전쟁'이라고 표현하기도 했죠. 그런 의미에서 화제를 약간 전환해볼까 합니다. 다시 프랑크 씨께 질문을 드리죠.'[4] 프랑크 씨, 바야흐로 현대는 입자가속기와 혼돈이론의 시대입니다. 다시 말해 그간 물리학에서 주장해온 정확성이나 질서가 달라지고 있다는 겁니다. 이런 상황을 철학적으로는 어떻게 해석할 수 있을까요?

프랑크   수학계와 물리학계에서 점점 더 새로운 지식이 발견되면서 모든 것을 수학적으로 측정할 수 있다는 믿음이 조금씩 빛을 잃어 가고 있는 게 사실입니다. 수백 년 동안 원자는 더 이상 분리할 수 없는 가장 작은 입자라고 믿어왔는데, 누군가가 원자를 쪼개는 데 성공했고, 그에 따라 이제 원자보다 더 작은 입자가 존재한다는 것을 알게 되었죠.

그런가 하면 우리는 또 수백 년 동안 어떤 물체가 특정 시간에 어디에 존재하는지를 알 수 있다고 믿어왔는데, 하이젠베르크가 '불확정성의 원리'를 제시하면서부터 예컨대 전자의 위치도 파악할 수 없는 것으로 선언하게 되었습니다. 철학 분야의 상황도 그와 비슷합니다. 새로운 깨달음이 오래된 깨달음을 대체하는 거죠. 하지만 우리 선조의 생각이 옳았던 것으로 확인될 때도 적지 않습니다. 그런 경우, 옛 깨달음을 그대로 이어받아 조금 더 발전시키려고 노력하게 되겠죠. 숫자에 관해 피타고라스가 정리한 내용은 수백 년에 걸쳐 발달한 물리학 덕분에 오히려 더 많은 인정을 받게 되기도 했죠. 참고로 자연과학에서는 반증이 제시되기 전까지는 어떤 가설을 '참'이라고 봅니다. 수학적 이론 역시 논리적 모순이 발생하기 전까지는 '참'으로 간주하겠지요.

게르트　　수학은 일종의 폐쇄계closed system라고 할 수 있어요. 그 폐쇄계 안에서 검증된 이론들은 시대를 불문하고 늘 유효합니다. 새로운 이론이 제시되면서 유효성의 범위가 줄어들 수는 있겠지만, 줄어든 범위 안에서는 다시금 유효성을 지니는 거예요.

옌스　　잠시만요! 모두 너무나도 불확실하고 모호한 말씀들만 하고 계시는데요. 과연 일반 대중이 이런 내용을 이해할 수 있을까요? 그 내용을 이해하기 위해 따로 공부해야 하나요? 문외한의 입장에서 지금까지의 토론 내용을 정리하자면 결국 "수학은 일종의 '잃어버린 낙원'이요 우리 모두 그 낙원을 찾기 위해 애쓰고 있다"는 말씀들을 하고 계신 것 같은데, 제 생각이 옳은가요? 만약 그렇다면 이 시점에서 영국의 역사학자 틴 스키너 씨의 말을 한 번 들어보기로 하죠. 모두 VCR 화면을 봐주시기 바랍니다.

스키너　　영국의 철학자 토머스 홉스는 국가와 법률 그리고 정치의 정당성은 오직 이성에 기반을 둔 전문적인 논증으로만 설명할 수 있다고 했습니다. 하지만 르네상스 시대까지만 해도 수사학, 그러니까 증명과 설득의 기술이 정치를 결정짓는다고 믿어왔죠. 이성적인 설명만으로 정치를 정당화할 수 있다는 홉스의 의견은 자기기만에 불과합니다. 그렇게 이해해야 비로소 정치계에서도 더 나은 결과들을 이끌어 낼 수 있습니다. 우리가 합리적이라 믿고 있는 정치적 주장이나 결론들 속에는 수사학의 입김, 다시 말해 기술적 조작이 너무 많이 담겨 있습니다. 그런 점을 간파할 때 비로소 도덕적으로나

정치적으로 더 큰 합의를 이끌어 낼 수 있고, 그것이야말로 지금 시점에서 가장 시급한 과제이니까요.[6]

엔스   뭔가 심오한 의미가 담겨 있는 설명이겠지만, 설명을 들을수록 토론이 왠지 더 미궁으로 빠지는 듯한 느낌이 드는군요. 다시 한 번 주제를 바꾸어서 이번에는 미국의 IT 전문가 제이콥 닐슨 씨께 마이크를 돌리겠습니다. 닐슨 씨, 수십 년간 '웹 유저빌리티web usability'에 관해 연구해오고 계신 걸로 알고 있는데요. 사실 듣기에도 생소한 개념이지만 웹 유저빌리티를 어떤 식으로 증명할 수 있는지 말씀해주세요.

닐슨   웹 유저빌리티란 쉽게 말해 우리가 늘 방문하는 사이트를 얼마나 쉽게 이용할 수 있는가를 뜻합니다. 말씀하신 대로 저는 오랫동안 어떤 웹사이트가 사용성이 높은지를 연구해왔습니다. 관련 업계로부터 의뢰를 받아 연구할 때도 많았죠. 그런데 방문자들의 패턴을 질적으로 분석한 자료를 제시할 때면 의뢰인들은 늘 고개를 갸웃거리곤 했어요. 양적인 자료, 즉 수치를 제시해야 비로소 고개를 끄덕였죠.[7]

주잔네   그 분야는 독일이 대표주자가 아닌가요? 독일의 정치가나 기업 간부들은 숫자로 표시되지 않은 자료들은 모두 헛소리에 불과하다고 믿고 있잖아요. 사이트를 개편할 필요가 있을 때마다 거금을 지불하고 이름난 사이트를 통해 설문조사를 하는데, 어디 그 결과를 바탕으로 개편해보라고 하세요. 방문객의 수는 절대로 늘어나지 않을 테니 말이에요![8]

엔스   우리 주변에서 일어나는 일 중에는 굳이 숫자 없이도 판단할 수 있는 것들이 아주 많습니다. '프랑스의 수도는 파리이다', '앙겔라 메르켈은 독일의 총리이다', '지붕에 까마귀 한 마리가 앉아 있다', '이 수프는 좀 짜다', '표정을 보아하니 오늘은 네 기분이 별로인 것 같다', '그 말을 듣고 우리 모두 배꼽이 빠지도록 웃었어!' 등 사람이나 장소, 동물, 사건에 관해 숫자 없이도 알 수 있는 사실들이 매우 많지 않습니까? 오히려 거기에 숫자가 들어가면 설명하기가 더 곤란해질 겁니다. 그럼에도 숫자는 오랜 세월동안 권력의 밑거름으로 작용해왔습니다. 예컨대 인구수가 많을수록 황제의 권력도 더 강력한 것으로 간주했죠. 그런 식의 계산법이 과연 정당할까요? 키우고 있는 양의 마릿수가 많을수록 농장주가 더 부자라는 말은 납득이 가지만, 그것과 똑같은 계산법을 국민과 권력자에게 적용하는 것이 과연 정당할까요? 1987년, 서독에서 인구 총조사를 벌일 때에도 거기에 저항하는 움직임들이 적지 않았습니다. 저도 사람에게 일련번호를 붙이며 '마릿수'를 세는 데 반대하는 입장이었습니다만……

주잔네   지금도 그런 식의 조사를 거부하는 이들이 적지 않아요. 무엇보다 개인정보보호를 중시하는 이들이 거기에 반대하죠. 그게 아니라 하더라도 일련번호를 붙이는 행위는 충분히 반감을 유발할 수 있어요. 왠지 '빅브라더'가 내 일거수일투족을 감시하는 것 같은 느낌이 들잖아요.[11]

옌스   결국 숫자가 한편으로는 더할 나위 없이 명쾌한 자료로 작용하지만, 그 이면에는 어두운 면도 숨어 있다는 말씀으로 이해했습니다. 실제로 숫자를 테러에 비교하는 이들도 적지는 않더군요.

주잔네   그렇게 보는 사람들도 없지는 않죠. 매일 얼마나 많은 숫자가 우리를 괴롭히는지 생각해보세요. 지금은 그런 일이 거의 없겠지만, 예전만 하더라도 우편번호를 못 외워서 힘들어하던 이들이 정말 많았잖아요. 물론 자신의 주민등록번호를 못 외우는 사람은 거의 없겠죠……. 하지만 계좌번호나 신용카드 번호는 통장이나 카드를 들여다보기 전까지는 모르는 사람들이 더 많죠. 보험가입자들에게 자신이 가입한 보험상품의 코드를 아느냐고 여쭤보세요. 아마 십중팔구 모를 거예요. 지금은 모두 가까운 지인들의 전화번호조차 못 외우는 실정이죠. 사실 외우려고 작정하면 기억해야 할 번호들이 너무나도 많아요. 그 모든 숫자를 외우느라 우리가 얼마나 많은 시간을 낭비했는지 한번 생각해보세요. 그 모든 걸 일일이 기억하지 않아도 되는 세상이 왔다는 게 저는 오히려 반갑기도 하답니다!

옌스　　　그렇습니다. 그 기나긴 번호 중에는 사실 굳이 외우고 있지 않아도 되는 것도 많은데, 예전엔 왜 그렇게 기필코 외우려고 했는지 모르겠답니다. 일례로, 제가 가입한 보험사의 보험코드는 심지어 20자리더라고요. 그걸 외울까 말까 고민하다가 결국 보험사에 전화를 걸어서 물어봤어요. 그걸 대체 왜 외우고 있어야 하느냐고 말이에요. 그러자 보험사에서 어떤 답변이 돌아왔는지 아세요? 이럴 때를 대비해서 그 당시 통화내용을 녹음해뒀는데, 이 자리에서 기꺼이 공개하겠습니다.

보험사(콜센터) 직원　고객님이 원래 가입하신 상품 번호는 10자리인데요. A보험사가 B보험사를 인수하는 바람에 상품코드가 20자리로 늘어났답니다. 두 회사의 상품코드를 합치다 보니 그런 사태가 일어난 거죠. 번거롭겠지만 업무상 반드시 필요한 부분이니 고객님께서 너그럽게 이해해주시기 바랍니다. 또 다른 문의가 있으시면 언제든지 대표번호 ****-****로 문의 바라고요. 이상, 상담원 ○○○였습니다!

옌스　　　네, 그렇군요. 저기……, 그런데 말입니다. 그 기나긴 코드를 고객이 굳이 외울 필요가 있을까요? 사실 어딘가에 메모해놓을 필요도 없지 않나요? 요즘이 어떤 시대입니까? 어차피 컴퓨터에 고객의 주소나 생년월일 같은 게 다 저장되어 있잖아요? 그 정보로 조회해보면 내가 어떤 보험에 가입되어 있는지 금세 알 수 있을 텐데요?

보험사 직원 네, 고객님 말씀이 옳습니다. 하지만 만에 하나 시스템이 작동되지 않을 수도 있고, 무엇보다 상품코드만큼 확실한 정보가 없거든요. 참고로, 이런 문제로 항의하시는 분은 고객님이 처음입니다.

엔스 　정말요? 정말 그래요? 어쨌든 알았어요. 대신 한 가지는 약속해주세요. 다음에 또 이런 문제로 항의하는 고객이 있을 때 또다시 "이런 문제로 항의하는 사람은 고객님이 처음이에요"라는 거짓말은 하지 않겠다고 말입니다!

보험사 직원 (침묵)

엔스 　자, 여기까지입니다. 어떻게 들으셨나요? 그런데 이런 사례는 비단 보험사에만 국한된 게 아닙니다. 은행에 한번 가보세요. 거기에 가면 'IBAN^{International Bank Account Number}'이라는 게 있는데요. 총 22자리입니다. 숫자와 문자로 조합되어 있죠. 독일의 경우, 우선 국가 코드인 'DE'가 등장합니다. 그다음에는 해당 은행이 독일의 어느 은행이라는 걸 확인하기 위한 은행식별부호^{BIC, Bank Identifier Code}가 나오고, 그다음엔 우리가 흔히 알고 있는 계좌번호가 나옵니다. 혹시 그 모든 숫자를 다 합쳤는데 22자리가 안 될 경우에는 뒤에 '0'이 몇 개 붙습니다. 사실 독일 내 어느 은행인지를 확인하는 데는 숫자 4개나 문자 3개면 충분할 듯한데, 도대체 왜 그렇게 긴 부호가 필요한지 정말 이해되지 않아요. 게다가 이런 식으로 꼬리를 무는 숫자들이 비단 보험사나 은행에만 국한된 게 아니라는 게 더 큰 문제입니다. 그런 의미에서 오늘 특별히 이 자리에 참석해주신 프란츠 로트쾨터 씨의 말씀을 들어보겠습니다. 로트쾨터 씨는 양계업계에 종사하시는 '숫자 변태'이십니다. 로트쾨터 씨, '변태'라는 표현을 써서 죄송합니다. 숫자에 집착하는 이들이 그만 큼 많다는 걸 표현하기 위해 어쩔 수 없이······.

로트쾨터　괜찮습니다. 사실인데요, 뭘. 저도 사실 숫자를 빼면 우리 양계장의 현실을 어떻게 알려드릴 수 있을지 모릅니다. 저희 양계장은 크게 두 구역으로 나누어져 있는데, 각 구역에서 초당 3.3마리의 닭이 생산된다고 보시면 됩니다. 그걸 시간으로 환산하면 1시간에 23,976마리, 하루로 따지면 384,000마리, 1년으로 보자면 1,198억하고도 8백만 마리가 되겠죠. 무게로 따지면 연간 20만 톤인데, 독일 전체 생산량을 기준으로 봤을 때 무려 $\frac{1}{4}$에 해당하는 수치죠. 물론 그 수치만으로 모든 걸 평가할 수는 없겠죠. 중요한 건 닭이 몇 마리인가 하는 것보다는 그 닭들을 이용해 얼마나 많은 최종 상품을 생산하는가 하는 것이니 말입니다.[12]

옌스　'연간 몇 마리'라는 기준으로 동물을 평가하듯 '국민경제지표 상승에 얼마나 이바지하는가?'로 터키에서 온 이주노동자들을 평가하는 시각도 적지 않습니다. 이주노동자들이 차린 채소가게 덕분에 해당 지역 주민이 얼마나 신선한 채소를 공급받게 되었는지는 국민경제지표에 잘 반영되지 않죠. 이주노동자들의 인권이 얼마나 보장되고 있는지 궁금해하는 사람도 거의 없습니다.

사라친　저도 한 말씀드리겠습니다!

옌스　앗, 사라친 씨? 하실 말씀이 있으면 손을 들고 발언권이 주어질 때까지 기다려주세요. 참고로 틸로 사라친 씨는 독일연방은행의 부총재를 지낸 보수 성향의 인물입니다만······. 네, 사라친 씨, 말씀해주세요.

사라친　인권에 대해 말씀하셨나요? 그런 건 경제적으로나 통계적으로 절대 파악할 수 없는 거예요. 인권이라고요? 아름다운 말이죠! 하지만 우리는 그런 사회적 꿈에서 깨어나 현실을 직시해야 합니다. 어떤 그룹이 우리 사회에 어떤 도움이 되는지 혹은 어떤 해악을 끼치는지를 냉정하게 판단해야 한다는 겁니다. 정확히 어떻게 판단해야 하는지 이 자리를 빌려서 말씀드릴게요![13]

엔스   아닙니다, 굳이 안 그러셔도 됩니다. 죄송하지만, 근거도 없이 자기 주장만 펼치는 분을 이 토론에 참석시키고 싶지는 않답니다. 차라리 심리학자이신 주잔네 씨의 의견을 들어보는 게 더 좋을 것 같습니다. 주잔네 씨?

주잔네   숫자는 '대체 내가 여기에서 뭘 하는 걸까?', '지금 내가 하는 이 행동이 다른 사람들에게 어떤 도움이 될까?' 같은 근본적 질문들에 대답해줄 수 있는 자료라고 할 수 있습니다.

엔스   말을 끊어서 죄송합니다만, 멕시코 출신의 독일계 작가 트라벤 B. Traven의 말은 좀 다르던데요? 트라벤은 1927년, 《시에라 마드레의 보물Der Schatz der Sierra Madre》이라는 소설에서 인디언 부족이 백인 금광 사업자 세 명을 만나는 과정을 묘사한 적이 있습니다. 앗, 저도 몰랐는데 트라벤 씨도 이 자리에 계셨군요. 죄송합니다. 그럼, 트라벤 씨의 말을 들어보기로 하죠.[14]

트라벤   백인들과 마주친 인디언 부족 중 1명이 이렇게 말합니다. "멀리서 오신 분들 같구려. 머리가 꽤 좋은 분들인 것 같은데, 앞으로 더 먼 곳으로 떠나실 계획이오?" 그러자 커틴이라는 백인 남자가 이렇게 말합니다. "우린 책을 읽을 수 있소. 편지도 작성할 수 있고, 숫자들을 이용해 계산도 할 수 있소." 그러자 그 인디언이 다시 질문합니다. "숫자라고? 숫자가 뭐요? 우린 그게 뭔지 모르오!" 이에 커틴이 다시 답합니다. "예를 들어 '10' 같은 게 숫자입니다. '5'도 숫자죠." 그러자 인디언이 말합니다. "10이나 5가 어쨌다는 말인지 도무지 모르겠군. 그러니까 손가락이 10개이고, 콩알이

5쪽 혹은 닭이 3마리, 뭐, 그런 것 말이오?" 그러자 이번에는 하워드가 거들었습니다. "바로 그런 말이죠!" 그러자 인디언들이 갑자기 폭소를 터뜨렸고, 그중 1명이 이렇게 말했습니다. "도대체 '10'이라는 숫자로 뭘 말하고 싶은 거요? 새가 10마리인지, 나무가 10그루인지, 사람이 10명인지를 말해야 이해가 될 게 아니오? 그냥 '10' 혹은 '3' 혹은 '5'라고 말하면 그게 뭐요? 텅 빈 구멍일 뿐이잖소!" 그 말이 끝나자 모두 웃음을 터뜨렸답니다.

게르트   하하하, 단골 맥줏집에서나 일어날 법한 재미있는 광경이군요! 그런데 사회자님, 숫자가 전혀 중요하지 않다는 의견이 나온 셈인데, 지금부터는 토론을 어떤 방향으로 진행하실 건가요?

옌스   그냥 한번 밀어붙여 보는 것 말고 다른 수가 있겠어요?

게르트   뭐라고요?

옌스   어차피 이 토론은 결론이 없잖아요? 그러니 불확실한 숫자나 그림을 손에 쥐고 미래를 향해 나아가는 수밖에 더 있겠느냐는 말입니다. 그렇게 했더니 의외로 밝은 미래가 펼쳐질지 누가 알겠어요?

게르트   탁월한 진행이십니다! 전적으로 동의합니다!

14　피해자와 가해자

이번 장에서는 통계의 속임수 뒤에 숨어 있는 동기들에 대해 알아보려 한다. 숫자 조작 뒤에는 어떤 꿍꿍이가 숨어 있을까? 그리고 어떤 이들이 거기에 쉽게 속아 넘어갈까?

독일 속담 중에 "정직한 자는 늘 어리석은 자이다"라는 속담이 있다. 그 속담을 제목으로 한 책도 발간되었다. 독일 제1공영방송사인 ARD의 간판 아나운서인 울리히 비케르트가 쓴 책이다. 그 책에서 비케르트는 우리 사회 전반에 난무하는 사기행각과 땅에 떨어진 도덕을 날카롭게 비판했다. 그렇다. 어느새 우리 머릿속에는 '정직하면 늘 손해를 본다. 당하는 놈이 결국 바보이다'라는 생각이 똬리를 틀었다. 멍청한 피해자가 되느니 차라리 영악한 가해자가 되는 편이 낫다고 생각하게 되었다.

물론 모든 사람을 가해자 혹은 피해자로 양분할 수는 없다. 음양이론에서도 확인했듯 세상 모든 일에는 두 가지 면이 공존하기 때문이다. 사람 역시 마찬가지이다. 착하기만 한 사람도 없고 나쁘기만 한 사람도 없다. 제아무리 착한 사람도 때로는 자기를 과대 포장하거나 미화한다. 정직한 사람도 상황에 따라 가해자가 될 수 있다. 공공의 이익과 같은 선한 목적을 위해 어쩔 수 없이 거짓말을 해야 하는 경우도 있다. 이 경우, 비록 수단은 잘못되었지만 그렇다고 그 사람을 악인이라 할 수는 없다. 하지만 숫자로 남을 속이는 가해자 중에는 선한 의도를 품은 사람보다는 부와 명예, 권력, 개인적 영달이 목적인 이들이더 많다. 피해자 중에도 요즘 세상에 보기 드물게 순수하고 착해서 당하는 사람보다는 게을러서 혹은 편한 것만 추구해서 혹은 눈곱만큼의 비판도 없이 권위를 맹신한 탓에 속는 이들이 더 많다.

독일의 통계학자 디터 호흐슈태터는 《통계기법학 Statistische Methodenlehre》이라는 제목의 이론서에서 '통계 자체가 사악한 것은 아니다. 문제는 통계 기법에 대한 이해가 부족하다는 데 있다. 나아가 특정 집단이 자신들의 이익을 위해 통계를 함부로 활용하고 해석하는 것이 문제의 원천이다'라고 주장했다.[1] 그리고는 숫자를 조작하는 이들을 두 부류로 구분했다. '바보'(기법을 잘 몰라서 그릇된 통계를 작성하는 이들)와 '악당'(특정 집단의 이익을 위해 통계를 악용하는 이들)으로 나눈 것이다. 우리는 거기에서 좀 더 나아가 통계로 남을 속이는 가해자들을 네 그룹으로 구분해보았다.

첫 번째 그룹은 '2 곱하기 2가 5라고? 그 말이 맞겠지 뭐. 틀렸다 하더라도 상관없어. 어차피 아무도 거기엔 관심이 없을 거야. 솔직히 그게 틀렸다는 걸 아는 사람도 없을걸!'이라고 생각하는 단순무식자들이다.

두 번째 그룹은 '다들 2 곱하기 2는 5라고 했어. 그러니 그 말이 맞을 거야' 혹은 '부장님이 2 곱하기 2는 5라고 했어. 그러니 틀림없을 거야!'라고 생각하는 순종적 맹신론자들이다.

세 번째 그룹에는 '2 곱하기 2는 5라고 믿게 하기만 하면 1백만 유로의 부수입이 내 주머니로 굴러 들어오겠군!'이라 생각하는 이기적인 사기꾼들이 속한다.

네 번째 그룹은 '모두 2 곱하기 2가 5라고 믿어주기만 한다면 실업자나 난민, 에이즈 환자들에게 매년 100유로는 더 지원해줄 수 있을 거야. 과정이야 어찌 되었든 도움이 필요한 사람에게 구원의 손길을 내민다는 게 중요하잖아!' 혹은 '모두 2 곱하기 2가 5라고 믿어주기만 한다면 은행이나 대기업 혹은 갑부들이 엄청난 손실을 보게 될 거야. 과정이야 어찌 되었든 한 방 먹어야 할 사람들에게 한 방 날릴 수 있으면 된 거야. 목적은 수단을 신성화한다는 말도 있잖아!'라고 생각하는 이타적 사기꾼들이다.[2]

15가지 사례를 통해 살펴보는 다양한 조작 동기들

지금부터 15가지 사례를 통해 '통계사기범'의 동기들을 본격적으로 탐구해보자. 개중에는 위에서 소개한 네 가지 범주 중 단 한 개의 범주로만 구분 짓기에는 모호한 것들도 있다는 점을 미리 밝혀둔다.

1. 시금치는 철분 덩어리이다?

독일과 스위스의 아이들은(어쩌면 전 세계 아이들이) 수십 년 동안 싫어도 어쩔 수 없이 시금치를 먹어야 했다. 엄마, 아빠, 할머니, 할아버지 등 주변의 모든 어른이 시금치가 다량의 철분을 함유하고 있어 성장을 촉진한다고 믿었기 때문이다. 아이들은 절대로 안 먹겠다며 고개를 가로젓고 입을 앙다물었지만 어른들은 막무가내였다. 그런데 아이들이 옳았다! 시금치 100g에 35mg의 철분이 함유되어 있다는 항간의 믿음과는 달리 실제로는 3.5mg밖에 함유되어 있지 않다. 그리고 그 정도 철분은 다른 채소들도 함유하고 있다.

당장 나(1953년생)만 해도 내 의사와는 상관없이 그 푸른 이파리들을 꾸역꾸역 삼켜야 했다. 공동 저자 옌스(1960년생)는 운 좋게도 어린 시절 '푸른 괴물'로부터 공격을 당하지 않았고, 성인이 된 이후에는 심지어 시금치를 좋아하기 시작했다고 한다. 다행히 나도 지금은 시금치에 얽힌 나쁜 기억들을 극복했다.

'시금치 신화'에 단초를 제공한 것은 스위스의 어느 학자였다. 1890년, 시금치를 주제로 한 논문을 쓰는 과정에서 해당 학자는 3과 5 사이에 찍어야 할 소수점을 깜빡하고 빠뜨렸고, 이로써 전 세계 어린이들을 고통으로 몰아넣었다. 참고로 이 실수는 앞서 나열한 네 가지 그룹 중 첫 번째 그룹(단순무식자)에 해당한다.

그런데 실수는 누구나 저지를 수 있다. 학자라고 해서 예외는 아니다. 문제는 실수를 교정하지 않았다는 것이다. 무엇보다 해당 학자 스스로 실수를 발견했어야 했고, 나머지 학자들도 조금만 주의를 기울였다면 충분히 찾아낼 수 있었다. 하고많은 채소 중 유독 시금치만 그렇게 철분 함유량이 많다는 주장이 제기되었는데 어떻게 모두 아무런 비판 없이 그 말을 믿었는지 도무지 이해가 가지 않는다. 거기에 대해 의혹을 품고 결국 시금치도 여느 채소와 똑같을 뿐이라는 결론을 내린 학자가 나오기까지 무려 40년이라는 긴 세월이 걸렸다!

그런데 논문이 1890년에 발표되었고, 그로부터 40년 뒤에 시금치에 관한 진실이 밝혀졌는데, 1953년생인 나는 대체 왜 시금치로 인해 고통 받아야 했을까? 그것은 바로 부모들의 순종적 맹신 때문이다. 부모들은 시금치의 철분 함유량이 지금까지 믿어온 것보다 훨씬 낮다는 사실을 받아들이려 하지 않았다. 달라진 상황을 받아들이기보다는 자신들의 어머니 아버지가 귀에 못이 박이도록 했던 말을 그냥 계속 믿는 편을 택했다. 어쩌면 그 뒤에는 '나도 당했으니 너도 한 번 당해봐!'라는 심보가 숨어 있었는지도 모를 일이다!

2. 갑자기 작아진 파이

독일의 GDP가 꾸준히 상승하고 있다고 한다. 그 부분에 대해서만큼은 국민경제학자들 사이에서 의견이 일치한다.[3] 그 말은 곧 독일 국민이 굽고 있는 '재화와 용역'이라는 이름의 파이가 점점 더 커지고 있다는 것이다. 그런데 인구문제 전문가들의 의견에 따르면 독일의 인구는 계속 줄어들고 있다고 한다.

그 두 주장을 합치면 결국 파이는 커지는데 파이를 나눠 먹을 사람의 수는 줄어들고 있다는 뜻이 된다. 유쾌하고 고무적인 일이 아닐 수 없다. 그런데 어찌 된 일인지 다들 파이가 갑자기 줄어들었다고 주장한다. 경제학과 교수들, 경제 전문지의 편집장들, 기업가와 정치가 등이 모두 "죄송하지만 파이가 작아졌습니다. 그럼에도 다행히 배를 곯는 일은 없을 겁니다. 모두 허리띠를 조금씩 졸라매면 말입니다!"라고 말한다. "지금보다 일하는 시간은 더 늘어나고 월급은 더 줄어듭니다. 모두 살려면 그 수밖에 없습니다!"라고 외친다.

지금 이 상황을 비유를 통해 제대로 한 번 정리해보자. 예를 들어 오늘이 내 생일이다. 그래서 케이크를 주문하고 친구들을 초대했다. 그런데 올해엔 작년이나 재작년보다 더 큰 케이크를 주문했는데 참석한 친구의 수는 오히려 줄어들었다. 그렇다면 한 명당 먹을 수 있는 케이크의 양도 늘어나야 정상이다. 겨우 한 입 베어 먹은 친구한테 "이봐, 대체 얼마나 먹을 작정이야?"라며 핀잔을 줄 수는 없다. 그럼에도 만약 친구들한테 한 입씩만 먹게 한다면, 남은 케이크는 손님들이 떠난 뒤에 나 혼자 다 먹어야 할 것이다.

	현재	미래
파이('재화와 용역'의 양)의 크기		
인구 수		
각자의 몫(1인당 몫)		

파이는 커지고 입은 줄어들었는데 국민은 왜 허리띠를 졸라매야 할까?

사기업의 경우, 허리띠를 졸라매면 이윤이 증대된다. 적어도 단기적으로는 그런 효과를 얻을 수 있다. 하지만 국민경제 분야에서는 똑같은 효과를 기대할 수 없다. 국민경제와 기업경제를 단순하게 비교한 것은 절대 올바른 통계라 할 수 없다.[4]

하지만 그런 '단순무식'한 오류를 지적하는 이는 거의 없다. 전 세계적으로 그렇다. 마음속으로 조용히 비판하는 사람은 있겠지만, 겉으로 드러나지 않으니 알 수 없다. 그보다는 오히려 오류를 발견해놓고도 '아냐, 그럴 리 없어. 그런 결론을 내린 전문가들은 분명히 나보다 똑똑하니까 틀려도 내가 틀렸을 거야.'라고 생각하는 사람이 더 많다.

케이크를 오그라뜨리는 또 다른 요인은 기업의 로비 활동이다. '로비'라는 말에서 이미 짐작되듯 그 뒤에는 찜찜한 의도가 숨어 있다. 앞서 생일파티의 비유를 다시 예로 들자면 참석한 사람 수에 비해 케이크가 지나치게 클 경우에는 손님들이 돌아간 뒤에 분명히 케이크의 일부가 남게 마련인데, 국민경제 분야에서 그 남은 몫은 다수의 빈곤층이 아니라 소수의 부유층에게 돌아간다. 일부 부유층들은 증권시장을 비롯한 사경제 분야에서도 커다란 파이를 차지한다. 물론 그 큰 파이를 혼자 다 삼키는 것은 아니다. 그중 일부는 좋은 목적에 쓰라고 기부도 한다. 그런 다음 자신들의 선행을 언론을 통해 대대적으로 홍보한다. 특별히 큰 조각을 나눠준 경우에는 기념비도 세운다!

3. '명목가치'라는 이름의 타임머신

인플레이션은 싹 무시한 채 눈앞에 제시된 액수를 평가하는 식의 실수는 누구나 흔히 범한다. 하지만 적어도 이 책을 읽는 독자들은 그런 실수를 저지르지 말기 바란다. 누군가가 내게 "고객님, 제가 추천하는 상품에 가입하시면 30년 뒤에 5만 유로를 손에 쥐게 됩니다."라고 한다면 그게 명목가치인지 실질가치인지부터 따져봐야 한다. 물가상승률이나 감가상각을 고려하지 않은 수치는 제대로 된 수치가 아니기 때문이다.

수많은 보험판매원이나 투자상담가 혹은 은행들이 명목가치만 제시하며 고객을 현혹하고 있다. 다행히 국민연금관리공단에서는 내가 장차 수령하게 될 연금을 실질적 가치로 따져서 정기적으로 고지해주고 있지만, 거기에 관심을 두는 이들은 많지 않다. 모두 내가 매달 얼마를 납부해야 하는지에만 신경을 곤두세운다. 그런 허점들을 악용하기에 가장 좋은 수단이 바로 명목가치이다. 예컨대 만기환급금의 명목가치만 제시하며 보험 가입을 유도한다. 그런 이들은 위 네 가지 그룹 중세 번째 그룹(이기적 사기꾼)에 속한다.

순종적 맹신론자 중에도 명목가치로 대중을 호도하는 이들이 있다. 금융전문가나 보험전문가가 한 말을 그대로 받아 적는 기자들이 예컨대 그런 유형에 속한다.

용돈 얘기만 나오면 명목가치를 들먹이며 자녀를 압박하는 부모도 있다. 부모들은 자녀가 용돈을 올려달라고 요구할 때마다 "내가 네 나이 때는 700마르크(350유로)로 한 달을 살고도 남았어!"라고 말한다.[5] 자녀 입장에선 매번 되풀이되는 '내가 네 나이 때는' 타령이 지겹기만 할 것이다. 그런 따분한 설교에 염증이 난다면 '복리'와 '물가상승률'이라는 카드를 적극적으로 활용하기 바란다. 1980년부터 2008년 사이에 독일의 물가는 약 2.3% 상승했다.[6] 부모님께서 대학 시절에 받았던 용돈 700마르크에다가 2.3%의 물가상승률을 적용하고, 그런 다음 다시 복리를 적용하면 아마 마음에 드는 액수가 나올 것이다. 그 액수가 얼마인지는 각자 계산하기 바란다. 본디 우물은 목마른 사람이 파는 법이다!

4. 연금보험에 관한 조작된 결론

앞서 독일 최고의 소비자 단체인 '슈티프통 바렌테스트'조차 민영 연금보험에 관해 그릇된 결론을 내린 적이 있다고 말했다. 당시 슈티프통 바렌테스트 측 상품평가자들은 특정 연금펀드에 가입할 경우 9%의 수익률을 기대할 수 있다고 주장했다. 해당 펀드 운용자들이 과거 몇 년간 상종가를 기록한 주식들을 매입하면 35년 뒤에도 해당 주식이 상종가를 기록하고, 그에 따라 만기환급금도 눈덩이처럼 불어날 것이라는 식의 분석을 내놓은 것이다.[7] 그런 오류는 단순무식에서 비롯된 것일 수도 있고 순종적 맹신이 원인일 수도 있다. 즉, 최소한 자신의 이익을 위해 거짓말을 한 것은 아니라는 말이다.[8]

하지만 악의가 없었다 하더라도 실수가 너무 잦다면 비판을 받아야 마땅하다. 예컨대 어느 식당의 종업원이 산수 실력이 부족해서 손님들의 식사비를 잘못 계산했다고 가정하자. 사람이니까 실수할 수 있고, 산수가 약하다고 해서 못된 사람이라고 비난할 수는 없다. 하지만 그 실수가 계속된다면, 그리고 무엇보다 그 실수 때문에 손님들이 실제로 먹은 것보다 더 많은 돈을 지불해야 한다면 그 종업원은 더 이상 '단순히 산수를 못하는 착한 사람'이 아니다. 심하면 사기꾼으로 몰릴 수도 있다.

연금과 관련해 앞서 언급한 또 다른 사례는 사회학자 마인하르트 미겔의 실수에 관한 것이다. 2006년, 미겔은 〈빌트〉지의 웹 사이트에 장차 우리가 받게 될 국민연금의 액수를 간편하게 알아낼 수 있는 계산기를 탑재했고, 이로써 국민연금의 이미지를 실추시키는 동시에 사적 연금보험 가입을 부추겼다. 당시 미켈은 지금으로부터 약 100년 뒤 근로자들의 월급이 얼마쯤일지, 그중 얼마가 국민연금관리공단으로 흘러들어 갈지, 100년 뒤의 사람들은 몇 살에 정년퇴직할지, 기대수명은 몇 살인지 등을 정확히 예측할 수 있다는 가정하에 연금계산기를 공개했다.

그런 자신감은 도대체 어디에서 나오는 것일까? 카드놀이에 비유하자면 아직 패가 펼쳐지기도 전인 셈인데, 어떻게 그 패를 모두 읽을 수 있다는 것일까? 사기도박이라도 하고 있는 것일까!

한편, 자산관리 전문 기업인 MLP 사는 2006년 하이델베르크에서 포럼을 개최했다. MLP 사는 자사의 고객이 주로 지식층인 점을 감안해 특별히 이름난 전문가 네 명을 초대했다.[9] 사회학자인 마인하르트 미켈, 집권 사민당의 연금문제 관련 고문인 베르트 뤼루프, 노인 문제를 전문[10]으로 다루는 사회학자 베른트 라펠휘센, 뮌헨에 소재한 IFO 경제연구소 소장 한스 베르너 진이 그들이었다. 그런데 그 전문가들의 배경이 매우 흥미롭다.[11]

마인하르트 미켈은 1997년부터 2006년까지 독일노령대비연구소 DIA의 자문을 역임했다. 참고로 독일노령대비연구소는 도이체방크 그룹이 창설한 단체였다. 2003년부터는 '악사 AXA' 보험사의 기업자문 역할을 맡기도 했다.[12]

베르트 뤼루프는 2009년, 정치계에서 경제계로 자리를 옮겼다. 자산관리 전문 업체인 AWD의 수석경제학자로 부임한 것이다. 2009년 말에는 AWD 그룹의 창립자인 카르스텐 마시마이어와 공동으로 '마시마이어뤼루프'라는 이름의 컨설팅업체를 창립하기도 했다.

마시마이어가 뤼루프와 손을 잡은 이유는 2005년 6월 온라인신문 〈네트차이퉁netzeitung〉에 실린 뤼루프의 발언 때문이었다. 요약하자면 '국민연금제도를 개인연금제도로 전환할 경우, 자산관리업체들은 유례없는 호황을 맞이하게 될 것이다. (중략) 해당 시장의 성장세는 수십 년 동안 지속할 것으로 예측된다. (중략) 유전을 깔고 앉게 되었다고 할 수 있다. 이제 막 채굴을 시작한 그 거대한 유전에서 엄청난 양의 기름이 뿜어져 나올 것으로 기대된다'는 내용이었다.[13] 뤼루프가 말한 '엄청난 양의 기름'이란 다름 아닌 수백만 개인연금 가입자들이 매달 납부하는 보험료를 의미했다.

베른트 라펠휘센은 앞서 의료비를 둘러싼 진실을 논할 때도 등장했던 인물로, 활동 영역이 상당히 넓은 사람이다. 프라이부르크 대학에서 후학 양성에 힘쓰는 동시에 정부 각 부처와 EU 집행위원회에서 외부 자문 역할수행을 하고 있고, 보험사인 '에르고'ERGO 그룹에서는 감독이사회 소속 이사직을 담당하고 있으며, '빅토리아'Victoria 보험사의 학술 자문 역할도 맡고 있다. MLP 사가 개최하는 각종 포럼에 가장 많이 초대되는 강연자이기도 하다.[14] 그런 라펠휘센이 2006년 3월 16일, 제1공영방송사인 ARD의 시사프로그램 〈모니터〉Monitor에 출연했다. 해당 프로그램의 진행자는 라펠휘센에게 어떤 근거로 국민연금 지급액이 장차 동결될 것이라고 주장했는지를 따져 물었다. 그러자 라펠휘센은 갑자기 화살을 언론에 돌렸다. 언론이 자신의 주장 뒤에 숨은 중요한 전제조건을 무시했다는 것이다. 그 중요한 전제조건이란 바로 임금도 거의 인상되지 않는다는 것이다. 즉, 임금이 거의 인상되지 않으니 국민연금

지급액도 같은 수준에 머무를 수밖에 없다는 것이다. 그러면서 라펠휘 셴은 자신의 심오한 뜻을 알아주지 않은 언론을 비난하여 덧붙였다.

"그런 보도들 때문에 결국 개인적 차원의 노후대비에 관심이 높아진 것은 사실입니다. (중략) 그것이야말로 지금 우리에게 가장 절실한 부분이죠."

그로부터 얼마 뒤 또 다른 공영방송사인 WDR의 어느 리포터가 라 펠휘셴에게 정곡을 찌르는 질문을 던졌다. "교수님께서 앞서 말씀하신 '우리'가 혹시 보험사들인가요?"라는 질문이었다. 카메라 앞에서 늘 당당한 모습만 보이던 경제전문가 라펠휘셴도 그날만큼은 말을 더듬으며 답변을 얼버무렸다.[15]

결국 미겔이든 뤼루프든 라펠휘셴이든 모두 한 통속이다! 모두 '이기적 사기꾼'들이다! 그중 최고의 사기꾼은 아마도 네 명 중 아직 이름이 언급 되지 않은 한 명, 즉 IFO 경제연구소 소장 한스 베르너 진일 것이다.

한스 베르너 진은 2008년 5월, 개인연금의 법제화를 주장했다. 즉 아직 개인연금보험에 가입하지 않은 국민 모두를 민영 보험사의 고객 이 되게 하는 법을 만들자고 주창한 것이다![16]

5. 스냅사진의 함정

스냅사진만 봐서는 진실을 알 수 없다. 그 이전과 이후는 생략한 채 사진이 찍히는 바로 그 순간의 모습만 보여주기 때문이다. "과거는 어 디까지나 과거일 뿐이다. 우리는 현재에 집중해야 한다!"고 외치는 사 람들이 특히 '스냅사진의 함정'에 빠질 위험이 크다. 다시 말해 현재 상황을 악용하는 사기꾼들의 함정에 빠질 위험이 큰 것이다.

1990년대 중반, 영국의 일간지 〈가디언〉은 매우 인상적인 TV 광고를 내보냈다. 자신들의 보도가 얼마나 정확한지를 강조하는 광고였는데, 그 광고로 상까지 받았다고 한다. 그런 의미에서 그 '15초의 미학'을 잠시 살펴보기로 하자.

광고가 시작되면 젊은 남자가 인도 위를 걷고 있던 노부인을 덮친다. 누가 봐도 괴한의 소행이다. 이 시점에서 가디언 측이 사건의 진상을 조사하는 장면이 잠깐 등장한다. 그런 다음 앞선 화면이 다시 재생된다. 단, 이번 화면에서는 청년이 노부인을 덮치기 몇 초 이전의 상황부터 소개된다. 그 화면에서도 노부인은 평온하게 길을 걷고 있다. 하지만 갑자기 노부인의 머리 위로 공사장의 구조물이 떨어진다! 즉 그 청년은 괴한이 아니라 노부인의 목숨을 구한 생명의 은인이었던 것이다!

스냅사진의 함정을 악용한 대표적인 정치가는 미국의 보수파 언론인 앤드루 브라이트바트였다. 브라이트바트는 2010년, 농무부 소속의 흑인 간부 셜리 셰로드가 "어느 가난한 농부가 내게 도움을 요청했지만 그가 백인이어서 거절했다"고 고백하는 내용의 동영상을 인터넷에 올렸다. 동영상이 공개되자 인종차별주의자인 셰로드를 해임해야 한다는 여론이 들끓었고, 결국 셰로드는 자리에서 물러났다.

그 사건에 관한 진실을 밝혀줄 또 다른 동영상은 그로부터 한참 뒤에야 공개되었다. 해당 동영상에서 셰로드는 1986년 어느 날, 백인 농부로부터 도와달라는 요청을 받았지만 당시 자기 앞에 놓인 어려운 상황 때문에 도움을 줄 수 없었고, 그 당시 자기도 모르게 '흑백논리'가 작용했던 게 아닌가 싶어서 이후 두고두고 마음이 아팠다고 말했다. 그뿐만 아니라 피부색과 상관없이 가난한 사람은 도움을 받아야 할 권리가 있다고 주장했다.[17] 다시 말해 '풀 버전full version'에 따르면 셰로드는 누군가의 비판이 있기 전에 이미 자신의 잘못을 스스로 시인하고 뉘우쳤으며, 앞으로는 더욱 공정하게 업무를 수행하겠다는 각오까지 밝힌 것이다. 하지만 브라이트바트는 그중 자신에게 필요한 부분만 악의적으로 편집해서 대중에게 공개했다. 자신의 정치적 목적을 위해 셰로드를 고의로 깎아내린 것이다.

브라이트바트와 셰로드의 사례는 사실 개인과 개인 사이에서 벌어진 일이기 때문에 사회 전체로 확대 적용하기에는 무리가 있다. 하지만 일반화가 가능한 사례도 없지 않다. 인구 고령화와 세대 간 갈등 문제만 해도 그렇다. 인구문제 전문가, 경제 전문가 중에는 현재 상황만 보고 미래를 판단하는 이들이 적지 않다. 그중 대표적인 주장은 고령 인구의 비율이 현재 34명에서 2050년도에는 65명까지 뛸 것이고, 그러니 앞으로 큰 재앙이 닥친다는 것이다. 그런데 1950년과 지금을 비교해도 고령자의 비율이 2배로 늘어났다. 경제활동인구 100명이 감당해야 할 고령자 수가 17명에서 34명으로 늘어난 것이다. 하지만 재앙은 일어나지 않았으며, 우리는 평상시와 다름없이 살아가고 있다. 위와 같은 주장을 한 학자들은 과거 어느 시점으로부터 현재까지의 상황은 무시한 채 현재부터 미래 어느 시점까지의 상황만 단순히 예측하는 오류를 범했다. 역사적 · 시대적 · 시간적 비교는 무시한 채 어느 한 시점이나 기간에만 집중한 탓에 비현실적인 결론이 나온 것이다.

6. 브란덴부르크 = 노인공화국?

구동독 지역이 심각한 인구 고령화의 여파에 떨고 있다! 관련 연구 결과에 따르면 2050년쯤에는 브란덴부르크 주의 노인 인구 비율이 90%에 달할 것이라 한다!

2009년 7월, 〈프랑크푸르터 알게마이네〉를 비롯한 유명 언론사들이 대서특필한 내용이다.[18] 그 상황을 현실에 옮겨 보면, 토요일 오후 어느 대도시의 번화한 거리에 100명이 거닐고 있는데 그중 90명이 노인(연금수령자)이라는 뜻이다. 나머지 10명은 아마도 미성년자 2명과 청년 8명쯤으로 구성될 것이다. 즉 어림짐작해도 경제활동인구 1인이 연금수령자 11명을 감당해야 한다는 계산이 나온다. 이 수치가 옳다면 위기의식을 느껴야 마땅하다.

한편, 당시 기사들은 인구 고령화에 따른 위험지역으로 특히 브란덴부르크 주를 지목했다. 노인이 브란덴부르크 주 전체 인구의 90%를 차지하게 될 테니 단단히 각오하라고 경고한 것이다. 그 경고 속에 얼마나 많은 진실이 담겨 있을까? 만약 그 말이 맞는다면 아이는 누가 낳고 키우며, 빵은 누가 구울까? 수도관이나 전력공급망은 누가 관리하고 수리할까? 아무리 생각해도 그런 비율의 사회는 도저히 존재할 수 없다. 믿어주자니 말이 안 되고, 악의적 거짓말이라고 생각하기에는 너무 멍청하다! 도대체 어쩌다가 그런 터무니없는 계산이 나온 것일까? 어쩌다가 2050년이면 브란덴부르크 주의 전체 인구 중 고령 인구가 90%를 차지하게 될 거라는 분석이 나왔을까? 아무리 계산해도 답이 나오지 않는다!

좋다! 어떡하다 보니 2050년도에 브란덴부르크 주에 미성년자는 한 명도 없는 상황이 발생했다고 쳐보자. 인구 전체가 경제활동인구와 연금수령자로만 구성되어 있다. 그중 고령자가 90%라는 말은 100명 중 10명만 일하고 90명은 노인이라는 뜻이다. 조금 전에도 말했지만, 그런 비율의 사회는 있을 수 없다.

만약 전체 인구 중 노인의 비율이 90%가 아니라 생산가능인구 100명이 감당해야 할 연금수령자가 90명이라면 상황이 조금 달라지기는 한다. 이 경우 전체 인구는 190명이고, 일하는 100명이 90명을 먹여 살려야 한다. 이 비율도 절대 이상적인 비율이라고는 할 수 없지만, 어쨌든 여기에서 나온 경제활동인구 대 연금수급자의 비율은 47%이지 90%가 아니다.

그럼에도 브란덴부르크 주가 고령 인구 때문에 벌벌 떨어야 한다는 내용의 기사가 끊임없이 게재되는 이유는 무엇일까? 기자들이 단체로 바보가 되기로 협약이라도 맺은 것일까! 물론 그런 수치들을 기자들이 직접 만들어냈을 리는 없다. 굳이 죄목을 따지자면 전문가들이 제시한 내용을 그대로 받아썼다는 것이다. 그러나 수치에 대한 무지가 면죄부가 될 수는 없다. 바로 그 무지 때문에 독자들이 희생양이 되기 때문이다.

7. 콜레스테롤 저하제에 관한 착각

1990년대 중반 들어 '기름기'에 대한 미국인들의 공포감은 극에 달했다. 콜레스테롤 수치가 높아지면 이제 곧 죽는다는 위기감이 사회 전체를 지배한 것이다. 그러면서 모두 딜레마에 빠졌다. 맛난 음식을 포기하자니 너무 아쉽고, 위험을 감수하고라도 먹자니 두려움이 너무 컸다. 그런데 고맙게도 제약회사들이 국민을 그런 딜레마에서 단번에 벗어나게 해줄 해결책을 제시했다. 콜레스테롤 저하제가 바로 그것이었다. 물론 제약회사들은 어디까지나 국민의 안위를 위해 그런 약품을 개발한 것이다! 해당 약품은 일정 기간의 시험과 검증을 거쳐 드디어 대중에게 모습을 드러냈다. 그 당시 대중이 광고를 통해 접한 그래프는 예컨대 다음과 같았다.

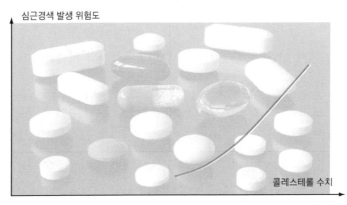

1990년대 어느 콜레스테롤 저하제 광고에 실린 그래프

제약회사들은 위 그래프가 서로 다른 22가지 연구 결과에서 비롯된 결과라고 주장했고, 모두 그 주장을 그대로 믿었으며, 해당 약품은 날개 돋친 듯 팔려나갔다. 하지만 베를린 출신의 의학자 하겐 퀸은 해당 약품의 효능을 직접 테스트해보기로 했다. 하겐은 22개의 각기 다른 연구기관에 실험을 의뢰했고, 거기에서 건네받은 자료들을 바탕으로 그래프를 직접 제작해보았다. 그 결과물은 위 그래프와 비슷했다. 제약회사들의 주장이 옳았던 것이다.

그러나 그것은 어디까지나 반쪽짜리 진실이었다. 제약회사들이 두

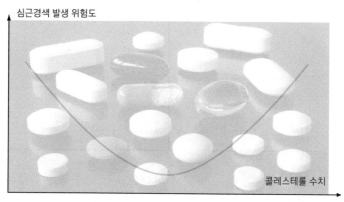

심근경색 발생 위험도

콜레스테롤 수치

콜레스테롤 수치가 낮아도 심근경색이 일어날 수 있다는 것을 보여주는 그래프

가지 중요한 정보를 (아마도 의도적으로) 감춘 것이다.

첫째, 제약회사들은 원래 콜레스테롤 수치가 낮은 사람이 해당 약품을 지속적으로 복용할 경우 약을 복용하지 않았을 때보다 심근경색을 일으킬 확률이 높아진다는 사실을 감추었다. 즉 위 그래프에서 곡선의 왼쪽 부분을 마저 그리면 아래 그래프에서처럼 U자 형태의 곡선이 도출된다.

둘째, 실험군에는 실제 약품을 나누어주고 대조군에는 위약을 복용하게 한 뒤 결과를 비교했더니 약품을 복용한 환자들이 심근경색으로 사망할 확률이 실제로 더 낮게 나타나기는 했다. 그러나 자살이나 자동차 사고 등 기타 이유로 인한 사망률까지 포함했을 경우에는 실험군의 사망률이 대조군보다 더 높았다.

다시 말해 콜레스테롤 저하제의 매출을 높이기 위해 제약회사들이 몇몇 정보를 고의로 감춘 것이다. 게다가 그 정보들은 경우에 따라 목숨을 앗아갈 수 있을 만큼 치명적이고 중요한 것들이었다. 결론적으로 이번 사례에 소개된 통계 조작자, 즉 제약회사들은 '이기적 사기꾼'으로 분류할 수 있다.

8. 연비의 진실

EU는 2012년부터 생산되는 신차에 대해 1km당 이산화탄소 배출량을 130g까지 낮추라는 법안을 통과시켰다. 가뜩이나 고객이 연비에 신경을 곤두세우고 있는 마당에 이산화탄소 배출량까지 줄이라니 자동차 생산업체들 입장에서는 이중고가 아닐 수 없었다. 하지만 독일 자동차업계는 그 와중에도 '솟아날 구멍'을 찾아냈다! 우선, 연비에 관한 문제는 가상의 주행 환경에서 측정한 결과를 제시하는 방법으로 해결하기로 했다. 편법을 쓰자는 게 아니었다. EU가 공식적으로 허용한, 어디까지나 합법적인 방법이었다.

이를 위해 자동차업체들은 실제 주행 환경과는 전혀 다른 최적의 환경을 조성했다. 연비 측정 실험 시에는 시험대 위에 차체를 올린 뒤 엔진을 가동하게 되는데, 이때 주변 온도는 최적으로 조정하고 쓸데없이 전력을 소모하는 부품들은 모두 차단된다. 주행 속도도 처음부터 끝까지 같은 속도를 유지한다. 차체의 무게도 물론 최소한으로 줄인다. 그런 환경하에서 실험한 결과, 폴크스바겐 사의 '티구안Tiguan 1.4 TSI'은 100km를 주행하는 데 고급 휘발유(옥탄가가 높은 휘발유) 8.3리터를 소모하는 것으로 나타났다. 한편, 자동차 전문가 페르디난트 두덴회퍼와 환경연구가 에바 마리아 존도 같은 차를 가지고 실제 주행 환경에서 연비를 측정했다. 그 결과, 100km를 달리는 데 13.4리터가 소모되었다. 실험 환경보다 60%나 더 많은 기름이 소요된 것이다. 이렇듯 자동차업계가 발표하는 연비와 실제 운전자들이 느끼는 체감 연비 사이에는 큰 차이가 있다(평균 27%).[19]

자동차업계는 연비 문제에서 그랬듯 이산화탄소 배출량 저감에 관한 문제 역시 간단한 트릭으로 해결하는 기염을 토했다. 앞서 이미 소개했듯, 차체의 무게에 따라 등급을 따로 매기는 방식으로 포르셰의 '카이엔 하이브리드Porsche Cayenne Hybrid'가 친환경 경차 '스마트 포투Smart Fortwo cdi'보다 더 높은 배출 등급을 따낸 것이다.

그런데 자동차업계가 간과한 사실이 하나 있다. 자신들 못지않게 고객도 점점 더 똑똑해지고 있다는 것이다. 지금은 환경보호가 그 무엇보다 중요한 이슈가 되었다. 석유매장량이 줄어들고 있다는 것 정도는 삼척동자도 다 알고 있다. 이런 상황에서도 자동차업계가 중후한 스타일에 최대 마력, 최고 속도, 나아가 최고가를 자랑하는 차량을 계속 팔고 싶다면 앞으로는 좀 더 기발한 거짓말을 제시해야 할 것이다!

9. 운전자는 '봉'이다?

독일자동차클럽ADAC은 오래전부터 '운전자가 무슨 봉이냐?'라는 식의 불만을 제기해왔다. 도로나 신호등을 비롯한 각종 사회간접자본을 이용하는 횟수에 비해 자동차 운전자들이 내야 하는 각종 세금이 너무 높게 책정되어 있다는 데 대한 불만이었다.

2010년, 독일자동차클럽은 자신들의 주장을 뒷받침하기 위해 독일경제연구소DIW에 실험을 의뢰했고, 그 결과 자동차 운전자들이 1유로의 사회간접자본을 이용할 때마다 4.20유로를 국가에 납부한다는 결론이 나왔다.[20]

하지만 그 결론은 비현실적이었다. 차량 운행에 따라 발생하는 외적 비용external costs을 고려하지 않은 수치였던 것이다. 자동차 때문에 발생하는 환경오염이나 기후변동, 정체 현상에 다른 경제적 손실, 사고나 소음이 유발하는 비용 등은 계산에 전혀 반영되지 않았다. '연방환경 및 자연보호 연맹BUND'이 이러한 사실을 지적하자 해당 연구 기관은 순순히 그 사실을 인정했다. 하지만 그와 동시에 자동차 운행에 따른 외적 효과external effect, 즉 승용차나 트럭 덕분에 사람이나 화물의 수송이 매우 짧은 시간 안에 이뤄질 수 있다는 효과 역시 계산에 포함되지 않았다며 이의도 제기했다.

차량이 유발하는 외적 비용이나 외적 효과는 둘 다 규모를 파악하기가 쉽지 않다. 그럼에도 자동차 운전자와 국가 경제 사이의 함수관계는 독일자동차클럽이 주장하는 것보다는 더 정확하게 규명되어야 한다. 차량 운행으로 인해 발생하는 직접 피해액이 어느 정도인지, 나아가 그중 얼마를 국가가 부담하고 있고, 그에 따라 그중 얼마를 운전자들로부터 거둬들인 세수로 충당해야 할지를 좀 더 면밀하게 검토해야 한다.

10. 고무줄 수명

민영 보험사들은 고객의 수명을 자체적으로 추산해야 한다. 고객 대부분이 부유층이다 보니 수명도 국민 전체의 평균 수명보다 길기 때문이다.

2008년 10월, ARD의 경제매거진〈플루스미누스〉에서는 민영 보험사들의 수명 추산 방식에 대해 몇 가지 의혹을 제기했다. 당시 연방통계청의 발표에 따르면 현재 35세인 남성의 기대수명은 82세였다. 하지만 민영 연금보험사들은 그보다 10년이나 더 긴 92세라고 주장했다. 그에 따라 국민연금 가입자들은 퇴직 후 매달 270유로를 수령하는 데 비해 민영 연금보험 가입자들은 매달 205유로밖에 받지 못한다. 반대로 민영 생명보험사는 현재 35세인 남자의 수명을 73세로 책정했다. 이에 따라 고객은 매달 더 많은 보험료를 납부해야 했다. 이렇듯 민영 보험사들은 필요에 따라 사람의 수명을 고무줄처럼 늘렸다가 줄이면서 피보험자로부터 거두어들이는 보험료는 늘리고 피보험자에게 지급해야 할 보험금은 줄이고 있다.

2010년 6월, 인구학자 에카르트 봄스도르프는 요즘 태어나는 여아 네 명당 한 명은 100살까지 살게 될 것이라 주장했다.[21] 1940, 1930, 1920년에 태어나 70세, 80세, 90세에 세상을 떠난 사람들을 근거로 위와 같은 수치를 추산한 것이다. 그러나 후에 봄스도르프는 자신의 오류를 시인했다. "지금 태어나는 신생아가 100살까지 살 수 있을지 없을지는 아무도 백 퍼센트 확신할 수 없다."고 고백한 것이다.

인간의 수명에 대해서는 사실 100%가 아니라 70%도 확신할 수 없다. 지금 막 태어난 여자아이가 장차 어떤 삶을 살게 될지, 나아가 언제 세상을 떠나게 될지 어떻게 알 수 있단 말인가. 그럼에도 봄스도르프는 불확실한 추측을 기정사실처럼 발표했다. 무엇보다 큰 문제는 봄스도르프가 다음과 같은 요인들을 무시했다는 것이다.

- 우리가 섭취하는 영양분의 질이 전혀 개선되지 않고 있다. 심지어 예전보다 더 나빠졌다는 의견도 적지 않다.
- 운동부족과 과체중 및 그로 인한 당뇨병과 심혈관 질환이 늘어나는 추세이다.

- 환경오염이 유발하는 각종 부정적 영향에 노출되어 있다.
- 여러 가지 질환을 동시에 지닌 고령 환자의 비중이 높아지고 있다.
- 국민 대부분의 생활 수준이 예전에 비해 그다지 나아지지 않았다. 현상유지만 하거나 심지어 나빠지고 있다.[22]

봄스도르프는 위와 같은 요인을 무시한 채 연구를 진행했고, 그 결과를 자신만만하게 대중에게 공개했다. 당시 봄스도르프는 "이 수치들은 고령화 사회가 결국 우리 사회의 복지체계에 부담으로 작용하게 될 것을 예고하고 있습니다. (중략) 즉 장기적으로 볼 때 매달 납입해야 할 보험료를 인상할 수밖에 없다는 뜻이지요"라고 말했고[23], 기자들은 '봄스도르프의 의견에 따라 결국 연금개시시점을 67세로 상향조정할 수밖에 없을 듯하다'는 내용의 기사를 내보냈다. 부디 봄스도르프의 의견이 실제로 복지혜택을 줄이는 수단으로 작용하지 않기를 바랄 뿐이다!

11. 교육정책 속 '포템킨 마을'

1787년, 러시아의 군사개혁가 그리고리 포템킨이 크림 반도 시찰에 나섰다. 담당자들은 포템킨의 방문에 앞서 해당 지역 마을들을 아름답고 풍요로운 곳처럼 보이게 치장했다. 이후 '포템킨 마을'이라는 말은 미화와 허상의 대명사가 되었다. 그런데 독일 교육계에도 그러한 포템킨 마을이 존재한다고 한다.

2009년 말, 독일 각 연방주의 재정부 장관들은 딜레마에 빠졌다. '리스본 조약'에 따라 2015년까지 교육 예산을 GDP의 10%까지 증

대해야 했다. 대기업과 부유층의 통 큰 기부가 없다면 도저히 불가능했다. 부가가치세를 높여볼까 고민했지만, 얼마 전에 이미 인상된 세금을 재인상하기는 쉽지 않았다. 고민 끝에 나온 묘책은 결국 창의력을 발휘하여 수치를 조작하는 것이었다.[24]

그 첫 번째 수법은 이미 자리에서 물러난 교육부 공무원들에게 월급을 지급하는 것처럼 장부를 꾸며서 지출된 예산의 규모를 늘리는 것이었고, 두 번째 수법은 학교 부지 확보에 투자된 자금(약 100억 유로)을 교육 예산에 포함하는 것이었다. 이에 참다못한 교육부 소속 어느 공무원은 "계속 이렇게 나가다가는 2010년 6월 10일에 열릴 제3차 교육부 장관 회담에서는 예산을 다시 줄이는 방법을 의논해야 할 것이다. 10%라는 목표는 이미 달성되었으니 말이다! 물론 그 목표는 어디까지나 수치상으로만 달성된 것일 뿐, 실제로 개선된 것은 하나도 없다!"라며 장관들의 장부 조작 행태를 꼬집었다.

재정부 장관들과 교육 분야 전문가들, 나아가 연방통계청은 마치 누가 더 기발한 조작법을 제시하느냐를 두고 경쟁이라도 벌이듯 새로운 아이디어들을 쏟아냈다.[25] 학생들의 기초생활비, 교재에 부과하는 부가가치세, 사설 운전교습소, 음악학원, 무용학원 등에 투입되는 비용도 모두 교육 재정으로 간주하자는 의견도 나왔다. 그중 일부는 2010년 중반, 실제로 실행에 옮겨졌다.

이 경우, 통계 조작자들은 앞서 나온 네 개의 그룹 중 어느 그룹으로 분류해야 할까? 재정부 장관들이 사리를 위해 수치를 조작했을 것 같지는 않다. 직책상 혹은 직무상 어쩔 수 없이 거짓말을 해야 했을 것이다. 하지만 그렇게 따지면 결국 납세라는 신성한 의무를 충실히 수행하는 국민만 나쁜 사람이 된다. 이 나라의 미래를 짊어질 인재들을 양성해 내지 못하고 있으니 말이다. 물론 그중에서도 가장 나쁜 이는 아마 불법탈세자들일 것이다. 체납되거나 탈루된 세금만 잘 거두어도 나라 살림이 훨씬 안정되지 않을까? 그렇게 거두어들인 세금의 일부만 교육 분야에 투자해도 교육 재정이 지금보다는 훨씬 탄탄해지지 않을까!

12. '도이체반'의 '검붉은' 숫자

1990년대 들어 '도이체반Deutsche Bahn'(독일철도)은 붉은 숫자(적자)를 검은 숫자(흑자)로 둔갑시키는 신공을 발휘했다. 그 신공 뒤에는 다음과 같은 수법들이 숨어 있었다.

도이체반은 국영 기업이던 시절에도 늘 적자만 기록했다. 예전에는 중소도시나 대도시 외곽지역에는 승차권 자동발매기가 없었다. 매표 담당 직원이 승차권을 발급했다. 그러다 보니 인건비가 너무 많이 지출되었고, 승차권 판매 수익만으로는 전철이나 지하철의 운영비를 감당할 수 없었다.

만성 적자에 시달리는 도이체반을 구원해준 것은 국가였다. 근거리 교통망 사업을 일종의 공익사업으로 보고 국민의 세금으로 적자를 메워준 것이다. 그러다가 1994년, 도이체반이 민영화되었다. 그러면서 대규모 구조조정을 단행했고, 인력도 대거 감축했다. 그럼에도 적자를 면치 못했다. 여전히 운영비가 승차권 판매 수익보다 훨씬 더 높았다. 거기에서 생긴 구멍은 지금도 국가가 메워주고 있다.

그런데 자세히 살펴보면 적자를 충당해주는 주체가 달라졌다는 것을 알 수 있다. 공기업이던 시절에는 중앙 정부가 자금을 지원해줬던 반면 민영화 이후에는 각 연방주 정부가 적자를 메워주고 있는 것이다.

도이체반은 그런 상황을 적절히 활용하여 적자를 흑자로 전환했다. 즉 연방주 정부를 고객으로 분류한 것이다. 이에 따라 연방주로부터 받는 자금은 모두 수익으로 간주하였다. 결국 숫자 조작에 불과하지만, 도이체반의 창의성만큼은 높이 살 만하다.

그간 도이체반은 국제무대를 누빌 만큼 세계적 기업으로 성장했다. 이에 발맞춰 정부는 2007년에는 도이체반을 주식시장에 상장하겠다고 발표했다. 그런데 도이체반 경영진들은 그 얘기만 나오면 자사의 보유 자산 및 부동산의 실질가치를 축소하기 시작한다. 전문가들은 도이체반의 실질가치를 1,000~1,800억 유로쯤으로 추정하는데, 정작 도이체반의 경영진들은 자사의 가치가 그 $\frac{1}{10}$밖에 되지 않는다고 주장한다. [26]도대체 왜 그러는 것일까? 어쩌면 추후 자사의 대주주가 될 부유층들의 배를 더 불려주려는 속셈은 아닐까!

13. 정치적 목적으로 조작되는 숫자들

연방통계청에 근무하는 동안, 당시 연방의회(하원) 의장이었던 리타 쥐스무트와 통화할 기회가 있었다. 쥐스무트 의장은 남자들의 영역으로 간주하는 직종에서 직업훈련을 받을 수 있는 여학생의 수가 얼마나 되는지 알고 싶어 했다. 나는 현재 직업훈련을 '받고 있는' 여학생의 수를 파악해드리면 되느냐고 되물었다. 그러자 쥐스무트 의장은 그게 아니라 해당 직종에서 훈련을 '받을 수 있는' 여학생의 수를 알고 싶다며 자신의 뜻을 다시 한 번 분명히 밝혔다. 즉 쥐스무트 의장은 기업을 압박할 수 있는 수치를 원했던 것이고, 그러자면 현재 직업훈련을 받고 있는 여학생의 수를 제시하는 것만으로는 부족했다. 재미있는 사실은 여느 통계 조작자들과는 달리 쥐스무트 의장이 자신의 조작 의도를 감추려 들지 않았다는 것이다. 쥐스무트 의장은 수치를 비틀어서라도, 다시 말해 '만들어낸 진실'을 통해서라도 여성 직업훈련 분야를 강화하고 싶었던 것이다. 그런 의미에서 당시 쥐스무트가 원했던 수치 조작은 노련한 정치가의 뛰어난 한 수였고, 합리화될 수 있는 조작이었다.

반면, 앞서 제4장에서 소개한 사례에 등장하는 연구원의 한 수는 그다지 노련하지 못했다. 당시 노동시장 및 직업 관련 연구소[IAB] 소속이었던 그 연구원은 20세 이하 청소년의 수(절대적 수치)만 제시하여 위기감을 조성했고, 20세 이하 청소년의 수를 전체 인구수와 비교해서 제시했어야 한다는 나의 지적에 "그걸로는 위기의식을 심어주지 못할 것 같아서 그렇게 하지 않았다"는 '진솔한' 답변을 내놓았다. 하지만 그 속에는 공익을 위한 어떤 의도도 담겨 있지 않았기에 해당 연구원의 행위는 절대 합리화될 수 없다.

제1장에서도 정치적 숫자 조작과 관련된 사례가 나왔다. '양'이라는 장관이 한 해에 2,200명의 교사를 신규 채용했다는 부분을 당당하게 내세우면서 같은 기간 동안 해고되거나 퇴직한 교사의 수는 언급하지 않았다는 사례였다. 당시 전자(신규 채용자의 수)에서 후자(해고자와 퇴직자의 수)를 뺄 경우, 심지어 마이너스 수치가 나왔다!

1992년, 이주민 관련 포럼에 연사로 나선 기민당 소속의 어느 의원은 하고많은 나라 중 하필이면 지난 몇 년간 가장 많은 이주민을 독일로 보낸 나라를 예로 들면서 위기감을 부추겼다. 질의응답 시간에 필자가 "모든 국가를 다 합칠 경우에는 독일로 이주한 이들의 수가 오히려 줄어들었습니다. 원하신다면 증거 수치를 보내드리겠습니다."라고 하자 "그러지 않으셔도 됩니다. 그 수치는 이미 제 앞에 놓여 있으니까 요."라고 그 의원은 대답했다!

14. '놀고먹는' 빈곤층

옛날 옛적, 찢어지게 가난한 나라가 있었다. 백성은 모두 비참한 생활을 해야 했으며, 특히 부유층의 고통은 차마 말로 형언할 수 없을 정도였다. 그런데 그 가난한 나라에서도 호사를 누리는 이들이 있었으니, 바로 극빈층이었다. 다시 말해 그곳은 실업급여 수급자와 싱글맘들의 천국이었다. 가진 것이 하나도 없는 이들은 하루 종일 빈둥거리기만 했다. 가만히 있어도 국가가 밥을 먹여주니 굳이 일할 필요가 없었다.

위 동화의 실제 무대는 전 세계 수많은 나라다. 독일, 오스트리아, 스위스, 영국, 미국 등 전 세계 곳곳에서 놀고먹는 이들에 대한 비판이 점점 더 거세지고 있다. 일부 정치가와 언론인들은 복지급여 수혜자들이 착실한 직장인보다 더 넉넉하고 여유롭게 살아간다는 것을 증명하기 위해 각종 트릭까지 동원한다. 그들이 주로 사용하는 트릭은 예컨대 다음과 같다.

- 실업급여 인하만이 실업급여와 최저임금 간의 격차를 벌이는 유일한 방법이라 주장한다. 최저임금을 인상해도 같은 효과가 발생하지만, 그 부분은 고의적으로 언급하지 않는다.
- 장하는데, 이는 원인과 결과를 뒤바꾼 주장이다. 실제로는 그 반대였다. 실업급여가 거의 늘어나고 있지 않은 가운데 소득등급 하위에 속하는 이

들의 임금이 실업급여보다 더 낮은 수준까지 떨어져버린 것이다.

- 소득등급 하위에 속하는 정규직 근로자에게 돌아가는 각종 복지수당에 대해서는 언급하지 않는다.
- 실업급여로 지급되는 돈의 액수를 부풀린다. 즉 월별로 지급되는 액수를 언급하는 대신 몇십 년에 걸쳐 지급될 액수를 모두 합산한 뒤 최종적으로는 엄청난 수치 하나만 제시한다. 하지만 그 계산법에서 말하는 만큼 오랫동안 실업급여를 받는 이는 거의 없다.
- 연구 결과를 조작한다. 예컨대 어느 학자가 싱글맘 밑에서 자란 어떤 소녀가 50세가 되도록 짝을 찾지 못할 경우 국가로부터 평생 얼마를 지원받는지를 계산했다고 가정해보자. 실업급여 비판자들은 그 연구 결과를 교묘하게 조작하면서 마치 모든 싱글맘이 그만큼 많은 세금을 축내고 있는 것처럼 소개한다.

수치 조작은 사회구성원 간의 연대의식을 허물고, 사회적으로 보호받아야 할 이들의 생존권을 박탈하며, 심지어 사회적 약자들 사이에서도 분열을 조장한다. 나아가 급속도로 부를 축적하고 있는 일부 계층에게 시선이 쏠리는 것을 방지한다. 즉 이번 사례와 관련된 수치 조작은 이기적인 거짓말에 해당한다.

15. 사라지거나 생략된 통계

2005년을 즈음하여 독일과 스위스에서는 관료주의 철폐 운동이 벌어졌다. 그 과정에서 갑자기 통계가 관료주의의 온상으로 지목받았고, 그러면서 기업들이 제출해야 할 통계 자료의 종류도 대폭 줄어들었다.

환경 분야에서도 대대적으로 통계 철폐 작업이 진행되었고[27], 그로 인해 다음 분야에 대해서는 현황 파악조차 불가능해졌다.

- 플라스틱, 빈 병, 폐지, 건축 폐기물의 재활용 정도
- 농업 분야의 관개 상황 및 하수 처리 상황
- 식수 현황
- 대기오염도
- 환경보호를 위한 기업들의 투자 총액

이제 기업들이 환경보호를 위해 어떤 분야에 얼마를 투자하고 있는지 정부로서는 알 길이 없다. 즉 환경보호를 위해 정부가 어디에 얼마를 투자해야 할지도 알 수 없게 되었다. 이런 경솔한 결정들은 대체 어떤 '멍청이'들이 내리는 것일까? 더 큰 문제는 '급성 멍청병'이 앞으로 또 어떤 분야에서 도질지 종잡을 수 없다는 것이다!

바야흐로 온 세계가 지식사회를 향해 힘차게 전진하고 있다. 거기에 가속도를 붙여주는 동력 중 하나가 바로 통계인데, 각종 통계를 자랑스럽게 폐지한 독일 정부는 그 경쟁에서 결국 뒤처지고 말 것이다.

지금 이 순간에도 우리 사회는 변화를 거듭하고 있고, 그에 따라 국민경제 관련 지표들도 시시각각 달라진다. 하지만 그중 통계적으로 파악된 것은 극히 일부에 불과하다. 상업과 서비스 분야는 독일 전체 일자리의 70%, 전체 부가가치 창출의 70% 이상을 차지하고 있는데, 그 분야들에 대해서도 제대로 된 통계가 나와 있지 않다.[28] 상업과 서비스업이 국민경제에서 그토록 큰 비중을 차지하고 있음에도 이 분야의

매출이나 고용자 수에 관한 지역별 통계(연방주별 통계)는 빈약하기 짝이 없다. 전국 차원에서도 독일 서비스업체들이 정확히 무엇을 생산하고 그 용역들이 어디로 흘러들어 가는지 파악되지 않고 있다.[29] 그나마 다행히 제조업 분야의 상황은 좀 다르다. 제조업 분야에서는 이미 오래전부터 통계 작업이 광범위하게 실행되고 있다. 심지어 지역별, 세부 업종별로도 통계가 있고, 지역별 특화산업에 관한 통계도 자세히 나와 있다.

분야별 통계 사이의 불균형은 또 다른 형태의 왜곡을 불러온다. 2010년 6월, 지역 일간지인 〈노이에 베스트팔리셰Neue Westfälische〉는 빌레펠트에서 사상 최초로 식료품 산업이 공작기계 산업의 규모를 앞지르면서 매출 1위의 산업 분야로 등극했다고 보도했다. 하지만 해당 기사에서 서비스 업종은 아예 언급되지 않았다. 서비스 업종은 순위에 들어 있지도 않았으며 그 기사만 봐서는 식료품 산업이 정확히 어느 분야에서 매출 1위를 기록했는지 알 수 없었다. 해당 지역의 소매상들이나 미디어업계, 의료업계도 분명히 나쁘지 않은 영업 실적을 기록했을 터인데, 그 부분에 대해서는 일언반구도 없었다.[30]

전국 차원의 통계에서도 위와 같은 왜곡과 혼란이 더러 발생한다. 2009년 11월, 〈로이터 통신〉은 '성장 동력이 된 독일 제조업계'라는 제목의 기사를 타전했다. '2009년 9월, 독일 제조업계의 총생산이 이전 달에 비해 2.7% 늘어났는데, 이는 예상을 3배나 뛰어넘는 것이었다'라는 친절한 설명도 나와 있었다. 보통 이런 기사에서는 서비스업계가 상대적으로 얼마나 더디게 성장했는지도 알려주어야 정상이다. 하지만 해당 기사 어디에도 서비스업계의 성장률은 나와 있지 않았다. 오로지 제목에만 충실한 반쪽짜리 기사였던 것이다.

15 포기란 없다!

지금까지 수치와 관련된 여러 가지 거짓말을 살펴보았다. 이젠 그 어떤 통계를 봐도 의심부터 들 것이다. 그러나 모든 통계를 쓸모없는 것으로 치부하는 태도는 모든 통계를 곧이곧대로 믿는 것만큼이나 어리석다. 선택의 기로에서 합리적인 결정을 내리기 위해서는 어쩔 수 없이 통계를 활용해야 하기 때문이다. 다행히 숫자의 함정들을 무사히 피해 갈 방법도 있다. 그 방법과 몇 가지 원칙만 명심하면 피땀 흘려 번 내 돈을 한 푼이라도 더 아끼는 길을 찾을 수 있다!

다음은 통계를 활용했을 때 더 큰 이익을 얻을 수 있는 대표적 상황들이다.

- 거금을 투자할 때에는 반드시 통계에 기반을 둔 분석이 필요하다. 예컨대 광고를 내보낼 때에도 그렇다. TV나 신문 혹은 인터넷에 광고를 내보내는 기업은 시청률이나 판매 부수, 방문 횟수 등을 꼼꼼히 따진다. 타깃 그룹의 반응률을 미리 분석함으로써 광고의 효과를 극대화하려는 것이다.
- 의류업계에서는 대략 20년마다 국민의 신체 사이즈를 재분석한다. 고객의 몸에 맞게 재단되지 않은 옷은 만들어봤자 팔리지 않을 게 뻔하기 때문이다.
- 시험을 치르고 나면 성적표가 나온다. 성적표의 목적은 부모님에게 야단칠 빌미를 주거나 칭찬할 근거를 제공하는 것이 아니라 학생 스스로 각자의 위치를 파악하고, 그 위치를 조금씩 더 개선하게끔 하는 것이다.
- 입사지원서를 내기에 앞서 관련 업계의 연봉 목록을 반드시 확인해보기 바란다. 그래야 터무니없는 연봉을 제시했다가 취업 기회를 잃는 사태를 방지할 수 있고, 나아가 주어진 조건에서 최대한 높은 연봉을 받아낼 수 있다.

생활 속 많은 분야에서 통계 덕분에 더 큰 이익을 얻을 수 있는 때가 많다. 단, 통계를 활용할 때 지켜야 할 몇 가지 원칙에 유념해야 한다. 그래서 통계를 유익하게 활용하기 위한 15가지 원칙을 소개한다. 이 원칙들을 모두 지킨다고 해서 반드시 승자가 된다는 보장은 없다. 하지만 최소한 승자가 될 확률은 높일 수 있다!

통계를 대하는 15가지 기본 원칙

1. 성급한 판단을 지양하고 침착한 태도를 유지한다.
2. 기존 자료들을 입수하여 현 상황과 비교한다.
3. 근거 자료를 요청한다.
4. 실제로 파악 가능한 수치들인지 검토해본다.
5. 예측의 정확도를 가늠해본다.
6. 어림잡아 계산해본다.
7. 개념의 정의를 따져본다.
8. 중요한 결정일 때에는 더욱 신중을 기한다.
9. 자료의 출처를 확인해본다.
10. 그래프의 x축과 y축, '착시효과' 등에 유의한다.
11. 그래프 뒤에 숨은 근거 자료들을 요청하고 검토한다.
12. 독창적인 아이디어를 동원한다.
13. 직접 검산해본다!
14. 용기내어 결단을 내린다.
15. 다섯 가지 '입버릇'에서 벗어나야 한다.

1. 성급한 판단을 지양하고 침착한 태도를 유지한다.

중요한 결정을 앞두고 그릇된 판단을 할 경우 심각한 피해가 뒤따른다. 말 그대로 '값비싼' 대가를 치러야 하는 경우도 있고, 때로는 돈보다 더 큰 것들을 잃을 수도 있다. 그렇게 볼 때 이틀 정도 시간을 투자해도 전혀 아까울 게 없다. 예컨대 100만 유로가 오가는 사안이라면

5천 유로쯤 들여서 전문가를 고용하는 것도 나쁘지 않다. 주어진 자료 중 그래픽 자료가 많을 때에는 전문가를 통한 검토가 특히 더 필요하다. 제2장에서도 입이 닳도록 얘기했지만, 그림은 우리가 생각하는 것보다 훨씬 더 빨리 우리를 현혹한다. 지금부터 소개할 15가지 기본 원칙에 그래픽과 관련된 원칙을 2개나 포함한 것도 그 때문이다.

2. 기존 자료들을 입수하여 현 상황과 비교한다.

비교 대상이 없는 상황은 거의 없다. 지금 내가 처한 상황과 비교할 만한 자료가 반드시 있다. 예를 들어 사업가라면 관련 업체, 관련 업종의 사업 실적을 찾아봐야 하고, 한 나라의 경제를 책임지고 있는 입장이라면 이웃 나라의 상황을 검토해봐야 한다. 개인적인 차원에서도 비교가 필요하다. 예를 들어 앞서 소개한 '시금치의 진실'에 관한 사례를 보라. 시금치를 제외한 다른 채소들의 철분 함량만 체크해봤더라도 수많은 '희생'을 줄일 수 있었을 것이다.

만약 비교 대상 자료와 원래 주어진 자료 사이에 큰 차이가 있다면 그 차이가 어디에서 오는지 분석해야 한다. 그 작업만으로도 많은 실수를 미리 방지할 수 있다.

3. 근거 자료를 요청한다.

그저 좀 이상하다 싶어서 툭 던진 질문 때문에 발표자가 진땀을 흘릴 때가 많다. 예를 들어 "그 수치가 어디에서 나왔죠?", "그 외에 또 어떤 수치들을 제시할 수 있나요?"라고 물었을 때 발표자가 제대로 답하지 못하고 우물거린다면 답은 하나다. 자신에게 유리한 숫자만 보여주었거나 수치를 조작한 것이다.

누군가 제시하는 수치들을 그냥 믿어버릴 경우, 큰 실수를 범할 수 있다. 예를 들어 어느 중소기업이 지난해에 1,000만 유로의 수익을 냈다는 말만 들으면 당장에라도 그 회사에 투자하고 싶은 마음이 들 것이다. 하지만 비슷한 업계, 비슷한 규모의 중소기업은 작년에 2,000만 유로의 흑자를 기록했다는 말을 들으면 마음이 달라질 수밖에 없다. 게다가 앞서 나온 원칙 2에 따라 해당 중소기업의 작년 실적을 살펴봤더니 심지어 거액의 적자를 기록했다면 그 기업에 투자하려던 마음은 아예 사라져버릴 것이다.

앞서 직원 1명을 다른 지사로 이전시키는 방법을 통해 수치를 조작한 사례도 소개한 바 있다. 실제 매출에는 아무런 변화가 없음에도 두 지사 모두 판매 실적이 개선된 것처럼 조작된 상황이었다. 그런 식의 조작 역시 세부 자료나 근거 자료 앞에서는 맥을 못 추게 마련이다.

4. 실제로 파악 가능한 수치들인지 검토해본다.

주먹구구식 계산법에 따라 나온 수치들을 대단한 진실인 것처럼 과장하는 이들이 적지 않다. 불법노동자 증가율에 대한 '공식적' 통계도 존재하는 세상이니 더욱 날카로운 비판력이 필요하다. 예를 들어 "불법노동자들 때문에 올해 복지예산이 1.4%나 늘어났다."는 식의 발표는 정확하려야 정확할 수 없다. 불법노동 자체가 음지에 기반을 두고 있기 때문이다. 따라서 다른 수치는 몰라도 불법노동에 관한 수치들만큼은 '색안경을 끼고' 바라보는 것이 바람직하다. 최소한 10% 이상의 오차는 감안해야 한다.

무임승차자의 비율이나 야근수당을 받지 않고 일한 시간의 총합, 독일 내 불법체류자의 수, 아내와 자녀에게 폭행을 가하는 가장의 수 등도 확실하지 않은 수치들에 속한다. 하지만 그 수치들 역시 '정확히 얼마'라는 식으로 당당하게 제시되고 있다.

시기적으로 볼 때 아직은 알 수 없는 수치를 확실한 수치처럼 발표하는 경우도 많다. 아직 올해가 다 가지도 않았는데 마치 올해 전체에 적용되는 수치인 것처럼 발표하는 경우가 너무 많다. 그럴 때엔 최소한 '몇 분기까지' 혹은 '몇 월까지'라는 전제는 붙여놓아야 양심적일 듯하지만, 실상은 그렇지 않다.

관청에서 발표하는 자료도 틀릴 때가 많다. 독일의 공식적인 인구수 역시 실제 인구수와는 최소한 1백만 명 정도 차이가 난다고 한다. 연방통계청이 발표한 2009년도 독일 GDP조차 믿을 수 없다. 해당 수치가 발표된 게 2010년 1월 13일이었는데, 그러자면 기껏해야 2009년 10월까지의 상황밖에 반영할 수 없었을 것이다. 11월과 12월은 어디로 사라졌을까?

공식적인 발표라고 해서 무조건 믿어야 할 필요는 없다. 중요한 결정을 앞두고 있을수록 더욱 신중한 태도로 수치를 대해야 한다!

5. 예측의 정확도를 가늠해본다.

대상 기간이 길수록 예측의 정확도는 떨어질 수밖에 없다. 수많은 천재가 연구에 연구를 거듭했음에도 아직은 타임머신을 타고 미래로 갈 수 없기 때문이다. 그런데 우리는 이 당연한 사실을 너무 쉽게 망각하곤 한다.

과거에 변동률이 높았던 수치라면 더욱 의심해볼 필요가 있다. 장차 어디로 튈지 알 수 없기 때문이다. 그럼에도 많은 사람은 자기가 보고 싶은 것만 본다. 내 결정이 옳다는 확신을 얻기 위해 주먹구구식 수치들을 마치 진실인 양 믿어버린다. 하지만 앞서 연금과 관련된 사례에서 확인했듯 만기환급금이 심지어 $\frac{1}{9}$까지 줄어들 수도 있다. 그러니 결과가 먼 미래에 판가름나는 결정일 경우, 내 앞에 제시된 예상수치에 대해 더욱 큰 의심을 품는 태도가 요구된다.

6. 어림잡아 계산해본다.

주먹구구식 계산이 도움될 때도 있다. 또다시 시금치 얘기를 꺼내서 미안하지만, 다른 채소들의 철분 함유량만 체크했더라도 '시금치 대재앙'은 분명히 막을 수 있었다. 정밀한 분석이 아니라 대략적 비교만으로도 희생양이 줄어들 수 있었다는 것이다.

쾰른에서 매년 개최되는 카니발의 규모에 관한 진실도 어느 참가자의 어림셈법에 의해 낱낱이 밝혀졌다. 쾰른의 카니발 가장행렬은 어느덧 전 세계적으로 유명한 축제 대열에 합류했고, 직접 참가해본 경험자 입장에서도 세계적 축제라고 부르기에 손색이 없다는 데 전적으로 동의한다. 하지만 축제위원회 측의 주장을 곧이곧대로 믿기에는 내 '신앙심'이 좀 부족했다. 조직위원회 측에서는 "해마다 100만 명의 인파가 가장행렬을 구경하기 위해 몰려든다."고 주장하는데, 솔직히 그 말은 믿기지 않았다. 100만 명이면 쾰른 시내 전체를 채울 만한 인원인데, 그 인원을 어떻게 일일이 센단 말인가!

그런 의심을 하는 사람이 나 혼자만은 아니었던 듯하다. 2005년,

〈쾰르너 슈타트안차이거〉 편집부에 날아든 독자편지 한 통이 그 증거였다. 해당 독자는 가장행렬이 이어지는 구간이 대략 6.5km이고, 그 양편에 구경 인파가 빽빽이 들어서 있다는 가정하에 계산을 시작했다. 구경꾼들은 모두 말라깽이이고, 사탕이 날아오건 초콜릿이 날아오건 모두 차렷 자세를 유지한다는 조건에서 계산한 것이다(유경험자로서 장담하건대 이렇게 얌전한 구경꾼들은 거의 없다!). 총 6,500m인 구간 양옆에 어떻게 하면 100만 명을 세울 수 있을까? 1m당 2명이 서 있을 수 있다고 가정해보자. 물론 도로 중간에 차량 진입 방지용 기둥이나 가로수 같은 건 전혀 없다. 그렇다 하더라도 총 6,500m이므로 한쪽에 13,000명밖에 못 선다. 도로가 양옆에 있으니 거기에 2를 곱해도 26,000명밖에 되지 않는다. 물론 한쪽 도로에 사람이 한 겹으로만 서 있는 것은 아니다. 아마도 여러 겹으로 서 있을 것이다. 그렇다면 도대체 몇 겹으로 서 있어야 주최 측에서 주장하는 100만 명을 채울 수 있을까? 100만 명을 6,500m 길이의 도로 양옆에 집어넣으려면 1m당 2명씩, 총 77겹의 인파가 늘어서야 한다. 한쪽 도로에 최소한 38겹으로 늘어서야 하는 것이다.

다시 한 번 유경험자로서 말하건대, 위 계산은 말이 되지 않는다. 잘해야 도로 한쪽당 5~10겹이다. 게다가 쏟아지는 사탕과 초콜릿을 잡기 위해 서로 밀치고 있고, 그 와중에 일부 참가자는 맥주를 들이켜고 있으며, 갈짓자걸음을 하고 있는 이들도 부지기수이다. 즉 1인당 50cm를 차지한다는 가정부터 잘못되었다. 아무리 양보해도 결국에는 도로 한쪽당 10겹이 늘어설 수 있고, 1명당 60cm는 필요하며, 그 계산을 6,500m에 적용하면 결국 100만이 아니라 22만이라는 수치가 나온다.

참고로, 국민건강보험공단이나 민영 보험사들도 진료비를 부풀리는 의사를 적발할 때 주먹구구식 계산법을 활용한다고 한다. 환자 1명을 진료하는 데 소요되는 평균 시간에 의료수가를 곱하는 방식을 활용한다. 그런데 그 주먹구구식 방법이 통한다고 한다. 어림셈법만으로도 흰 가운을 입은 천사의 무리 속에서 검은 가운을 입은 악마들을 적발해 내는 것이다. 물론 그 방법으로 비양심적인 의사 전부를 파악할 수는 없다. 하지만 하루에 23시간 동안 환자들을 돌봤을 때(주말 포함) 비로소 나올 수 있는 진료비를 청구하는 의사 정도는 어림셈법이라는 그물망만으로도 충분히 솎아낼 수 있을 것이다.

7. 개념의 정의를 따져본다.

이번 사례는 '중소기업'의 정의에 관한 것이다. 언젠가 독일경제인연합의 한 대변인은 독일 내 일자리의 대부분이 중소기업에 집중되어 있다고 주장했다. 그러면서 근거 자료 하나를 제시했는데, 매우 오래전에 작성된 통계 자료였다.

예전에는 대기업의 지사들이 중소기업으로 분류되었다. 알디Aldi나 레베REWE, 텡겔만Tengelmann, 슐레커Schlecker 등 대형 슈퍼마켓 체인의 지점들도 모두 중소기업으로 간주한 것이다. 하지만 그 이후 상황이 달라졌고, 중소기업이 전체 국민경제에서 차지하는 비율도 낮아졌다.

8. 중요한 결정일 때에는 더욱 신중을 기한다.

어떤 결정에 따른 여파나 대가가 클수록 통계의 함정에 빠질 위험도 크다. 까딱 잘못하다가는 거금이 걸린 사업이 물거품이 되어버릴 수도 있다. 따라서 중요한 결정을 앞두고 있을 때에는 되도록 외부 기관에 조사를 의뢰하거나 전문가의 조언을 구하는 것이 좋다. 관련 기사나 TV 프로그램도 모니터해야 한다.

물론 정보의 양이 많다고 해서 반드시 옳은 결정을 내린다는 보장은 없다. 편파적 프로그램이나 신문 기사에만 의존할 경우, 더 큰 함정에 빠질 수 있다. 천 번 들은 거짓말이 한 번 들은 진실보다 더 진실처럼 느껴진다고 하지 않던가. 그러니 중요한 결정을 앞두고 있을수록 무엇보다 중립적인 정보를 통해 현황을 판단해야 한다.

9. 자료의 출처를 확인해본다.

어떤 자료를 대할 때건 출처 확인은 필수적이다. 해당 자료를 제공한 기관이 어디인지, 해당 자료를 작성해달라고 의뢰한 기관이 어디인지를 반드시 체크해야 한다.

예를 들어 BMW나 루프트한자, MAN AG*, 도이체반 등 교통 관련 업체들이 연방교육연구부와의 협력하에 2025년까지 이동수단에 어떤 변화가 일어날지를 조사했다면[2], 그 연구 결과는 일단 의심부터 하는 편이 안전하다. BMW, 루프트한자, MAN AG 그리고 도이체반은 이동수단이 늘어날수록 더 큰돈을 버는 업체들이다. '기존의 승용차, 트럭, 비행기, 철도만으로도 앞으로 충분히 살아갈 수 있다'는 식의 결

---

* 트럭, 버스, 디젤엔진 등 상용차와 산업장비를 주로 생산하는 독일 기업

론 따위는 듣고 싶어 하지 않는다. '기존의 교통수단들을 효율적으로 운용하기만 하면 더 이상 교통수단을 생산하지 않아도 된다'는 결론에는 더욱 귀를 틀어막아 버린다.

따라서 그런 업체들이 발표하는 자료들은 절반만 믿어야 한다. 즉 업체 측에서 제시하는 하한선을 상한선으로 간주하면 된다. 나아가 어떤 주장을 하든 그 뒤에 숨은 배경을 의심해보는 것이 좋다. '더 많은 교통수단이 필요하다'고 주장할 때는 물론이요[3], 심지어 '이젠 더 이상 교통수단을 생산할 필요가 없어졌다'고 주장할 때에도 그 뒤에 어떤 이익이 숨어 있는지 따져보자![4]

10. 그래프의 x축과 y축, '착시효과' 등에 유의한다.

그럴듯한 그래프 속에 얼마나 많은 거짓말이 담겨 있는지는 제2장에서 이미 확인한 바 있다. 파워포인트와 엑셀이 빚어내는 다양한 함정에 빠지지 않으려면 다음 원칙들을 명심해야 한다.

- 시간을 두고 천천히 그래프를 관찰하라.
- 그래프의 제목과 내용이 일치하는지 검토하라. 제목에는 '물가폭락' 이라고 적어놓고 실제 그래프에서는 인플레이션 비율을 다루어놓은 경우도 있다. 그 둘은 절대 같지 않다. 물가는 디플레이션하에서도 상승할 수 있다.
- x축과 y축에 유의하라. 이때 첫째, y축이 0부터 시작되는지를 확인하고(의외로 그런 경우가 드물다), x축(주로 시간에 관한 축)의 시작 시점이 내가 원하는 시점과 일치하는지 확인한다. 둘째, 눈금의 간격이 일정

한지를 점검한다(x축과 y축의 눈금 모두를 점검한다). 셋째, x축과 y축 사이에 인과관계가 성립되는 경우라면 원인이 x축에 배치되어 있는지, 혹시라도 원인과 결과가 뒤바뀌어 있지는 않은지 체크한다.

- 색상이나 굵은 선 등 다양한 시각적 효과에 유의하고, 시각적 효과 때문에 특정 수치가 더 강조되고 있지는 않은지 확인하라.

- 면적이나 부피에 특히 유의하라. 예를 들어 상자 A의 가로 선보다 상자 B의 가로 선이 두 배 더 길다면 A와 B의 차이는 2배가 아니다. 평면체일 경우에는 4배, 입체일 경우에는 심지어 8배나 차이가 난다.

- 3D의 함정에 유의하라. 3D 그래프는 어느 각도에서 보느냐에 따라 형태가 완전히 달라진다. 제아무리 높은 산봉우리라 하더라도 그보다 높은 위치에서 바라보면 편평하게 보이고, 아주 낮은 언덕도 그보다 더 아래쪽에서 바라보면 아찔하게 보이는 법이다. 3차원 그래프는 여러 각도에서 조망할 수 있다는 장점을 지니고 있다. 달리 말하자면 여러 각도에서 조작이 가능하다는 뜻이다. 따라서 더 큰 주의를 기울일 필요가 있다.

- 각종 '착시효과'에 주의를 기울여라. 두 개의 점을 이어놓은 굵은 선, 그래프 바깥으로 뻗어 나간 곡선, 뜬금없이 등장하는 굵은 화살표 등은 조작의 수단일 가능성이 매우 크니 의심의 칼날을 더욱 날카롭게 갈아야 한다.

11. 그래프 뒤에 숨은 근거 자료들을 요청하고 검토한다.

그래프를 작성할 때 x축과 y축의 관계나 비율을 어떻게 설정해야 한다는 식의 규정은 어디에도 없다. 게다가 대부분 그래프가 예컨대 x축

은 연도, y축은 금액 등으로 서로 다른 항목을 표시하고 있기 때문에
두 축 간의 관계를 직접적으로 비교하기란 더욱 어렵다.

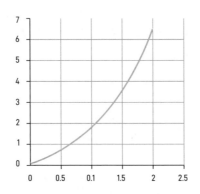

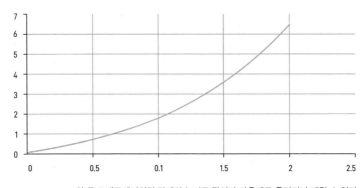

위 두 그래프에서처럼 막대의 높이도 작성자 마음대로 올리거나 내릴 수 있다.

위 두 그래프는 내용상으로는 전혀 차이가 없다. 눈금의 간격도 그
래프마다 동일하게 설정되어 있다. 하지만 그래프를 보자마자 드는 느

낌에는 큰 차이가 있다. 위 그래프가 어떤 분야의 성장 속도에 관한 것이라고 가정해보자. 이때 둘 중 위쪽 그래프를 보면 성장 속도가 매우 빠르다는 느낌이 들지만, 아래쪽 그래프를 보면 성장 속도가 상대적으로 더디게 느껴진다.

y축의 범위에 대해서도 이렇다 할 규정이 없기 때문에 그야말로 '작성자 마음대로'의 원칙이 적용된다. 그 결과 똑같은 수치들을 가지고

1976~2004년 GDP 대비 의료비 지출액(단위: %)

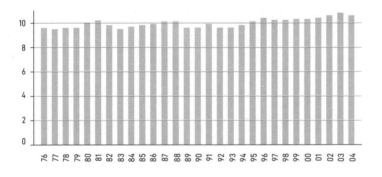

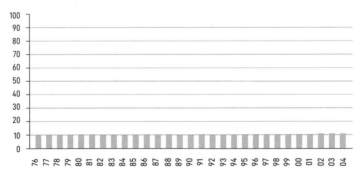

위 두 그래프에서처럼 막대의 높이도 작성자 마음대로 올리거나 내릴 수 있다.

출처: 연방통계청, 연방보건보고청

예컨대 왼쪽 그래프들처럼 서로 다른 그래프들을 만들어 낼 수 있다.

위쪽 그래프에서는 막대 간의 높이 차이가 비교적 잘 드러나는 반면, 아래쪽 그래프에서는 그 차이를 육안으로 거의 식별할 수 없다. 다시 말해 위쪽 그래프에서는 GDP 대비 의료비 지출액의 증감 정도가 중요한 자료로 다루어진 반면 아래 그래프에서는 굳이 꼼꼼하게 따지지 않아도 되는 항목으로 다루어졌다.

중요한 사안을 두고 협상할 때에는 '대략 얼마'라는 식의 수치는 통하지 않는다. 정확한 수치를 제시해야 내가 원하는 목적을 달성할 수 있다. 그래프 뒤에 숨은 근거 자료를 요청하고 확인해야 하는 이유도 바로 그 때문이다.

12. 독창적인 아이디어를 동원한다.

어느 종합병원에 병원장이 새로 부임했다. 병원장은 우선 의료진에 대한 만족도를 파악하기 위해 환자들을 대상으로 대대적인 설문조사를 했다. 그런데 신기하게도 '만족스럽다'는 답변 일색이었다. 반가운 결과였지만, 미심쩍은 마음이 드는 것은 어쩔 수 없었다. '대체 어떻게 불만이 하나도 없을 수 있지? 혹시 의료진들이 환자에게 어떤 식으로든 압력을 행사한 것은 아닐까? 혹시나 진료를 거부당할까 두려워서 환자들이 모두 긍정적인 대답만 한 것은 아닐까?'

병원장은 누구한테 물어보면 진실을 알 수 있을지 고민하다가 결국 택시기사들에게 물어보기로 했다. 결과는 예상대로였다. 집에서부터 병원까지 택시를 타고 오는 동안 몇몇 환자가 택시기사에게 불만을 털어놓은 것이다. 병원장은 택시 기사들의 진술을 바탕으로 진상을 철저히 조사했고, 그 결과에 근거해 환자들의 불만을 시정하고 의료서비스의 질도 향상시켰다.

틀에 짜인 사고방식에서 벗어나지 못하면 결국 남들이 쳐놓은 덫에 걸리고 만다. 남들이 내게 알려주고 싶어 하는 정보만 입수할 뿐, 거기에서 한 발짝도 더 나아가지 못한다. 무엇이 진실이고 무엇이 거짓인지 알고 싶다면 틀에 박힌 사고방식에서 과감히 벗어나 독창적인 아이디어들을 제시해야 한다.

13. 직접 검산해본다!

쇼펜하우어는 "타고난 지성은 거의 모든 수준의 교육을 대체할 수 있지만, 그 어떤 교육도 타고난 지성을 대체할 수는 없다"고 했다.

그런가 하면 베르톨트 브레히트는 〈배움을 찬양함 Lob des Lernens〉이라는 제목의 시詩에서 이렇게 노래했다.

질문하기를 주저하지 말라, 동지여!
아무것도 믿지 말고
직접 조사해보라!
당신 스스로 알지 못하는 것은
아는 것이 아니다.
검산해보라.
돈을 내야 하는 것은 당신이다.
매 항목을 손가락으로 짚으면서 물어보라.
그것이 어디에서 온 것인지!

결국 주도권은 당신이 쥐어야 한다.

　　그렇다! 뭐든 내 손으로, 내 눈으로 직접 확인하겠다는 마음만 있으면 모두 불변이라 믿고 있는 진리조차 뒤흔들어 놓을 수 있다. 박사 학위가 없어도, 타고난 지성만 잘 활용해도 나만의 독창적인 아이디어를 개발할 수 있다. 독자들이 이 책을 손에 쥐게 된 것도 이 책이 통계 수업용 교재로 사용[5]되고 있기 때문이 아니라 배움에 대한 의지와 탐구심 때문일 것이라 믿어 의심치 않는다.

　　그런 의지와 탐구심을 충족시키기 위해 16장에 다양한 연습문제들을 수록해놓았다. 미리 말하건대 그중 3개만 제대로 풀어도 통계의 거짓말에 관해 상당한 수준의 소양을 쌓았다고 할 수 있다. 적어도 얄팍한 지식을 뽐내지 못해 안달이 난 이들보다는 훨씬 더 앞서 가고 있다는 증거이다!

14. 용기내어 결단을 내린다.

　　백 퍼센트의 확실성이 보장되는 결정은 어디에도 없다. 아무리 조심하고 또 조심해도, 모든 가능성을 검토하고 또 검토해도 어느 정도의 위험은 남을 수밖에 없다. 그 위험조차 감수하기 싫다면 아무런 결정도 내릴 수 없다.

　　세심한 조사와 검토를 거친 뒤 때가 되면 결정을 내려야 한다. 단, 지나간 실수를 수정할 수 있고 돌발 상황에도 대처할 수 있도록 계획은 유연하게 짜야 한다.

　　주기적인 검토도 잊지 말아야 한다. 장기간에 걸쳐 실행되는 사안일

수록 더욱 그러하다. 경직된 계획을 세워놓고 정기적인 점검조차 소홀히 한다면 유연하게 대처할 수도, 시기적절하게 계획을 수정할 수도 없다.

15. 다섯 가지 '입버릇'에서 벗어나야 한다.

여기에서 말하는 다섯 가지 입버릇이란 다음과 같다.

- 시간이 없어!
- 다들 그렇다고 하니까 그 말이 맞을 거야!
- 어차피 내 선에서는 확인하지 못 할 거야!
- 구체적인 숫자를 제시한 걸 보니 분명히 확실한 검증을 거쳤을 거야!
- 계속 이 추세로 나아가면 그런 결론이 나올 거야!(예컨대 계속 이렇게 나아가면 2100년에는 노인 인구나 이슬람교도, 문맹자, 사막 등이 전체의 90%를 차지할 거야! 등)

16 연습이 대가를 만든다!

이론을 실생활에 적용하려면 훈련을 통한 체화 과정이 필요하다. 통계의 거짓말에 대한 면역력을 강화할 때에도 마찬가지이다. 신문 기사나 정치가들의 연설 속에 포함된 수치들을 끊임없이 의심해보는 것도 매우 효과적인 훈련 방법이라 할 수 있다. 혹은 이번 장에 제시되는 연습문제를 풀어보는 것도 큰 도움이 된다. 그런데 연습문제들에는 정답이 없다. 정답이 없기 때문에 독자들은 더욱 여러 각도에서 고민해야 한다. 누가 어떤 의도에서 정확히 어느 부분을 어떻게 조작했는지 최대한 고민한 뒤 각자 자기만의 정답을 도출해내야 한다.

12개의 연습문제를 다 풀고 나면 '풀이' 부분이 나온다. 편의상 '풀이'라고 해두었지만, 사실 풀이라기보다는 필자들의 의견이자 제안에 가깝다. 그럼에도 독자들은 아마도 문제를 풀다가 막힐 때마다 얼른 책장을 넘겨 풀이 부분을 보고 싶은 유혹에 빠질 것이다. 부디 그 유혹을 과감하게 떨쳐내기 바란다. 풀이 부분을 봐버리면 자신만의 아이디어가 절대 떠오르지 않을 공산이 크기 때문에 이런 당부를 하는 것이다. 만약 이 책에서 제시된 것과 전혀 다른, 매우 독특한 해법을 발견했다면 필자들에게도 그 해법을 알려주기 바란다.

12개의 연습문제와 풀이

문제 1 국가부채

다음은 독일의 국가부채에 관한 그래프이다. 다음 그래프의 문제점을 지적해보아라.

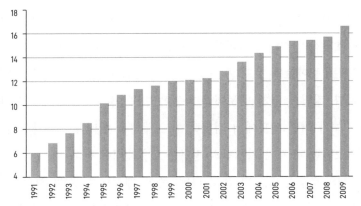

독일의 국가부채(단위: 천억 유로)

나랏빚이 늘어나는 추세에 관한 그래프는 언제 봐도 입이 딱 벌어진다.
그런데 위 그래프에는 중요한 항목 몇 개가 누락되어 있다.
출처: 독일연방은행(연도별 제4분기 수치)

힌트 위 그래프에서 드러난 부분이 '양'이라고 할 때 드러나지 않은 부분, 즉 '음'은 과연 어떤 부분들일까?

문제 2 메달순위

2010년 여름에 개최된 유럽육상선수권대회는 탄성과 환호성으로 가득했지만 때로는 아쉬운 탄식을 자아내기도 했다. 어쨌든 대회는 성공적으로 마무리되었고, 대회가 끝난 뒤 다음과 같은 순위표가 도출되었다.

스포츠 분야에서 국제 경기를 치를 때마다 우리는 아래와 같은 '객관

2010 유럽육상선수권대회 국가별 메달순위표(총 47종목)

순위	국가	금	은	동
1	러시아	10	6	8
2	프랑스	8	6	4
3	영국	6	7	6
4	독일	4	6	6
5	터키	3	1	0
6	스페인	2	3	3
7	우크라이나	2	3	1
8	폴란드	2	2	5
9	벨로루시	2	1	1
10	크로아티아	2	0	0

적' 순위표를 접하게 된다. 위 도표를 보니 러시아가 1위이다. 누구나 예상할 수 있는 결과이니 놀라울 것도 없다. 독일은 프랑스와 영국에는 뒤졌지만 터키나 스페인 등 나머지 국가들보다는 많은 메달을 획득했다. 그런데 '메달순위'에는 금메달만 포함되는 것일까? 왜 금메달만 중시할까? 어떻게 하면 은메달과 동메달을 딴 선수들의 수훈도 기릴 수 있을까?

문제3 **일하기 좋은 기업**

어떤 기업이 고용인에게 친화적인 기업일까? 어떤 기업이 일하기 좋은 기업일까? 내가 만약 노조위원장이라면 어떤 기준으로 내가 몸 담고 있는 사업장을 평가해야 할까? 내가 원하는 자료들을 입수할 수는 있을까? 어떤 자료들을 바탕으로 기업의 순위를 매겨야 좋을까?

아무리 애를 써도 입수할 수 없는 자료들이 있다. 그러니 입수 가능한 자료들을 바탕으로 이번 문제를 풀어나가기 바란다.

문제4 **자녀수당**

오른쪽 그래프는 정부 산하의 공보청에서 발간한 홍보 자료에 실려 있던 것이다. 사회 전반을 개혁하기 위해 제시된 '아젠다 2010'Agenda 2010 프로그램에 발맞춰 아래와 같은 자료를 공개했다.[1] 오른쪽 그래 프에는 어떤 속임수가 활용되었을까?

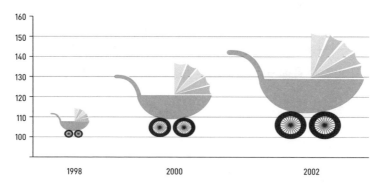

둘째 자녀까지 지급되는 자녀수당의 증감 추이(단위: 유로)

2003년, 연방정부가 자녀수당의 증가 추세와 관련하여 제시한 그래프이다.

문제 5 **의료보험**

1장에서 통합서비스노조와 관련된 그래프 하나를 보여주었다. '음'(가입자들로부터 거둬들이는 보험료)과 '양'(가입자들에게 지급되는 보험금)이 모두 표시되어 있는 그래프였다. 그뿐만 아니라 그 둘을 객관적으로 비교할 수 있게 GDP도 표시되어 있었다.(21쪽 그래프 참조)

그런데 혹시 그 그래프에서도 누락된 부분이 있지 않을까? 만약 있다면, 어떤 항목들일까?

문제 6 **총에 맞아 사망한 아이들**

1995년, 어느 학술지에 '1950년 이후 매년 총에 맞아 목숨을 잃는 아이들의 수가 2배로 증가했다'라는 기사가 실렸다. 해당 내용은 그 이후 수차례에 걸쳐 인용되기도 했다. 이 기사에 대한 독자들의 생각은?[2]

게르트 보스바흐와 옌스 위르겐 코르프가 공동 진행하는 TV 프로그램 〈숫자의 거짓말〉이 60%의 시청률을 기록했다는 희소식이 날아들었다! 방송사 측에서는 급히 샴페인을 주문했다. 샴페인을 터뜨리기에 앞서 어떤 부분들을 체크해야 할까?

내가 근무하고 있는 대학, 내가 근무하고 있는 학과의 학과장이 단단히 뿔이 났다. 작년에 비해 낙제생 비율이 2배나 증가한 게 원인이라고 한다. 어떤 구체적인 수치를 제시하면 학과장의 분노를 가라앉힐 수 있을까? 혹은 어떤 수치가 나오면 학과장이 화를 내는 게 당연하다고 할 수 있을까?

2007년, 어느 유명한 경제연구소에서 17세 이상 독일인들의 평균 순자산이 88,000유로라고 발표했다. 그런데 그로부터 얼마 뒤, 같은 연구소에서 17세 이상 독일인들의 순자산이 대략 15,300유로라는 발표도 내놓았다.[3] 그냥 넘어가기에는 너무나 큰 차이인데, 연구소 측에서는 두 통계 모두 정확한 수치라고 주장한다. 어떻게 이런 일이 가능할까?

 어떤 숫자 5개를 취하면 중앙값(반올림한 중앙값)이 15,000유로가 될까? 어떤 숫자 5개를 취하면 중앙값이 90,000유로가 될까?

어느 도시의 시의회에 소속된 A의원이 대중교통 무임승차자가 상당히 많을 거라는 의혹을 제기했다.* 그러자 당국은 6개월 동안 무임승차 집중 단속에 돌입했고, 그 결과 무임승차자의 비율이 절반으로 줄어들었다고 한다. 그 소식을 접한 A의원은 기분이 좋아졌다. '그래, 가뜩이나 복잡한 출퇴근 시간에 이뤄지는 무임승차 단속에 대한 시민의 불만도 많았지만, 무더기 단속 덕분에 결국 대중교통 분야에 지원해야 할 예산이 확연히 줄어들었잖아?

그 예산을 다른 곳에 쓸 수 있게 되었으니, 결국 시민에게도 득이 되는 일이란 말이지!'라며 뿌듯한 마음을 감출 수 없었다. A의원은 그날 밤에 있었던 친목 모임에서 자신의 업적을 득의양양하게 자랑했다. 만약 내가 그 친목 모임의 회원이라면 A의원에게 어떤 충고를 해줄 수 있을까?

독일의 어느 범죄심리학자는 "수감자의 나이가 어릴수록 재범률이 높아진다. 따라서 나는 14세 이하 청소년을 감옥에 보내는 것에 반대한다"고 말했다. 거기에 대한 반론을 제기해보라.

---

* 독일의 대중교통은 자율적 양심에 기반을 두고 있다. 지하철의 경우 우리나라와 달리 출입차단기가 없기 때문에 표를 끊지 않고도 지하철을 탈 수 있고, 버스 역시 승차 시에 아무런 제재가 없다. 교통카드를 찍을 필요도 없고, 운전기사가 차비를 요구하지도 않는다. 단, 불시에 사복 검표원들이 승차권을 검사하고, 거기에서 적발된 무임승차자는 40유로 이상의 벌금을 물어야 한다(정상요금은 구간에 따라 2~3유로로).

베크 보른홀트와 두벤은 흡연에 관한 어떤 연구 결과를 인용하면서 흡연자들이 비흡연자보다 더 오래 산다고 주장했다.[4] 그러면서 다음과 같은 도표를 제시했는데, 아무리 봐도 뭔가 이상하다.

2010 유럽육상선수권대회 국가별 메달순위표(총 47종목)

연령대	55~64세		65~74세	
흡연/비흡연 구분	흡연자	비흡연자	흡연자	비흡연자
전체 인원	115	121	36	129
20년 뒤 생존자	64	81	7	28

연령대별로 흡연자와 비흡연자의 생존율을 계산해보니 두 학자의 주장이 틀린 것 같다. '그럼 그렇지. 어떻게 흡연자가 비흡연자보다 더 오래 살 수 있어!'라는 생각이 든다. 그런데 이상한 일이 일어났다. 두 연령대를 묶어서 흡연자와 비흡연자의 생존율을 계산해봤더니 두 학자의 말마따나 흡연자가 비흡연자보다 더 오래 사는 것으로 나타난 것이다!

어찌 된 일일까? 둘 중 어느 주장을 믿어야 좋을까? (참고로 이번 문제 속 비밀을 캐냈다면 칭찬을 받아 마땅하다. 절대 쉽지 않은 문제임을 필자들도 인정하는 바이다!)

- *y*축의 시작점을 4천억으로 잡은 덕분에 성장 속도가 더 빨라 보인다
  는 정도는 이미 눈치챘을 듯하다.
- 여기에 제시된 수치들은 명목수치일까, 실질수치일까? 물가상승률이
  반영되었을까, 반영되지 않았을까?
- 국민경제 성장률(GDP의 실질 성장률)과 국가부채를 비교하지 않은 이
  유는 무엇일까?
- 통일이나 경제위기 등 특별한 사건이 미친 영향들도 반영되었을까?

이번 문제에서도 음양이론이 적용된다. 즉 부채가 있다면 그 부채에
대한 채권자도 존재한다. 본디 상처받은 사람이 있으면 상처를 준 사
람도 있게 마련이다. 국가부채 문제에서도 상처를 준 사람이 누구인지
따져봐야 할 필요가 있다. 가해자가 누구인지를 따지기에 앞서 우선
독일연방은행이 발표한 수치 하나부터 살펴보자.

위 그래프의 흐름은 앞서 문제 1에서 제시된 국가부채 관련 그래프
와 유사하다. 즉 독일 국민의 순자산(예금, 보험, 유가증권 등)도 꾸준히
늘어났다는 것이다. 게다가 문제 1의 그래프와 위 그래프를 비교해보
면 2009년도 독일 국민의 순자산은 같은 해 국가부채가 기록한 액수
의 2배에 달한다는 것을 알 수 있다.

과연 누가 그 큰돈을 집어삼켰고, 국가부채와 그에 따른 이자는 누
가 감당하고 있을까? 성실한 납세자 때문에 국가부채가 늘어났을까,
세금이라는 그물망을 요리조리 피해 다니는 부유층 때문에 국가부채

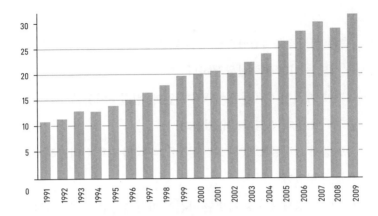

독일 일반 가정의 순자산(단위: 천억 유로)

독일 일반 가정(여기에서 말하는 '일반 가정'은 아마도 '일부 가정'일 것이다!)의 순자산이 급속도로
늘어나고 있고, 그 자산을 모두 합하면 국가부채의 2배에 달한다는 내용의 그래프.
출처: 독일연방은행(연도별 연말 수치)

가 늘어났을까? 성실한 납세자들이 지난 20년 동안 거부가 되었을까,
원래 부자이던 사람이 지난 20년 사이에 더 큰 부자가 되었을까? 요
즘 걸핏하면 등장하는 키워드가 '세대 간 갈등'인데, 그보다는 빈부 격
차 해소에 국력을 더 집중해야 하지 않을까?

그렇다! 국가부채 문제에 관한 해법도 결국 세대 간 갈등이 아니라
빈부 격차에서 찾아야 한다. 예컨대 소득을 불문하고 예금이자에 대
해 25%의 세율(2010년 현재)을 매길 것이 아니라 소득등급에 따라 예
금이자율에도 차별을 두면 세수 확보에 크나큰 도움이 될 듯한데, 이
문제에 대해 집중적인 토론이 전혀 이뤄지지 않고 있는 이유는 대체
뭘까!

앞서 제시된 순위표에서 터키와 스페인의 순위를 비교해보자. 스페인은 터키보다 은메달은 2개, 동메달은 3개나 더 땄지만 금메달 수에서 1개 뒤지는 바람에 6위로 밀려났다. 일종의 '승자독식'The winner takes it all 논리가 스포츠 분야에도 적용된 것이다. 7위와 8위의 관계도 흥미롭다. 우크라이나와 폴란드의 금메달 수는 각기 2개로 같다. 하지만 우크라이나는 폴란드보다 은메달을 1개 더 땄다. 대신 폴란드는 우크라이나보다 동메달을 4개나 더 땄다. 동메달 4개의 가치가 은메달 1개보다 못한 것일까? 스포츠 중계를 볼 때마다 캐스터와 해설자들은 "메달색은 중요하지 않습니다"라고 말하는데, 그게 다 거짓말이었을까?

그런 의미에서 필자들은 메달별로 점수를 부과한 뒤 총점을 합산하는 방식이 좀 더 합리적이라고 생각한다. 예를 들어 금메달은 개당 4점, 은메달은 2점, 동메달은 1점씩 부여하는 것이다. 그렇게 해서 순위표를 재구성해봤더니, 최상위권 국가들의 순위에는 변동이 없었지만, 그 아래쪽에서는 적지 않은 변화가 일어났다. 각기 6위와 8위를 기록했던 스페인과 폴란드가 공동 5위가 되었고, 원래 5위였던 터키는 세 계단 미끄러진 8위에 오른 것이다. 여기에서도 볼 수 있듯 '순위 매기기 놀이'에서는 기준이 무엇이냐에 따라 결과가 크게 달라질 수 있다!

일하기 좋은 기업, 즉 노동자 친화적인 기업이냐 아니냐를 판별하는 기준에는 예컨대 다음 항목들이 포함된다.

- 고용 안정성(연간 100명당 해고된 직원의 수 등을 기준으로 판단)
- 임금(직원 전체의 평균 임금 등을 기준으로 판단)
- 1인당 평균 초과근무 시간(전체 직원의 초과근무 시간의 총합 등을 기준으로 판단)
- 근무 시간이 '인간적'이고 가족 친화적인가?
- 의사결정 과정에 대한 참여권의 보장 정도(직장평의회가 조직되어 있는가? 있다면 직장평의회에 어느 정도의 참여권이 보장되어 있는가?)
- 동료나 상사와의 관계는 어떠한가?
- 작업환경이 건강에 유해하지는 않은가?
- '사내 제안 제도'(직원들의 의견을 수렴하는 제도)가 잘 마련되어 있는가?
- 구내식당이나 보육원 등 각종 복지시설이 잘 갖추어져 있는가?
- 지속적인 능력계발을 위한 제도가 마련되어 있는가?
- 직업훈련생들을 받아들이고 있는가? 그 훈련생들에게 적절한 직업교육을 하고 있는가?
- 교통 편의성(대중교통을 통한 접근성 등을 기준으로 판단)

위와 같은 기준들이 마련되었다고 해서 모두 끝난 것이 아니다. 좀 더 구체적으로 기준을 규명하는 작업이 필요하다. 예컨대 첫 번째 항목(고용 안정성)의 경우, 대상 기간을 언제로 할지 미리 정해야 한다. 이미 해고된 사람을 기준으로 할 것인지, 가까운 시일 내에 퇴사하게 될 사람을 기준으로 할 것인지를 정해야 한다. 만약 시작시점을 과거로 정했다면 과거 얼마 동안을 기준으로 할 것인지 다시 한 번 결정해야 한다. 즉 얼핏 들으면 단순해 보이는 '고용 안정성'이라는 평가 기준 에도 다양한 하위 기준들이 존재한다.

마지막으로 각 항목에 대한 점수를 결정해야 한다. 모든 항목에 대해 똑같이 배점하는 방식은 과거의 경험에 미루어봐도 그다지 바람직하지 않다. 그렇다면 어느 항목에 더 큰 비중을 두고, 어느 항목에는 상대적으로 작은 점수를 부과해야 할까? 만약 조사 대상 기업의 직종이 여러 가지라면(예컨대 철강기업과 IT 기업 등) 직종별로 각기 다른 배점 방식을 부과해야 좋을까, 획일적으로 배점하는 것이 좋을까?

기업의 종류가 다양하다면 기준도 각기 다르게 적용하는 것이 옳다. 그리고 그렇기 때문에 서로 다른 기업들을 획일적으로 비교하여 순위를 매기기란 거의 불가능하다고 할 수 있다. 그럼에도 '일하기 좋은 기업' 순위를 제시하는 이들은 대단한 모험가가 아니면 사기꾼일 공산이 크다!

풀이 4 자녀수당

문제 4에서 제시된 그림만 보면 누구나 자녀수당이 급속도로 늘어나고 있다고 생각하게 된다. 그런데 그 뒤에 두 가지 트릭이 숨어 있다.

* 첫째, y축이 100유로부터 시작한다. 100유로 이하는 무시한 채 그래프를 작성한 것이다.
* 둘째, 유모차 그림만 보면 단계별로 자녀수당이 3~4배는 늘어난 것처

럼 보인다.

1998년 대비 2000년도의 자녀수당은 실제로 22.7%밖에 늘어나지 않았지만 291쪽 그림을 보면 1,000% 이상 증가한 것처럼 보인다. 291쪽 그림을 작성한 이가 누구인지는 알 수 없지만, 분명히 착시효과에 대해 잘 알고 있는 사람이었을 것이다. 중립적인 입장에서 이 그래프를 다시 그리면 아래와 같다.

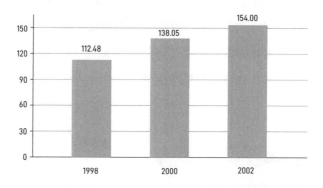

둘째 자녀까지 지급되는 자녀수당의 증감 추이(단위: 유로)

풀이 5 **의료보험**

우선 대상 지역이 불분명하다. 통일 이전, 그러니까 1990년 이전의 수치들은 아마도 서독 지역만 대상으로 한 것이겠지만 그 이후에는 어떨까? 1992년 이후부터 곡선들이 급상승하고 있는 것으로 볼 때 아마도 동서독 모두 대상이 되었을 것으로 추정된다. 하지만 위 도표에는 그런 부분에 대한 설명이 전혀 나와 있지 않고, 이와 관련해 통합서비스노조 측에 문의도 해봤지만 아무런 답변을 얻지 못했다.

어쨌든 이번 문제와 관련해 세 가지 의문이 제기된다. 첫째, y축은 왜 100부터 시작될까? 둘째, 왜 통일 이전과 이후를 구분하지 않았을까? 셋째, 왜 보험가입자들을 국민 전체와 비교했을까?(보험금/보험료를 GDP와 비교한 점)

첫 번째 의문은 조금만 생각해보면 납득이 간다. 원래 성장률과 관련된 그래프에서는 y축이 100부터 시작한다. 100 이하의 수치들은 성장이 아니라 퇴보를 의미하기 때문이다. 그런 의미에서 첫 번째 항목은 크게 문제 되지 않는다.

두 번째 항목에 대해서는 아직도 의견이 분분하다. 통일 이전과 이후의 문제를 통합해서 비교해야 할 때 통계전문가들은 주로 '연쇄지수'chain index라는 개념을 사용한다. 문제 5에 제시된 그래프에서도 1991년의 수치에 대해 연쇄지수 개념이 적용되었다. 즉, 서독 시절이던 1980~1990년에 보험금 지출액이 150% 증가했고, 1990년도에는 지출액이 10% 증가했으니, 1991년에는 1980년 대비 지출액이 165%가 늘어났다고 가정한 것이다. 물론 그러한 가정은 1990년도 증가치가 주로 구서독 지역에 집중되어 있다는 전제하에서만 가능한 것인데, 전체 국민을 대상으로 한 GDP를 비교 대상으로 삼는 바람에 통일 이전과 이후의 비교가 불가능해져버렸다.

미국의 범죄율이 높아지고 있다는 뉴스는 딱히 새로울 것도 없다. 가해자와 피해자의 연령대가 낮아지고 있다는 것 역시 공공연한 사실이다. 안타까운 현실이지만, "1950년 이후 매년 총에 맞아 목숨을 잃는 아이들의 수가 2배로 증가하였다."는 충격적인 뉴스에도 무덤덤한 반응을 보이는 이들이 적지 않다.

그런데 이 시점에서 어림셈을 한번 해보면 어떨까? 위 뉴스에 따르면 예컨대 1950년에 1명의 아이가 총에 맞아 죽었다면 1951년에는 2명, 1952년에는 4명, 1953년에는 8명이 총상으로 목숨을 잃었다는 뜻이 된다. 그렇게 계속 기하급수적으로 늘어난다. 기하급수의 위력이 얼마나 강한지는 굳이 '밀알과 체스판' 일화**를 모르더라도 충분히 짐작할 수 있다.

위 문제의 경우, 계속 계산해 나가다 보면 1995년에는 2^{45}명(마지막 연도인 1995년에서 출발연도인 1950을 뺀 숫자가 지수가 된다)의 아이가 총에 맞아 죽었다는 답이 나온다. 2^{45}명은 약 35조 명이다. 전 세계 인구를 모두 합친 것보다 수백, 수천 배 이상 많은 수치이니 뉴스 기사가 틀렸다고 볼 수밖에 없다. 기사를 작성한 기자는 아마도 1950년부터 지금까지 총에 맞아 죽은 아이의 수가 '총' 2배 늘어났다는 내용을 '매년' 2배 늘어난 것으로 착각했을 것이다. 그리고 대부분의 사람이 그 기사를 별 의심 없이 그대로 믿었을 것이다!

---

* 인도의 승려 세타가 왕에게 체스판을 선물하자 큰 감명을 받은 왕이 원하는 선물은 무엇이든 말하라고 했다. 그러자 세타는 체스판의 첫 번째 칸에는 밀알 1개를, 두 번째 칸에는 2개를, 세 번째 칸에는 4개를 등 그렇게 64번째 칸까지 채울 수 있는 양의 밀알을 달라고 요구했다. 세타가 말한 방식으로 체스판을 모두 채우자면 총 18,446,744,073,709,551,615 톨이 필요했다!

방영 시간대가 언제였는지, 그리고 그 시간대에 얼마나 많은 사람이 TV를 시청하고 있었는지를 물어보아야 한다. 예를 들어 해당 프로그램이 달님도 잠든 한밤중에 전파를 탔고, 그 시간대에 전국적으로 TV 앞에 앉아 있던 사람이 300명뿐이었다면 결국 그 프로그램을 본 사람은 180명밖에 안 된다는 말이 된다. 60%라는 시청률이 절대 높은 수치가 아니라는 뜻이다. 모르긴 해도 그 프로그램을 시청한 180명은 아마 게르트 보스바흐와 옌스 위르겐 코르프의 가족과 친척, 친구, 친구의 친구, 친구의 친척, 친척의 친구, 친척의 친척 등 모두 '관계자'들이었을 것이다!

예컨대 지난 학기에 총 50명이 내 수업에 등록했고 그중 1명이 낙제점을 받았다고 가정하자. 이번 학기에는 50명 중 2명이 낙제점을 받았다면 학과장이 화를 낼 이유가 없다. 낙제생이 2배로 늘어난 것은 사실이지만, 그다지 염려할 수준이 아니라는 것이다.

지난 학기에 총 50명 중 20명이 낙제했고 이번 학기에는 그 숫자가 40명으로 늘어났다면 분명히 화를 낼 만한 일이다. 특정 수업을 듣는 학생 중 80%가 낙제점을 받았다는 것은 그냥 지나쳐서는 안 될 큰 사건이기 때문이다.

이번 문제를 해결하는 키워드는 '평균값'(=산술적 평균, arithmetical average, mean)과 '중앙값'median이다. 자산이나 수입 등 돈에 관련된 문제에서는 대개 산술적 평균이 중앙값보다 높다. 이번 문제에서도 1인당 평균값은 88,000유로이고 중앙값은 15,300유로였다.

중앙값이라는 개념을 좀 더 확실히 해두기 위해 한 가지 예를 들어 보자. 다음과 같이 총 5개의 숫자가 있다고 가정할 때, 중앙값은 15,000이 된다.

$$0 \quad 5000 \quad 15,000 \quad 30,000 \quad x$$

이때 x가 얼마인지는 중요하지 않다. x가 30,000보다 크기만 하면 중앙값은 15,000이다.

하지만 평균값을 알려면 반드시 x가 얼마인지 알아야 한다. 만약 평균값이 90,000이라면, 그 말은 곧 어떤 수에서 나누기 5를 했더니 90,000이 나왔다는 뜻이다. 따라서 각 수의 합이 반드시 450,000이 되어야 하고(0+5,000+15,000+30,000+x=450,000), x는 450,000에서 50,000을 뺀 수인 400,000이어야 한다.

위 사례를 봐도 알 수 있듯 큰 수치 1개가 평균값에 미치는 위력은 엄청나다. 위 수치들이 5명의 연봉이라고 가정하면, 결국 5명의 연봉은 90,000유로가 된다. 한 명을 제외한 나머지 4명의 수입은 9만 유로에 가까이 가지도 못하지만, 어쨌든 수치상 그렇다. 하지만 현실에서 진짜 고소득자의 연봉은 40만 유로를 훨씬 웃돈다. 그런 고소득자들 덕분에 국민 전체의 평균 연봉이 얼마나 높아지고 있을까? 아마도 우리가 상상하는 이상일 것이다!

실제로 이 문제와 유사한 상황을 다룬 적이 있는데, 그 당시에도 나는 다음 세 가지 항목을 강조했다.

- 첫째, 무임승차자의 수를 정확히 파악하기란 거의 불가능하고, 적발된 사람을 기준으로 전체 무임승차자의 수를 예측하는 것도 터무니없는 일반화에 지나지 않는다. 특별 단속기간에 적발된 사람들을 기준으로 무임승차자의 수를 가늠하는 행위는 더욱 위험하다. 특별 단속기간에는 평소보다 더 많은 무임승차자가 적발되기 때문이다.

- 둘째, 단속의 효과가 오래가지는 않을 것이라는 점에 유의해야 한다. 특별 단속은 어디까지나 특별 단속일 뿐, 그 기간이 지나면 다시금 무임승차자들이 활개를 칠 것이다.

- 셋째, 6개월 동안이나 특별 단속을 하자면 분명히 엄청난 자금이 투입되었을 것이다. 그런 거액 사업을 의뢰받은 수주자는 의뢰인이 원하는 결과를 도출하기 위해 백방으로 노력을 기울였을 것이다. 어떤 가수든 내게 일용할 양식을 제공하는 사람이 듣고 싶어 하는 노래를 부르게 마련이다! 그럼에도 만약 수주업체가 의뢰인이 원하지 않은 결과를 제시했다면 그 결과는 아예 공개되지도 않았을 것이다.

수주업체나 의뢰업체가 비양심적으로 행동했다는 게 아니다. 모든 과정이 합법적으로 진행되었다 하더라도 제대로 된 조사가 이뤄질 수 없다는 점을 지적하고 싶었다. 아무리 정석대로 조사해도 불법체류자, 불법노동자의 수를 파악하기 어렵듯 무임승차자에 관한 조사 역시 절차의 합법성과는 무관하게 실제와는 다른 결과가 나올 수 있다.

풀이 11 청소년 범죄율

'14세 이하 청소년을 감옥에 보내는 것에 반대한다.'는 의견에는 전적으로 동의한다. 철도 들기 전에 전과자라는 낙인부터 찍고 싶지는 않다. 게다가 수감자의 나이가 어릴수록 재범률도 높아진다고 하니 더욱 어린아이들을 감옥에 보내서는 안 될 것 같다. 하지만 범죄심리학자의 주장이 완전히 타당한 것은 아니다.

- 첫째, 문제 11에서 범죄심리학자가 말하는 재범률은 어디까지나 14세 이상 청소년을 대상으로 한 것이다. 14세 이하 청소년(아동)의 범죄율은 파악하는 것 자체가 불가능하다. 범죄심리학자가 그 사실을 모를 리 없다. 그럼에도 해당 학자는 14세 이상 청소년들이 저지른 범죄를 14세 이하에 대해서도 적용해버렸다.
- 둘째, 배경변수도 무시할 수 없다. 여기에서 말하는 배경변수에는 예컨대 범죄의 경중이 속한다. 본디 강력범의 재범률이 가벼운 범죄를 저지른 이들보다 높은데, 청소년은 중죄를 저질러야 감옥에 가지만 성인은 상대적으로 가벼운 범죄를 저질러도 철창신세를 진다. 따라서 청소년 수감자의 재범률이 성인보다 높을 수밖에 없다.
- 셋째, 나이가 어릴수록 재범률이 높아질 수밖에 없다. 살날이 얼마 남

지 않은 전과자보다는 범죄를 저지를 수 있는 시간적인 여유가 더 많기 때문이다. 게다가 요즘은 기대수명이 70세 이상으로 높아졌으니 청소년 전과자의 재범률은 높아질 수밖에 없다.

풀이 12 흡연자와 비흡연자의 생존율

연령대별로 따로 계산했을 때에는 두 연령대(55~64세, 65~74세) 모두 비흡연자의 생존율이 더 높게 나타났다. 55~64세의 경우, 20년 후 비흡연자의 생존율이 약 67%인 반면 흡연자의 생존율은 56%밖에 되지 않았다. 65~74세의 경우에도 비흡연자의 생존율(22%)이 흡연자 (19%)보다 높았다. 다시 말해 지극히 상식적인 결과가 나온 것이다. 그런데 두 연령대를 합쳐보니 놀랍게도 다음과 같은 결과가 나왔다.

연령대	55~74세	
흡연/비흡연 구분	흡연자	비흡연자
전체 인원	151	250
20년 뒤 생존자	71	109
생존율	47%	44%

이럴 수가! 흡연자가 비흡연자보다 더 오래 산다는 결론이 나왔다! 대체 어찌 된 일일까? 아무리 생각해도 담배를 피우는 사람이 담배를 피우지 않는 사람보다 더 오래 살 수는 없을 듯하다. 개중에는 물론 평생 담배라고는 모르고 살았음에도 요절하는 사람도 있고, 평생 애연가

였음에도 장수를 누린 사람도 있다. 하지만 평균적으로 흡연자가 비흡연자보다 수명이 더 길다는 말은 아무래도 신뢰가 가지 않는다. 위 도표, 즉 두 연령대를 합친 도표 안에 모종의 트릭이 숨어 있는 게 분명하다. 도대체 어떤 트릭일까?

알고 보면 트릭이라고 할 것도 없다. 두 연령대를 다시 나누어서 생각해보자. 55~64세의 경우, 총 236명 중 흡연자가 115명으로 거의 절반을 차지한다. 하지만 65~74세에서는 흡연자의 비율이 확연히 줄어든다(총 165명 중 36명). 65세가 되기도 전에 세상을 떠난 흡연자들이 그만큼 많다는 뜻이다. 게다가 그때까지 살아남은 36명 중 20년 뒤에도 생존한 사람은 7명밖에 되지 않는다. 생존율이 22%에 그친 것이다. 두 연령대를 합쳤을 때 비흡연자의 20년 뒤 생존율이 더 낮게 나온 것도 그 때문이다. 두 연령대를 나누어서 봤을 때, 65세 이상 비흡연자의 경우 20년 뒤 생존율은 흡연자보다 겨우 3% 높았다. 비흡연자임에도 생존율이 비교적 낮게 나온 것은 어디까지나 나이 때문이다. 나이가 들어서는 자연사한 사람이 그만큼 많았다는 것이다.

이번 문제의 핵심은 심슨의 역설이다. 앞서 제9장에서 심슨의 역설과 관련된 두 가지 사례를 소개한 바 있다. 하나는 한지스탄의 고소득 의사와 관련된 사례였고, 다른 하나는 UC버클리 대학원의 성차별에 관한 사례였다. 심슨의 역설은 현실에서도 더러 등장하는데, 오류가 쉽게 드러나지 않기 때문에 더욱 위험하다. 심슨의 역설에 넘어가지 않을 자신이 없다면 지금이라도 제9장을 다시 한 번 읽어보기 바란다. 나아가 제15장에서 소개한 통계를 대하는 15가지 기본 원칙까지 명심한다면 심슨의 역설보다 더 복잡한 함정도 충분히 피해 갈 수 있을 것이다!

고백하건대 이 책을 집필하는 과정에서 필자들 역시 완벽한 객관성은 유지하지 못했다. 우리가 비판한 사람들만큼이나 우리도 개인적인 관심사와 편견에서 완전히 자유롭지 못했다. 그런 의미에서 독자들로부터 지적받기 전에 부족했던 점들을 미리 실토하고자 한다.

- 독자들과 마찬가지로 우리 역시 세상이 좀 더 정의로워지고, 평화로워지고, 민주적으로 변화되기를 바란다. 그런 의미에서 다양한 사안들을 두루 다루었어야 하지만, 필자들의 직업상(교수, 프리랜서 카피라이터, 저자 등) 아무래도 경제 분야에 더 큰 관심을 가질 수밖에 없었다.
- 색안경을 완전히 벗어버리지는 못했다. 진실에 최대한 가까이 다가가려고 노력했지만, 그 과정에서 불편한 진실에 대해 눈을 감아버린 적도 있고, 이야기의 재미를 위해 진실의 일부를 생략하기도 했다.
- 몰라서 놓친 부분도 없지 않을 것이다. 부디 너그러이 양해해주기를 바란다.

나름 전문가라 자처하는 이들이 실수로 놓친 부분들을 발견해 나가는 과정에서 독자들이 더 큰 재미를 느끼기 바라고, 나아가 그런 재미

속에서 세상을 좀 더 나은 방향으로 변화시킬 수 있는 단서들을 발견하기 바란다. 큰 변화는 원래 사소한 즐거움에서 출발하는 법이다. 경직된 태도와 분노로 일관하면 아무리 작은 것도 변화시킬 수 없다!

《통계의 거짓말》에 대해 더 많은 것을 알고 싶다면 이 책과 관련된 웹 사이트(www.luegenmitzahlen.de)를 참조하기 바란다. 토론 및 질문의 장도 마련되어 있고 숫자의 거짓말에 관한 각자의 경험도 소개할 수 있다. 추후에 발견된 오타 및 오류들도 해당 웹 사이트를 통해 정정할 계획이다.

감사의 말

　어떤 책이든 마찬가지이겠지만 이 책 역시 여러 사람의 도움으로 탄생했다. 그분들의 도움이 없었다면 이 책도 지금보다 훨씬 더 늦게, 훨씬 더 뒤처지는 수준으로 출간되었을 것이다. 그분들에게 이 자리를 빌려 감사의 말을 드리고 싶다.

　특히 더 큰 도움을 주신 분들은 니콜 데덴바흐, 알렉산더 그뢰버, 제시카 하인, 율리아 호르눙 바바라 페트리, 엘리자 람브, 아날리자 비비아니 등이다. 그래프 부분에서는 알렉산더 그뢰버와 율리아 호르눙 씨가, 삽화 부분에서는 브리기테 쿠카 씨가 큰 도움을 주셨다.

　공동 저자들끼리 서로 고마워하는 부분도 적지 않다. 어쩌면 그 부분에 대해 가장 큰 감사를 드려야 할지도 모르겠지만, 그 부분에 대한 감사의 말은 사적인 차원에서 충분히 오갈 수 있을 듯하니 이 자리에서는 생략하고자 한다.

　이 자리를 빌려 특히 더 감사를 드리고 싶은 사람은 가족들이다. 아내인 프라우케 보스바흐는 이 책을 집필하는 내내 여러모로 내게 도움을 주었다. 사소한 질문에도 정성스럽게 대답해주었고, 숫자에 관해 어떤 거짓말들이 생활 속에 녹아 있는지에 대해서도 많은 힌트를 주었으며, 이 책에 집중하느라 소홀할 수밖에 없었던 부분에 대해서도 무한한 인내심과 애정을 보여주었다.

그 외에도 많은 분이 큰 도움을 주셨다. 일일이 이름을 언급할 수는 없지만, 그분들 덕분에 어려운 고비를 넘길 수 있었고, 이 책이 완성된 것도 모두 그분들 덕분이라 해도 틀린 말이 아니다.

'숫자의 거짓말'을 꿰뚫을 수 있게 해준 수많은 '거짓말쟁이'들에게 는 감사의 말을 생략하고 싶다. 어쩌면 그들이야말로 이 책을 탄생하 게 해준 일등공신이지만, 그들이 없었다면 이 세상이 더 아름다워질 수 있었기 때문이다.

게르트 보스바흐 (& 옌스 위르겐 코르프)

참고문헌

Literaturhinweise

Beck-Bornholdt, Hans-Peter/Dubben, Hans-Hermann:
*Der Hund, der Eier legt: Erkennen von Fehlinformation durch
Querdenken. Reinbek* 1997.

Bosbach, Gerd/Bingler, Klaus: ≫Der Mythos von einer
Kostenexplosion im Gesundheitswesen≪, in: *Soziale Sicherheit* 9/2007.

Bosbach, Gerd/Bingler, Klaus: ≫Droht eine Kostenlawine im
Gesundheitswesen? Irrtümer und Fakten zu den Folgen
einer alternden Gesellschaft≪, in: *Soziale Sicherheit* 1/2008.

Bosbach, Gerd: ≫Demographische Entwicklung-Realität
und mediale Aufbereitung≪, in: *Berliner Debatte Initial* 3/2006.

Heintze, Cornelia: *Statistische Erfassung der öffentlichen
Bildungsfinanzierung: Deutschland im internationalen Vergleich.* Studie
im Auftrag der Max-Trager-Stiftung, Leipzig 2010.

Hirschel, Dierk: ≫Armut und Reichtum≪, in: *Schwarzbuch
Deutschland: Das Handbuch der vermissten Informationen*,
hg. von Walter van Rossum und Gabriele Gillen.
Reinbek 2009, S. 46-57.

Huff, Darrell: *Wie lügt man mit Statistik.* Zurich 1956.

Krämer, Walter: *So lugt man mit Statistik.* Frankfurt a. M. 1998.

Müller, Albrecht: *Machtwahn: Wie eine mittelmäßige Fuhrüngselite
uns zugrunde richtet.* München 2007.

Script zur WDR-Sendereihe Quarks & Co.: ≫Mit Zahlen
lugen≪. Oktober 2006.

Ulmer, Fritz: *Der Dreh mit den Prozentzahlen.* Wuppertal 1994.

주석 인용 출처 및 설명

프롤로그

1. Laut *heute.de Magazin*, 10. 1. 2010, kamen 2009 in der Vatikanstadt auf 490 Einwohner 446 Strafverfahren; umgerechnet also 910 Strafverfahren pro 1000 Einwohner.

2. *Stern Review on the Economics of Climate Change*, vorgelegt von Nicholas Stern am 30. 10. 2006 (Wikipedia: Stern-Report).

제1장

1. Gerd Bosbach/Klaus Bingler: 〈Demografische Entwicklung und technischer Fortschritt: Droht eine Kostenlawine im Gesundheitswesen? Irrtumer und Fakten zu den Folgen einer alternden Gesellschaft〉, in: *Soziale Sicherheit* 1/2008, S. 7.

2. Ebenda, S. 10.

3. Angaben nach Wikipedia: Waldschlösschenbrücke (Stand April 2010); dresden.de: Stadtentwicklung: Brennpunkte: Waldschlösschenbrucke (Stand April 2010).

4. Finanzierungskosten von 60 Millionen Euro (bei 7 Prozent Kreditzinsen pro Jahr) und Unterhaltskosten von 1 Million Euro pro Jahr.

5. Ver.di: *Wirtschaftspolitik aktuell*, Nr. 18, September 2007.

6. Deutsches Institut für Wirtschaftsforschung (DIW), laut Ver.di: *Wirtschaftspolitik aktuell*, Nr. 17, Aug. 2009.

7. Ausführlich dazu Gerd Bosbach: 〈Demographische Entwicklung-Realität und mediale Aufbereitung〉, in: *Berliner Debatte Initial* 3/2006.

8. Jens Jürgen Korff: 〈Umweltbehörden unter Druck〉, in: *Harenberg Aktuell* 2007. Mannheim 2006, S. 476 f. Der Beitrag stützt sich u. a. auf ein Gutachten des deutschen Sachverständigenrates für Umweltfragen vom Februar 2006. Zum Fall Hitzacker: mündliche Auskunft aus dem Umweltbundesamt (2006).

9. Zur Justiz: *Neue Westfalische* (NW) 5. 10. 2007, 10. 1. 2009; Stellungnahme von Klaus Tolksdorf, Präsident des Bundesgerichtshofs, laut *Neue Westfälische*, 31. 1. 2009, 14. u. 17. 8. 2009. Zur ZVS siehe *Neue Westfälische*, 4. 2. 2010.

제2장

1. Man hat schon oft, auch mithilfe von Augenkameras (Eyetracking), festgestellt, dass die meisten Besucher vieler Websites zuerst auf bestimmte Stellen im Text achten, bevor sie sich die Bilder ansehen- genau umgekehrt wie beim Durchblättern von Zeitschriften. Das hängt u. a. mit der textbetonten Google-Suche und mit der meist textgestützten Linkstruktur von

Websites zusammen. Siehe dazu J. Nielsen: 〈Eyetracking Study of Web Readers〉. Alertbox 14.
5. 2000 (www.useit.com/alertbox).-St. Outing, L. Roul: 〈The Best of Eyetrack III. What We
Saw When We Looked Through Their Eyes〉(www.poynterextra.org/ eyetrack2004)-J. Nielsen:
〈Email Newsletters:Surviving Inbox Congestion〉. Alertbox, 12. 6. 2006

2. Walter Krämer: *So lügt man mit Statistik*. Frankfurt a. M. 1998, S. 48.

3. Zahlenspiegel. Bundesrepublik Deutschland-DDR. Ein Vergleich, hg. v. Bundesministerium
für innerdeutsche Beziehungen, Juli 1983. Abgedruckt bei Walter Krämer: *So lügt man mit
Statistik*, a. a. O., S. 114.

4. Darrell Huff: *Wie lügt man mit Statistik*. Zürich 1956, S. 35 ff.

5. *Focus* Nr. 20/2006, S. 187, zitiert nach *Script zur WDR—Sendereihe Quarks & Co.: Mit
Zahlen lügen*. Oktober 2006.

6. Auch die Beschriftung weist einen Fehler auf: Die Zahl über den ersten Balken (158060)
gibt die Anzahl der Aussteller exakt an und nicht in Tausend; das wären dann nämlich
158 Millionen Aussteller auf 6,2 Millionen Quadratmetern vermieteter Fläche, also gut 25
Aussteller pro Quadratmeter.

제3장

1. Darrell Huff: *Wie lügt man mit Statistik*, a. a. O., S. 53 f.

2. Hans-Peter Beck-Bornholdt, Hans-Hermann Dubben: *Der Hund, der Eier legt*. Reinbek
1997, S. 146.

3. 〈Allergien durch Weichmacher?〉 www.vistaverde.de 16. 8. 2004. Die Stellungnahme des
dänischen Asthmatikerverbandes wurde in einer Pressemitteilung der österreichischen
PVC-Industrie zitiert (Weichmacher und Allergien, www.ots.at, 18. 8. 2004). Allgemein zu
Gesundheitsrisiken durch Phthalate: M. Otto K. E. von Mühlendahl: 〈Diethylhexylphthalat
(DEHP, Phthalat)〉. www.allum.dsse (Allergien, Umwelt, Gesundheit), Januar 2009.

4. In den 1990er-und 2000er-Jahren ist die Anzahl der Wesstörche in Mitteleuropa dank des
Einsatzes von Naturschützern wieder angestiegen.

5. Christian Pantle: 〈Fromme Frauen werden rund〉, in: *Focus Online*, 26. 8. 2006. Die Studie
legte Ken Ferraro von der Purdue-Universität vor.

6. So zum Beispiel in der *Wirtschaftswoche*, 28. 10. 2004; *Spiegel Online*, 12. 3. 2008.

7. Das Durchschnittsalter von Einwohnern mit Migrationshintergrund beträgt 34,8 Jahre,
das von Einwohnern ohne Migrationshintergrund 45,6 Jahre, laut Mikrozensus 2009 des
Statistischen Bundesamts. Siehe http://bit.ly/durchschnittsalter (führt auf destatis.de).

8. 50,8 Prozent Männer bei den Einwohnern mit Migrationshintergrund laut Mikrozensus
2006 des Statistischen Bundesamts (48,5 Prozent Männer bei den Einwohnern ohne
Migrationshintergrund).

제4장

1. Walter Krämer: *So lügt man mit Statistik*, a. a. O., S. 51.

2. Man rechnet in diesem Fall so: 5 : 20×100=25. Haben wir umgekehrt die Prozentzahl (25 Prozent der 20 Schülerinnen und Schüler) und wollen die absolute Zahl wissen, rechnet man so: 25×20 :100=5.

3. ⟨Die kranke Macht der Statistik⟩, in: *Spiegel Online*, 22. 4. 2009.

4. Werner Bartens: ⟨Die Fakten und die Toten⟩, in: *Süddeutsche Zeitung*, 26. 9. 2009. Ähnlich Kai Kupferschmidt: ⟨Zu viel versprochen⟩, in: tagesspiegel.de, 12. 8. 2009; Steffen Schmidt: ⟨Tückische Prozentzahlen⟩, in: *Neues Deutschland*, 25. 4. 2009.

5. Ebenda.

6. Fiktive Zahlen.

7. Aus dem Gedächtnis zitiert; siehe unseren Hinweis zu den Zitaten auf S. 309.

8. www.welt-in-zahlen.de, Ländervergleich; Kriteriengruppe: Wirtschaft; Kriterium: Export (in $) je Einwohner, April 2007.

9. Für diesen Hinweis danke ich meinem Freund, dem Rechtsextremismusforscher Prof. Dr. Christoph Butterwegge.

제5장

1. Quelle: *Jahrbuch* 2008 *der Kassenzahnarztlichen Bundesvereinigung* (KZBV).

2. Ein aktuelles Beispiel dafür, dass tatsächlich so verfahren wird, lieferte die Kassenärztliche Vereinigung Nordrhein in ihrer Pressemitteilung vom 7. 1. 2010: Honorareinbuen setzen sich fort··· Jetzt wurde es auch von unabhängiger Seite bestätigt: Die Arzteinkommen sind seit 1990 um rund 50 Prozent zurückgegangen.

3. Laut Umweltbundesamt, April 2010.

4. dpa-Grafik 3765 (Stand 2006). Quelle: Arbeitsgemeinschaft Energiebilanzen. Nach *Harenberg Aktuell* 2008, S. 203. Mit Primärenergie ist die Form der Energie gemeint, die sie am Anfang der technischen Erzeugung und Verteilung hat.

5. www.kernenergie.de; *Die Welt*, 11. 9. 2008.

제6장

1. Darrell Huff: *Wie lügt man mit Statistik*, a. a. O., S. 10 f.

2. Walter Krämer: *So lügt man mit Statistik*, a. a. O., S. 101.

3. Darrell Huff: *Wie lügt man mit Statistik*, a. a. O., S. 9.

4. http://bit.ly/absolventen2003

5. Eine Kritik von Andreas Thieme (Ein Erdrutsch bei StefanRaab) erschien in: sueddeutsche.de, 27. 9. 2009.

6. In das ermittelte Ergebnis wurde später noch ein Koeffizient eingerechnet, der den
   Unterschied zwischen Raab-Publikum und Wahlbevölkerung berücksichtigen sollte und auf
   der Differenz zwischen der 2005er-Prognose und dem damaligen realen Wahlergebnis beruhte.
   Die so korrigierte Prognose nach Raab bescherte der CDU/ CSU 31,4 Prozent, der Linken
   16,8 Prozent, der SPD 16,8 Prozent, der FDP 14,5 Prozent und den Grunen 14,4 Prozent.
   stern.de, 29. 9. 2009.

7. presseportal.de, 8. 3. 2010 (Beam me up, Yahoo!).

8. Hans-Peter Beck-Bornholdt/Hans-Hermann Dubben: *Der Hund, der Eier legt*, a. a. O., S.
   201 ff.

제7장

1. Genau genommen haben wir an diesem Beispiel die Konfidenzintervalle für Anteilswerte und
   die Formeln zum Mindestumfang der Stichproben bei gewünschter Genauigkeit überprüft.

2. In Wirklichkeit ist es nicht der Zufall, sondern der Computer, der die ⟨Zufallszahl⟩ berechnet.
   Die Verfahren sind aber so ausgeklügelt, dass die so berechneten Zahlen sich tatsächlich wie
   Zufallszahlen verhalten.

3. Wenn Sie das selber ausprobieren wollen-so gehts mit Excel: Extras, Analysefunktionen,
   Zufallszahlengenerierung mit den Parametern: 1/1000/Bernoulli/0,338// A1. Das ergibt
   in Spalte A für jeden der 1000 Wähler, ob er (in diesem Fall: Bundestagswahl 2009) die CDU/
   CSU gewählt (1) oder die CDU/CSU nicht gewählt (0) hat. Eventuell müssen Sie zunächst
   die Analysefunktionen per Add-Ins-Manager (Menü Extras) installieren.

4. Bewertet über die Summe der Absolutbeträge der relativen Abweichungen zum tatsächlichen
   Ergebnis.

5. Allensbach, EMNID, FORSA, Forschungsgruppe Wahlen, Infratest/DIMAP und GMS sind
   laut www.wahlrecht.de die sechs grössten.

6. Hier und im Folgenden verzichten wir zugunsten der Anschaulichkeit auf die absolut exakte
   Darstellung. Exakte Formulierungen können Sie jedem Statistikbuch unter dem Stichwort
   Schätzen (aus Stichproben) entnehmen.

7. Nach statistischer Formel lägen bei 1000 befragten Wählern für die Linke theoretisch
   95 Prozent aller Schätzungen zwischen 9,9 und 13,9 Prozent der Wähler; 5 Prozent der
   Schätzungen lägen sogar noch weiter ab.

8. Wikipedia: Volkskammerwahl 1990. Zu den damaligen Wahlprognosen siehe Walter Krämer:
   ⟨Pleiten, Pannen und Prognosen-Was geht bei Wahlumfragen schief?⟩, in: *Welt am Sonntag*, 3.
   10. 1998.

9. Wikipedia: Bundestagswahl 1990. Zu den Allensbach-Prognosen siehe Fritz Ulmer: *Der Dreh
   mit den Prozentzahlen*. Wuppertal 1994, S. 2.

10. Thomas Plischke/Hans Rattinger: 〈Zittrige Wahlerhand'oder invalides Messinstrument? Zur Plausibilität von Wahlprojektionen am Beispiel der Bundestagswahl 2005〉, in: *Wahlen und Wähler. Analysen aus Anlass der Bundestagswahl* 2005, hg. von Oskar W. Gabriel u. a.. Wiesbaden 2009.

11. Walter Krämer: 〈Pleiten, Pannen und Prognosen〉, a. a. O.; Wikipedia: Landtagswahlen im Saarland.

12. Der wichtige Unterschied zwischen Prozent und Prozentpunkten ist Ihnen aus dem Kapitel 〈Die Groe Freiheit der Prozentisten〉 geläufig (S. 92 f.).

13. Diverse Versuche meiner Studierenden, 2009 und 2010 weitere Daten zu erhalten, lösten nur nichtssagende Antwortschreiben aus.

14. Fritz Ulmer: *Der Dreh mit den Prozentzahlen.* Wuppertal 1994.

15. Darauf deutet eine Formulierung hin, die Meinungsforscher zuweilen verwenden: 〈Unter Berücksichtigung der längerfristigen Bindungen der Wähler an die Parteien〉 unterscheiden sie zwischen aktueller Wählerstimmung und einem zu erwartenden Wahlergebnis. So zum Beispiel Dieter Roth (Forschungsgruppe Wahlen): 〈SPD hat Vorteile in der Medienkompetenz〉, in: *Handelsblatt,* 1. 12. 1997. Ähnlich die Forschungsgruppe Wahlen im ZDF-Politbarometer Mai 2010: 〈Auch die FDP fiel in der Projektion der Stimmungszahlen auf das tatsächliche Wählerverhalten um zwei Punkte auf 6 Prozent〉. *Neue Westfälische,* 22. 5. 2010.

16. Der Rest hat die Frage nicht beantwortet. Presseinformation des Instituts für Grundlagenforschung Salzburg, 5. 12. 2002.

17 infratest-dimap.de, Pressemeldung vom 12. 3. 2010.

18. Ausführlicher zu den Problematiken der Meinungsforschung u. a.: Andreas Diekmann: *Empirische Sozialforschung—Grundlagen, Methoden, Anwendungen.* Reinbek 2007.

제8장

1. Wir sprechen hier ausdrücklich nur über seine Verdienste als Meteorologe. In der anderen privaten Frage, die die Öfentlichkeit beschäftigt, hoffen wir auf ein korrektes Urteil des Gerichts.

2 Wolfgang Ruge: *Stalinismus-eine Sackgasse im Labyrinth der Geschichte.* Berlin 1991, S. 22.

3. Donella H. Meadows u. a.: *Die Grenzen des Wachstums. Bericht des Club of Rome zur Lage der Menschheit.* Stuttgart 1972, S. 119, Abb. 36.

4. So äusserte sich z. B. Hans Joachim Schellnhuber, Leiter des Potsdam- Instituts für Klimafolgenforschung, im *Spiegel*-Gespräch: Der *Spiegel* 33/2010, S. 111.

5. Zitiert nach Walter Krämer: *So lügt man mit Statistik,* a. a. O., S. 73. Siehe auch Darrell Huff: *Wie lügt man mit Statistik,* a. a. O., S. 80.

6. Ein Hinweis von Jörg Schindler (Ludwig-Bölkow-Stiftung) in Tilman Achtnich: 〈Propheten und Moneten〉. Dokumentation des SWR, 4. 11. 2009.

7. Kritisch dazu der 〈Wirtschaftsweise〉 Peter Bofinger im Mai 2010; ddp-Meldung 7. 5. 2010.

8. http://bit.ly/rentenrechner (führt auf www.bild.de/···); kritisch dazu Tilman Achtnich: Propheten und Moneten. Dokumentation des SWR, 4. 11. 2009.

9. Mit einer Ausnahme: Der polnische Schriftsteller Stanislaw Lem beschrieb 1954 in dem Science-Fiction-Roman *Lokaltermin* einige ans Internet erinnernde Strukturen. Siehe: *Die Zeit*, 28. 7. 2005.

제9장

1. Zitiert nach Julian Havil/M.Stern: *Verblüfft? Mathematische Beweise unglaublicher Ideen.* Berlin/Heidelberg 2009.

2. Die extremsten Wahlkreis-Manipulationen sind allerdings bei einem reinen Mehrheitswahlrecht möglich, wie es in Grossbritannien, Frankreich und zum Teil in den USA gilt. Man bezeichnet das Verfahren in den USA als Gerrymandering-nach Elbridge Gerry, einem früheren Gouverneur des US-Bundesstaates Massachusetts, der dort 1812 einen abstrus salamanderförmigen Wahlkreis geschaffen haben soll, um die Oppositionspartei im Parlament so klein wie möglich zu halten. Dazu www.wahlrecht.de, Spezial: Wahlrechtslexikon, Wahlkreisgeometrie; Wikipedia.de: Gerrymandering

3. Hans-Peter Beck-Bornholdt/Hans-Hermann Dubben: *Der Hund, der Eier legt*, a. a. O., S. 203 f.; dieselben: 〈Das Will-Rogers-Phänomen und seine Bedeutung für die bildgebende Diagnostik〉, in: *Der Radiologe*, April 2009, S. 348-354.

4. Nach Wikipedia.de: Simpson-Paradoxon.

5. Weitere juristische Beispiele finden Sie in Gerd Gigerenzer: *Das Einmaleins der Skepsis. Über den richtigen Umgang mit Zahlen und Risiken.* Berlin 2003.

6. Hans-Peter Beck-Bornholdt/Hans-Hermann Dubben: *Der Hund, der Eier legt*, a. a. O., S. 196 ff.

제10장

1. *Frankfurter Allgemeine Sonntagszeitung*, 24. 1. 2010.

2. Steigt ein Preis jährlich um 2 Prozent, so sind das in 50 Jahren nicht etwa 100 Prozent, sondern 169 Prozent Steigerung. Denn auch die erste 2-Prozent-Steigerung wird noch 49 Mal mit 2 Prozent gesteigert, die zweite 48 Mal und so weiter.

3. Dazu Gerd Bosbach: Das Rentenkomplott, in: *Der Tagesspiegel*, 20. 12. 2007.

4. Deutsche Bundesbank: Ergebnisse der gesamtwirtschaftlichen Finanzierungsrechnung für Deutschland 2001 bis 2009, S. 20, Juni 2010.

5. Ein Beispiel: Bei fünf Vermögen mit den Werten 0, 500, 1000, 1500 und 1000000 Euro liegt der Median bei 1000 Euro (denn 2 Werte liegen darunter und 2 darüber). Ist die Anzahl der Werte gerade, nimmt man als Median den Durchschnitt der beiden mittleren Werte.

6. Der Ausreisser ist hier nur etwa 8 Mal so hoch wie die anderen Werte. In der Praxis bei Vermögen kann der Faktor auch schon einmal Million betragen. So grosse Unterschiede lassen sich grafisch aber kaum darstellen.

7. DIW-Wochenbericht 4/2009, S. 57.

8. Lateinisch: 〈Teile und lüge!〉 Frei nach dem bekannten Spruch 〈Divide et impera!〉 (Teile und herrsche!).

9. Auf S. 253 erfahren Sie, wie die Autohersteller ihre Verbrauchsangaben manipulieren.

10. vcd.org/co2-label.html (2010).

11. forbes.com 28. 6. 2010: 〈The World's Most Powerful Celebrities〉.

12. Steffen Kröhnert/Reiner Klingholz/Franziska Medicus: *Die demografische Lage der Nation. Wie zukunftsfähig sind Deutschlands Regionen?* München 2006.

13. DSW-Datenreport 2010, nach Wikipedia.de: Weltbevölkerung.

14. Dazu Franziska Seng: 〈Das Mass aller Stars〉, in: sueddeutsche.de, 7. 5. 2010.

15. Darrell Huff: *Wie lugt man mit Statistik*, a. a. O., S. 39.

16. Ebenda, S. 74. Wobei wir hoffen, dass Huff nicht einer modernen Legende aufgesessen ist.

제11장

1. *Kölner Stadt-Anzeiger* 22. 9. 2007. *Der Spiegel*, 5. 5. 1975, S. 56, zit. nach Gerd Bosbach/ Klaus Bingler: 〈Droht eine Kostenlawine im Gesundheitswesen? Irrtumer und Fakten zu den Folgen einer alternden Gesellschaft〉, in: *Soziale Sicherheit* 1/2008, S. 7.

2. *Der Spiegel*, 5. 5. 1975, S. 56.

3. Deutsche Bank Research: 〈Gesundheitspolitik? Ohne Marktorientierung kein nachhaltiger Reformerfolg〉, 18. 4. 2006.

4. Beispiele für solche Ausserungen Gerd Bosbach/Klaus Bingler: 〈Der Mythos von einer Kostenexplosion im Gesundheitswesen〉, in: *Soziale Sicherheit* 9/2007, S. 285 f.

5. Laut Mail-Auskunft des Statistischen Bundesamts (Gesundheitsberichterstattung) i m Juni 2010.

6. Das BIP ist ein umstrittener und problematischer Massstab für die Betrachtung, die wir hier anstellen, da es zum Beispiel äusserst ungleich verteilt ist und stets verdeckt, dass grosse Teile der Bevölkerung in Wirklichkeit nicht reicher geworden sind. Darauf näher einzugehen, würde aber an dieser Stelle zu weit führen. Ein anderes Problem ist die ökologische 〈Blindheit〉 des Massstabs BIP. Wir verweisen interessierte Leser zu diesem Thema auf Hagen Krämer: 〈Wen beglückt das BIP?〉 (2009; als PDF auf library.fes.de) sowie auf Thomas Lingens:

⟨Bruttoinlandsprodukt als Wohlstandsmass-Kritik in qualitativer Hinsicht⟩ (2004; als PDF auf bildungsserver.berlin-brandenburg.de).

7. www.finanznachrichten.de, Meldung vom 16. 3. 2008.

8. Zu Problemen dieser Grafik finden Sie im Kapitel ⟨Übung macht den Meister⟩(Seite 291) eine Aufgabe.

9. Wer im Kapitel ⟨Absolut Spitze oder relativ egal?⟩ gut aufgepasst hat, entdeckt an dieser Stelle vielleicht einen weiteren (vermeintlichen) Fehler: Der *Anteil* der Pflegebedürftigen an der Gesamtbevölkerung ist\ eine relative Zahl; die Pflegekosten sind eine absolute Zahl. Wenn die Gesamtbevölkerung schrumpft, könnte der Anteil der Pflegebedürftigen steigen, ohne dass ihre Anzahl (und folglich die Kosten) als absolute Zahl steigt. Aber: Sobald die Kosten auf Beitragszahler umgelegt werden, ist auch diese Grösse relativ, und dann stimmt es wieder.

10. Ute Ziegler/Gabriele Doblhammer: *Demografische Forschung aus Erster Hand*, Nr. 1/2005, S. 1 f.

11. Das mag zunächst immer noch dramatisch klingen, aber bedenken Sie: Produktivitätssteigerungen werden im Lauf von 45 Jahren viele andere Arbeiten überflüssig machen. Da bietet die Altenpflege doch sogar ein Gegenmittel gegen die in anderen Szenarien geschurte Angst, dass uns die Arbeit ausgehen könnte.

12. Dazu ausführlich Gerd Bosbach/Klaus Bingler: ⟨Droht eine Kostenlawine im Gesundheitswesen?⟩, a. a. O., S. 7-10.

제12장

1. *Finanztest Spezial*, 12/2007, zum Folgenden besonders S. 32-36.

2. Ebenda, S. 36.

3. Walter Krämer: *So lügt man mit Statistik*, S. 15. Siehe auch das Kapitel ⟨Der Sack der Rosstäuscher⟩, S. 178.

4. Da die Anbieter ihre Gesamtkosten und den Zeitpunkt des Abzugs nicht angeben, lässt sich leider keine genauere Auskunft geben.

5. Die Rechnung beruht auf dem Preisindex für die Lebenshaltung, früheres Bundesgebiet (bis 1995) und dem Verbraucherpreisindex Deutschland (ab 1996). Zwar sind auch die späteren Prämienzahlungen weniger als 100 Euro wert. Aber am Anfang nur ganz gering, und erst die letzte der 420 Monatsraten hat den gleichen Wertverlust wie die 270000 Euro.

6. *Finanztest* 10/2009, S. 24.

7. Albrecht Müller: *Die Reformlüge. 40 Denkfehler, Mythen und Legenden, mit denen Politik und Wirtschaft Deutschland ruinieren*. München 2004, S. 126-140. Der Dokumentarfilm *Rentenangst* des Saarländischen Rundfunks lief im März 2008 in der ARD. Ausschnitte waren 2010 bei youtube.de zu sehen (darunter eine Passage über Reinhold Beckmanns Rolle als

Werbeträger der Versicherung WWK und die Art, wie er in seiner Fernsehshow ⟨Beckmann⟩ Propaganda für die private Rente gemacht hat; diese Passage wurde von der ARD nicht ausgestrahlt).

8, Direkte Zuschüsse und Steuerminderungen für Riester-und Rürup-Rente, öffentliche Ausgaben für die massive Bewerbung und Schulung. Selbst die gesetzliche Rentenversicherung wurde verpflichtet, ihren Versicherten die private schmackhaft zu machen und entsprechende Werbekurse an Volkshochschulen anzubieten!

제13장

1. In der EU gilt eine Definition, nach der die Armutsgrenze bei 60 Pro zent des bedarfsgewichteten mittleren Nettohaushaltseinkommens liegt (nach dem Median). Das bedeutet: Das Familieneinkommen nach Abzug von Steuern und Sozialabgaben und unter Einschluss von Transferleistungen wird nach einem bestimmten Schlussel durch die Zahl der Familienmitglieder geteilt. Haushalte, die dann weniger als 60 Prozent des Durchschnittshaushalts zur Verfügung haben, gelten als arm. Dierk Hirschel: ⟨Armut und Reichtum⟩, in: *Schwarzbuch Deutschland*, Reinbek 2009, S. 50.

2. So äusserte sich zum Beispiel der CSU-Sozialpolitiker Max Straubinger im August 2010, *Neue Westfälische*, 3. 8. 2010.

3. bild.de, 16. 1. 2010.

4. Zitiert nach *Suddeutsche Zeitung*, 15. 3. 2010 (Der Minister und die Kellnerin).

5. Nach Angaben des Instituts für Arbeit und Qualifikation an der Universität Duisburg/Essen arbeiteten 2008 63 Prozent der Beschäftigten im deutschen Gastgewerbe zu Niedriglöhnen von unter 9,06 Euro pro Stunde. Diese Grenze stützt sich auf eine Definition der OECD, nach denen Löhne, die weniger als zwei Drittel des durchschnittlichen Stundenlohns betragen, als Niedriglöhne gelten. Diese Schwelle lag 2008 in Deutschland bei 9,06 Euro pro Stunde (in den alten Bundesländern 9,50 Euro, in den neuen Bundesländern 6,87 Euro). Stefan Sauer: ⟨Normal bezahlte Arbeit für viele unerreichbar⟩, in: *Kölner Stadt-Anzeiger*, 1. 3. 2010.

6. 1999 bis 2008 stieg der Anteil der ⟨atypisch Beschäftigten⟩(befristet Angestellte, Teilzeitkräfte, Mini-Jobber und Zeitarbeiter) von rund 16 auf 22 Prozent der Beschäftigten. Fast die Hälfte der Betroffenen hatte 2006 einen Bruttolohn unter der Niedriglohngrenze (Statistisches Bundesamt 2009, laut *Neue Westfälische*, 22. 8. 2009).-Das Institut fur Arbeit und Qualifikation (IAQ Duisburg/Essen) hat festgestellt: ⟨Das Lohnspektrum in Deutschland franst zunehmend nach unten aus⟩. Viele Menschen in Deutschland erhalten extrem niedrige Einkommen, die in anderen europäischen Ländern nicht erlaubt wären. Die Zahl der Beschäftigten mit Mini-Einkommen hat sich innerhalb von 10 Jahren mehr als verdoppelt. *Berliner Zeitung*, berlinonline.de 27. 7. 2010 (Mini- Lohne fur Millionen; Suche: IAQ).

7. *Ver.di Publik* 13. 3. 2010; *Süddeutsche Zeitung*, 15. 3. 2010; Alexander Recht: 〈Westerwelles falsche Rechnung〉 (mit Beispielrechnungen ohne und mit Aufstockung). Fachbeitrag auf www.axel-troost.de, 25. 2. 2010 (http://bit.ly/westerwelles).

8. 〈Ohne Partner und ohne Arbeit〉, in: *Frankfurter Allgemeine Sonntagszeitung*, 24. 1. 2010, Titelseite. 〈Die Hätschelkinder der Nation〉, S. 29.

9. Karl Brenke: 〈Fünf Jahre Hartz IV-Das Problem ist nicht die Arbeitsmoral〉, in: DIW-Wochenbericht 6/2010, S. 3.

10. Zwischen 2004 und 2008 stagnierten trotz Wirtschaftsaufschwung die durchschnittlichen Bruttostundenlöhne in Deutschland; nach Angaben des DIW-Arbeitsmarktexperten Karl Brenke. Eva Roth/ Markus Sievers: 〈Niedriglohnsektor-Der Volltreffer von Schröder〉, in: *Frankfurter Rundschau*: fr-online.de 8. 2. 2010.

11. DIW-Wochenbericht 13/2007. Dazu auch Dierk Hirschel: 〈Armut und Reichtum〉, a. a. O., S. 46 f. Wir geben allerdings bei allen Zahlen, die dabei genannt werden, zu bedenken, dass Staat und Wissenschaft über die Einkommen der Reichen nur wenig Handfestes wissen.- Über Reichtum als öffentliches Geheimnis schrieb Werner Rügemer: 〈arm und reich〉, in: Bibliothek dialektischer Grundbegriffe, Bd. 3, Bielefeld 2002, S. 16-22.

12. So Bundeskanzler Gerhard Schröder im Februar 1999. Nach E. Roth, M. Sievers: 〈Niedriglohnsektor〉, a. a. O.

13. Schröder lobte sein Werk im Januar 2005 beim Weltwirtschaftsforum in Davos: Wir haben einen der besten Niedriglohnsektoren aufgebaut, den es in Europa gibt. Zitiert ebenda.

14. Zum Beispiel Gabriele Gillen: 〈Niedriglöhne〉, in: *Schwarzbuch Deutschland*, S. 460-468.

15. Stand September 2009, nach Stefan Sauer: 〈Normal bezahlte Arbeit…〉, in: *Kölner Stadt-Anzeiger*, 1. 3. 2010.

16. Studie des IAQ Duisburg/Essen, lt. *Berliner Zeitung*, berlinonline. de 27. 7. 2010 (Mini-Löhne für Millionen; Suche: IAQ).

17. Wir sprechen hier nicht von den Aufstockern, die wir in Frage 1 und 2 erwähnt haben, sondern von allen Beschäftigten, die nach der OECD-Definition in Anm. 5 weniger als 9,50 Euro (Westdeutschland) beziehungsweise 6,87 Euro (Ostdeutschland) verdienen und meist Zeitverträge haben, in Teilzeit arbeiten oder bei Zeitarbeitsfirmen.

18. Friedhelm Hengsbach: 〈Sparen, falsch gemacht〉. sueddeutsche. de, 6. 7. 2010-Zu den deutschen Exporten nach Spanien, Portugal und Griechenland, die jetzt krisenbedingt schrumpfen: *Manager Magazin*, 30. 4. 2010 (http://bit.ly/exporte2010) und Dow Jones Deutschland, 5. 5. 2010 (http://bit.ly/exporte-gr).

19. Claudia Schmucker: 〈Nach dem Gipfel ist vor dem Gipfel〉. IP (internationalepolitik.de), 5. 10. 2009 (http://bit.ly/pittsburgh2009).

쉬어가는 장

1. Eine davon wurde am 18. 7. 2009 auf einem Infoscreen in der Bielefelder Stadtbahn angezeigt, die andere ist frei erfunden.

2. Beide zitiert nach Egon Friedell: *Kulturgeschichte der Neuzeit.* München 1927, S. 394. Leonardo äusserte sich um 1500, Kepler um 1615.

3. Dietrich Schwanitz: *Bildung. Alles, was man wissen muss.* München 2002, S. 617 f. −Schwanitz vertritt in seinem Buch keinen philosophischen Anspruch. Sein Massstab dafür, was man angeblich wissen müsse, ist das unverbindlich-⟨gebildete⟩ Gespräch unter ⟨kultivierten⟩ Westeuropäern.

4. Den Begriff prägte Charles Percy Snow 1959.

5. Thomas Hobbes (1588-1679), britischer Mathematiker, Philosoph und Politologe. Skinner spielt auf sein Werk *Leviathan* (1651) an.

6 Frei zitiert nach *Neue Westfälische*, 31. 1. 2009.

7. Frei zusammengefasst nach Jakob Nielsen's Alertbox, 14. 9. 2009: Discount Usability: 20 Years; ebenda, 19. 3. 2000: Why You Only Need to Test with 5 Users (useit.com/alertbox).

8. Der Grund ist: Die meisten Leute erinnern sich später nicht mehr daran, an welcher konkreten Hürde sie gescheitert waren. Deshalb können sie das in einer Umfrage nicht sagen. Dazu Jakob Nielsen's Alertbox, 26. 7. 2010: Interviewing Users (useit.com/alertbox).

9. Sinngemäss zusammengefasst nach Ernst Mayr: *Das ist Biologie.* Heidelberg/Berlin 1998. Rezension in: *Die Zeit*, 16. 7. 1998.

10. Zusammengefasst nach Richard Herzinger: ⟨Die Offene Gesellschaft und ihre Feindess⟩, in: *Die Zeit* 31/2002; wikipedia.de: Karl Popper (2010); wikipedia.de: Falsifikationismus (2010).

11. Das Bild vom ⟨Grossen Bruder⟩ stammt aus George Orwells Science-Fiction-Roman 1984. Dort allerdings sind vor allem Sprache und Bilder die Medien der Macht.

12. Zusammengefasst nach sueddeutsche.de, 14. 8. 2010.

13. Sinngemäss zitiert nach Berichten über Fernsehdebatten mit Thilo Sarrazin im August und September 2010. Den dritten Satz Sarrazins (In solchen⋯) zitiert Hendrik Cremer: ⟨Zu den A?sserungen von Thilo Sarrazin⋯⟩ Deutsches Institut für Menschenrechte, 27. 8. 2010. Den vorletzten Satz (⋯Wenn ich Statistiken⋯) zitiert Thorsten Denkler: ⟨Die Welt ist rund, und du bist trotzdem ein Arschloch⟩, sueddeutsche.de, 30. 8. 2010.-Sarrazins Buch ⟨Deutschland schafft sichab⟩ kam zu spät, um es hier noch fundiert kritisieren zu können. Wir holen das auf der Website www.luegen-mit-zahlen.de nach. Versprochen!

14. B. Traven: *Der Schatz der Sierra Madre*, Kapitel 17. München 1992, S. 130.

제14장

1. Dieter Hochstädter: *Statistische Methodenlehre. Ein Lehrbuch für Wirtschafts-und Sozialwissenschaftler.* Frankfurt a. M., 8. Auflage 1996, S. 2.

2. Hier haben wir uns an die Seligpreisungen in der Bergpredigt des Jesus von Nazareth angelehnt, nach dem Neuen Testament (Matthäus 5, 3−12).

3. Andersdenkende werden als Wachstums-und Fortschrittskritiker sogar diffamiert.

4. Mehr dazu als Erstinformation in Wikipedia: Volkswirtschaftliche Gesamtrechnung.

5. Richtig ist: 700 DM waren am 1. 1. 2002 357,90 Euro wert. Es lohnt sich bei regelmässigen Beträgen dieser Grössenordnung also bereits, den üblichen Rundungsfehler (2 DM=1 Euro) zu korrigieren.

6. Preissteigerungen in Deutschland 1951 bis 2009. Quelle: Statistisches Bundesamt, Lange Reihen. Um es etwas einfacher zu machen: Für den genannten Zeitraum 1980 bis 2008 ergibt sich insgesamt eine Inflationsrate von 86,6 Prozent. Aber wie rechnet man daraus jetzt aus, wie viel Kaufkraft die 357,90 Euro des Jahres 1980 in Preisen von 2008 haben? Ja, ohne Fleisskein Preis! Und dann können Sie noch darüber diskutieren, wie Sie den realen Zuwachs des Bruttoinlandsprodukts in dieser Zeit zwischen Vater und Sohn aufteilen.

7. Der ungarisch-französische Börsenjournalist André Kostolany soll einmal gesagt haben: <Hausse heisst, es gibt mehr Idioten als Aktien, Baisse heisst, es gibt mehr Aktien als Idioten>.

8. So auch Darrell Huff: *Wie lügt man mit Statistik*, a. a. O., S. 37 u. 56.

9. Pressemitteilung des 〈BürgerKonvents〉, zitiert nach nachdenkseiten. de/?= 1437 (24. 6. 2006).

10. nachdenkseiten.de/?p=2040, 23. 1. 2007.

11. Albrecht Müller: *Machtwahn: Wie eine mittelmässige Führungselite uns zugrunde richtet.* München 2007, S. 128 f.

12. iwg-bonn.de (2010); dia-vorsorge.de/institut.htm (2010).

13. netzeitung.de, 8. 6. 2005: 〈Private Altersvorsorge ist fur AWD···〉; dazu auch Wikipedia: Bert Rürup (2010, mit weiteren Quellenangaben); nachdenkseiten.de/?p=4408 (15. 12. 2009).

14. Wikipedia: Bernd Raffelhuschen (2010); Albrecht Müller: *Machtwahn*···, a. a. O., S. 265 f.

15. nachdenkseiten.de/?p=1079 (19. 3. 2006).

16. *Ruhr-Nachrichten*, 8. 5. 2008; nachdenkseiten.de/?p=3211. Sinns Begründung, Leute, die nur in die gesetzliche Rentenversicherung einzahlen, seien 〈Trittbrettfahrer〉, widerlegt Winfried Schmähl: 〈Altersvorsorge〉, in: *Schwarzbuch Deutschland*, Reinbek 2009, S. 36 f.

17. Dietmar Ostermann: 〈Obama und der Rassen-Kampf〉, in: *Neue Westfälische*, 24. 7. 2010.

18. *Frankfurter Allgemeine Zeitung*, 1. 7. 2009.

19. *Kölner Stadt-Anzeiger*, 19. 9. 2009.

20. *Kölner Stadt-Anzeiger*, 22. 1. 2010.

21. So zum Beispiel bei *Focus online*, 21. 6. 2010.

22. Mit dem sozialen Stand steigt oder sinkt nach bisheriger Erfahrung die Lebenserwartung.

23. *Kölner Stadt-Anzeiger*, 22. 6. 2010.

24. Karl-Heinz Reith: ⟨Unsichtbare Kultusminister beim Bildungsgipfel⟩, dpa-Dossier, 25. 1. 2010.

25. Cornelia Heintze: *Statistische Erfassung der öffentlichen Bildungsfinanzierung*: *Deutschland im internationalen Vergleich*. Studie im Auftrag der Max-Trager-Stiftung, Leipzig 2010. Heintze vergleicht dort den deutschen Schein mit der harten Wirklichkeit, wie sie sich im internationalen Vergleich nach OECD-Kriterien darstellt.

26. Volker Bräutigam: ⟨Bahnprivatisierung⟩, in: *Schwarzbuch Deutschland*, S. 93.

27. http://bit.ly/buerokratieabbau (führt auf www.destatis.de).

28. Statistisches Bundesamt: Beschäftigungsstatistik 31. 12. 2009 (http://bit.ly/beschaeftigte); Bruttowertschöpfung nach Wirtschaftsbereichen (2009, http://bit.ly/wertschoepfung). Beide Links führen auf www.destatis.de

29. Nach Auskunft von Michael Wollgramm und Heidrun Putscher (beide Statistisches Bundesamt), Oktober 2010, gibt es weder für Grossund Einzelhandel noch für Dienstleistungsbranchen wie Verkehr, Nachrichtenwesen, Informationstechnik oder Immobilienwirtschaft Strukturdaten unterhalb der Länderebene. Für die Dienstleistungsbranchen gibt es erst seit 2001 länderspezifische Daten. 2004 gab es einen einzelnen Versuch, in der Informationstechnikbranche über eine freiwillige Stichprobe zu erfassen, was IT-Betriebe erzeugen und welche Art von Betrieben sie beliefern. Siehe dazu: Projektbericht Dienstleistungen nach Arten 2004 (http://bit.ly/projektbericht2004).

30. *Neue Westfalische*, 10. 11. 2009, 23. 6. 2010.

제15장

1. Natürlich passen nicht alle Regeln zu jedem Anwendungsfall. Trotzdem sollten Sie alle bei wichtigen Entscheidungen prüfen.

2. Das ist tatsächlich der Fall: *Rheinische Post, Online*, 29. 1. 2007 (Klaus Peter Kühn), aber auch *Kölner Stadt-Anzeiger*, 14. 2. 2002, über eine gemeinsame Studie bis zum Jahr 2020.

3. Siehe dazu Walther von La Roche: *Einführung in den praktischen Journalismus*. Berlin, 18. Auflage 2008.

4. Siehe Klaus Arnold: ⟨Der wissenschaftliche Umgang mit Quellen⟩, in: *Geschichte. Ein Grundkurs*, hg. v. Hans-Jürgen Goertz, Reinbek, 2. Auflage 2001, S. 42-58.

5. Betriebswirtschaftslehre ist ein beliebtes Feindbild für Mathematiker.

제16장
1. Zitiert nach: Mit Zahlen lügen. Quarks & Co, November 2006.
2. Zitiert nach GEO 4/2003, S. 127.
3. Daten aus DIW-Wochenbericht 4/2009.
4. Hans-Peter Beck-Bornholdt/Hans-Hermann Dubben: *Der Hund, der Eier legt*, a. a. O., S. 199−200.

인용구 및 그림 출처

이 책에 인용된 문구나 수치들은 주로 필자들의 기억에 따라 재구성한 것들이다. 오래전에 읽은 내용은 백 퍼센트 정확하게 옮기지는 못했다. 최대한 정확하게 전달하기 위해 노력을 기울였다는 점만 알아주기 바랄 뿐이다. 흥미를 돋우기 위해 원래보다 좀 더 극단적으로 과장한 수치들도 없지는 않지만, 그런 경우에도 기본적인 내용은 왜곡하지 않았다. 조금 더 쉽고 재미있게 읽을 수 있도록 약간의 편집을 한 정도이다. 이 책에 등장하는 그래픽들은 주로 각종 신문에서 인용한 것들이다. 주요 출처는 〈슈피겔Spiegel〉 〈차이트Zeit〉 〈포쿠스Focus〉 〈프랑크푸르터 알게마이네 차이퉁FAZ, Frankfurter Allgemeine Zeitung〉 〈쾰르너 슈타트안차이너Kölner Stadt-Anzeiger〉 〈노이에 베스트팰리셰Neue Westfälische〉 〈쥐트도이체 차이퉁Süddeutsche Zeitung〉 등이다. 몇몇 저자의 저서나 몇몇 방송에서 다룬 내용을 참조하기는 했다. 하지만 저작권 문제 때문에 해당 내용을 직접 인용하는 대신 필자들이 각색한 내용을 소개했다는 점을 밝혀두는 바이다.

찾아보기